司珍集

古风手工饰品定制技法完全图解

HANDMADE JEWELRY

马楠楠 编著　张文宗 李聪杰 摄影

人民邮电出版社
北京

图书在版编目（CIP）数据

司珍集 ： 古风手工饰品定制技法完全图解 / 马楠楠编著 ； 张文宗， 李聪杰摄. -- 北京 ： 人民邮电出版社，2022.1
ISBN 978-7-115-57353-7

Ⅰ. ①司… Ⅱ. ①马… ②张… ③李… Ⅲ. ①手工艺品－制作－图解 Ⅳ. ①TS973.5-64

中国版本图书馆CIP数据核字(2021)第191455号

内容提要

“戴金摇之熠燿，扬翠羽之双翘。”近年来古风服饰越来越受到人们的喜爱，而本书正是讲解古风手工饰品定制技法的图书。

本书共九章。第一章讲解制作古风饰品常用的工具与材料；第二章到第九章分别讲解奢华宫廷、清新淡雅、可爱俏皮、妩媚动人四种风格、八套古风手工饰品制作方法。本书精选二十四个案例，图片唯美，步骤清晰，可以让读者边看边做，使读者更容易理解书中的内容。

本书适合造型师、服装设计师、时尚编辑、手工饰品制作专业人士和手工饰品爱好者阅读，也适合作为相关行业工作室和学校的辅助教材。

◆ 编　　著　马楠楠
摄　　影　张文宗　李聪杰
责任编辑　刘宏伟
责任印制　周昇亮

◆ 人民邮电出版社出版发行　　北京市丰台区成寿寺路 11 号
邮编　100164　　电子邮件　315@ptpress.com.cn
网址　https://www.ptpress.com.cn
天津图文方嘉印刷有限公司印刷

◆ 开本：889×1194　1/16
印张：12　　2022 年 1 月第 1 版
字数：263 千字　　2022 年 1 月天津第 1 次印刷

定价：138.00 元

读者服务热线：(010)81055296　印装质量热线：(010)81055316
反盗版热线：(010)81055315
广告经营许可证：京东市监广登字 20170147 号

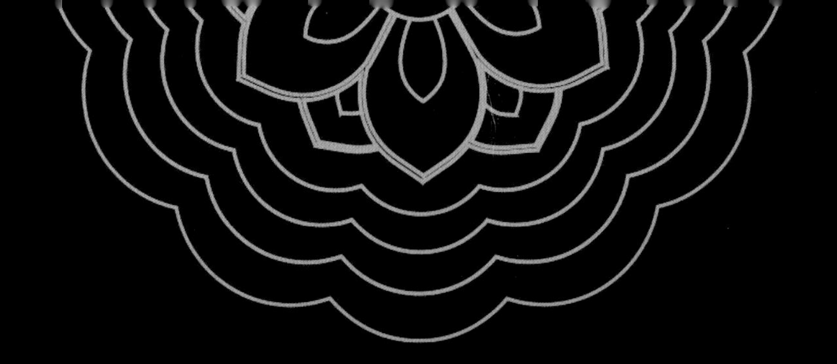

前言

我国传统文化越来越受到重视和喜爱，国潮文化将传统文化中的服装和饰品带回大众视野，使其受到大众的关注和喜爱，这也为人们的生活带来了乐趣，让人们的生活变得更加丰富多彩。古风饰品以其独特的魅力成为新时代的潮流，很多服饰都融入了古风和国潮的风格元素。本书汇集了古风饰品中广受欢迎的各式发簪等教程，为了更加系统的教学，还按照不同风格分类，以整套饰品制作呈现，方便读者一步到位，完整地制作及佩戴饰品。

本书内容包括从工具的介绍和作品的详细制作步骤，无论是零基础的新手，还是已有基础的手工饰品爱好者，都可以通过本书进行系统的学习，感受制作古风饰品带来的乐趣。

——马楠楠

目录

第六章 豆蔻芳 古风可爱系饰品制作

第一章

古风饰品常用工具与材料介绍

在学习制作古风手工饰品定制技法之前，让我们先了解一下常用的制作工具和材料吧！只有熟练地掌握工具的使用方法，熟悉材料的特性才能使我们的制作事半功倍。

1.1 金属钳与焊锡工具

金属钳和焊锡工具是手工制作中常见的工具。金属钳可以用于各种材料的塑形，可以根据不同需求选择不同类型。焊锡工具常用于固定和衔接材料，使用时需要注意，以免烫伤。金属钳与焊锡工具介绍如下。

金属钳的种类

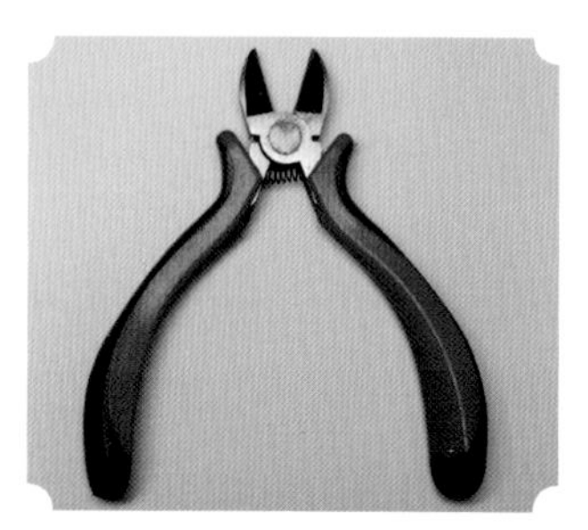

切线钳

切线钳是可切断铜丝等金属丝的钳子。

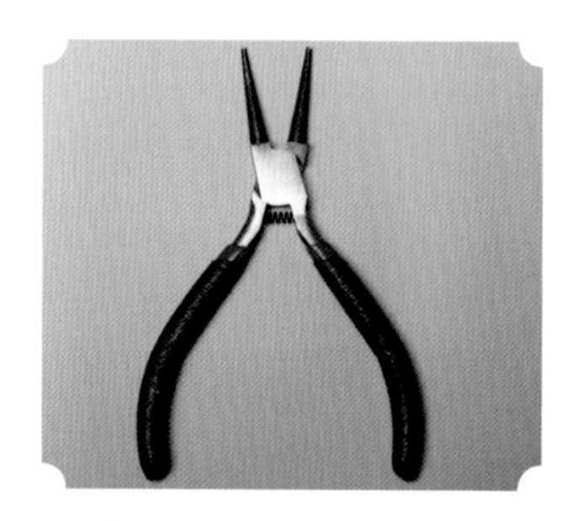

圆嘴钳

圆嘴钳是可将铜丝或其他金属丝弯曲并做成圆环的钳子。

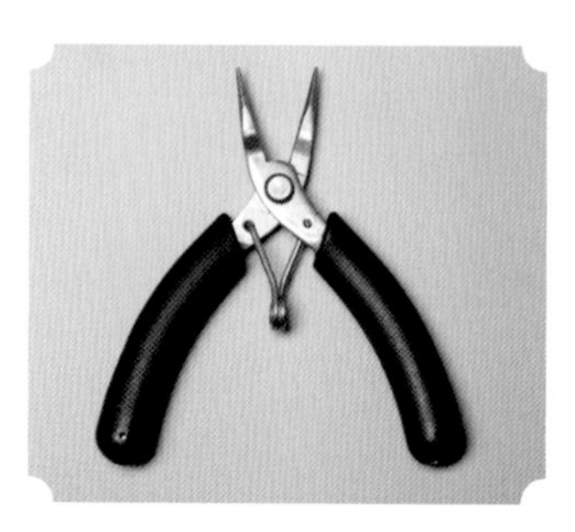

尖嘴钳

尖嘴钳是可固定或调整铜丝或其他金属丝的细节的钳子。

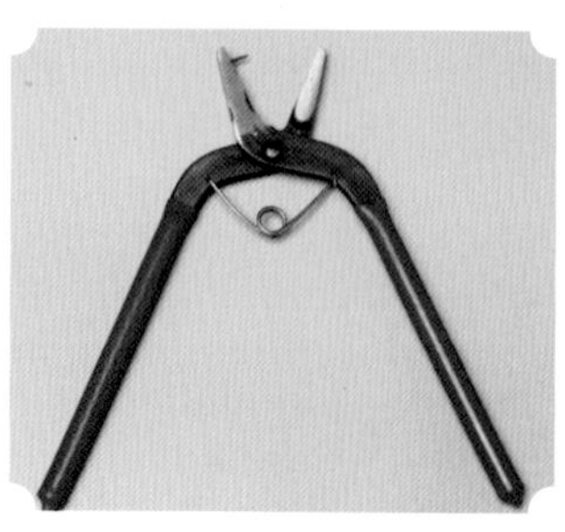

打孔钳

打孔钳是可将金属材料打孔的钳子。

焊锡工具的介绍与使用方法

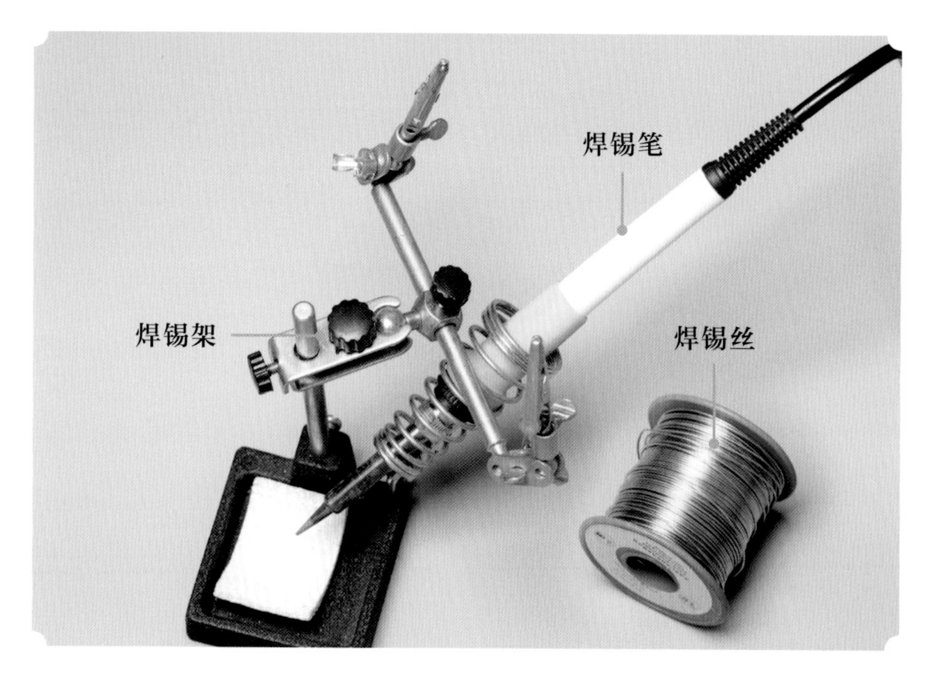

焊锡工具

焊锡笔：制作手工饰品时常用的工具，可以利用焊锡工具将不同金属材料衔接固定。插入插头预热，等笔头预热成功，就可以操作。

焊锡架：推荐有固定夹的支架，方便我们利用焊锡架固定需要焊锡的对象，方便焊锡制作。焊锡架上的固定夹也可以卸下单独使用。焊锡架下方还有一块海绵，作用是清理焊锡笔。

注意：海绵需要浸水，待其湿润膨胀后使用。

焊锡丝：可以买无铅环保焊锡丝，相对比较环保。

使用方法

第一步　先在焊锡架下面的凹槽里倒入清水，使海绵湿润。

第二步　调整焊锡架上固定夹的角度和位置。

第三步　调整焊锡架主架的高度。

第四步　用焊锡架固定需要焊锡衔接的对象，并将其调整到比较合适的位置。

第五步　连接电源，等待焊锡笔预热后用海绵清理焊锡头。

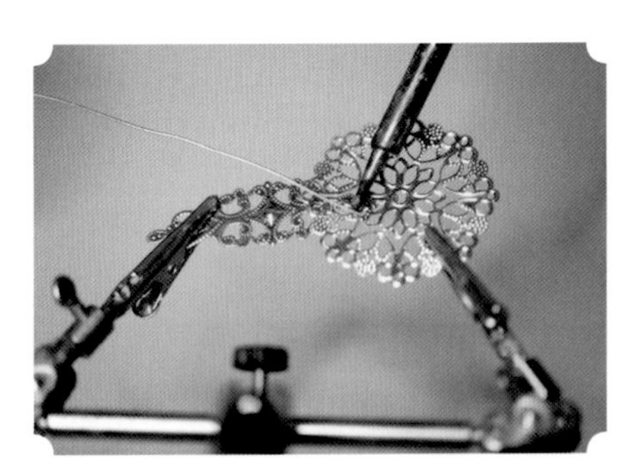

第六步　用焊锡笔融化焊锡丝，用其溶液将金属物体衔接固定。注意溶液会瞬间凝固，凝固的溶液接点不要有尖角，使衔接点更美观。

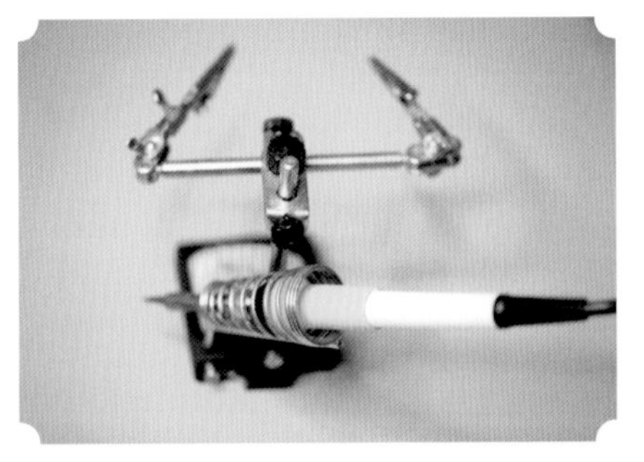

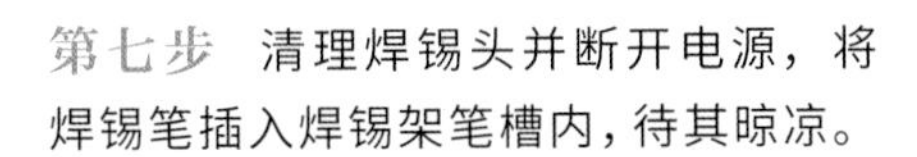

第七步　清理焊锡头并断开电源，将焊锡笔插入焊锡架笔槽内，待其晾凉。

1.2 金属配件

金属配件是古风类手工饰品中常见的材料。金属花片种类繁多，造型华美，可根据不同需求来选择，千万不要挑花眼呀！铜丝和金属针常用来固定其他材料，偶尔也用来制作特殊造型。金属配件相关介绍如下。

金属花片的种类

金属花片

金属花片常较薄，有不同的形状和尺寸，可弯曲或裁切，可根据作品的需求选择。

金属立体花片

金属立体花片常较厚，能实现立体的效果，分有色和无色两种类型，也可使用画笔对无色金属立体花片涂色。

景泰蓝花片

景泰蓝花片是有景泰蓝颜色及图案的花片，有多色和单色两种类型，可根据作品需求选择。

金属底托

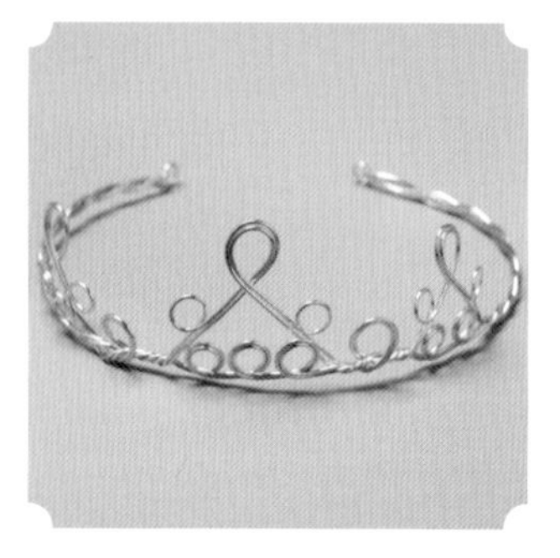

金属底托有各种造型，可在金属底托上进行创意和制作，这能使配饰制作更加便捷。

金属花蕊

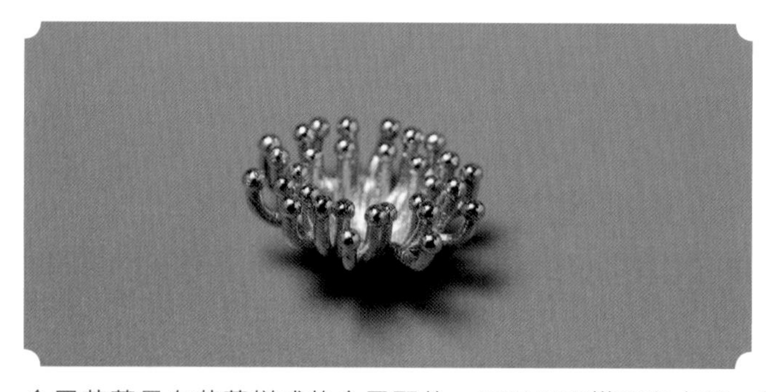

金属花蕊是有花蕊样式的金属配件，可以用于搭配和点缀，其样式和型号有多样。

铜丝的介绍

铜丝有多种型号和颜色可供选择。我们可以根据作品的基本色调来选择同色系的颜色。铜丝型号数字越大，铜丝的直径越大，铜丝越粗；反之，铜丝型号数字越小，铜丝的直径越小，铜丝越细。

“9”字针、球形针与“T”字针

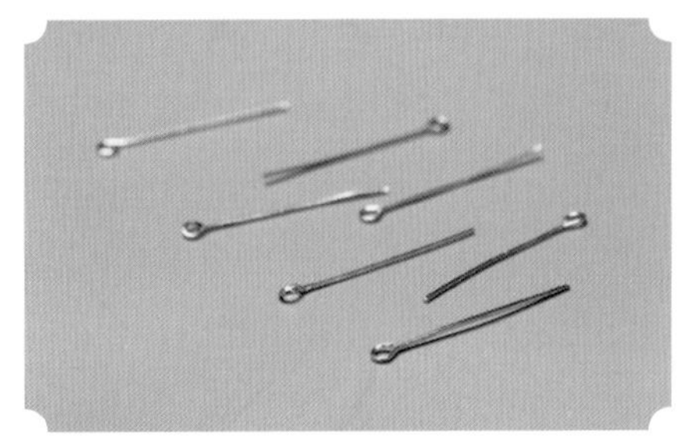

“9”字针

“9”字针一端为圆圈形，另一端为针状，常用于双头连接。

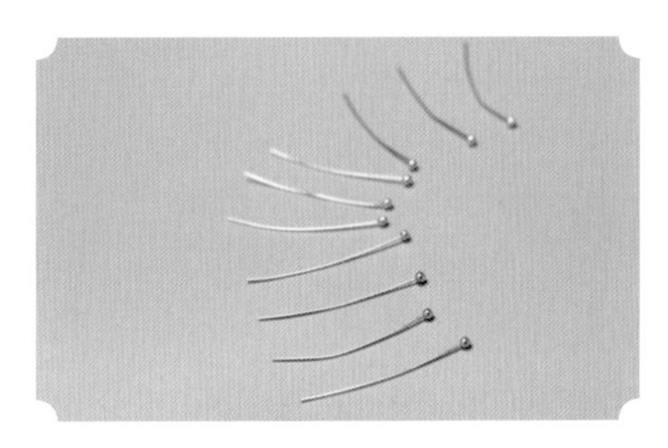

球形针

球形针一端为圆球形，另一端为针状，常用于单头连接和装饰。

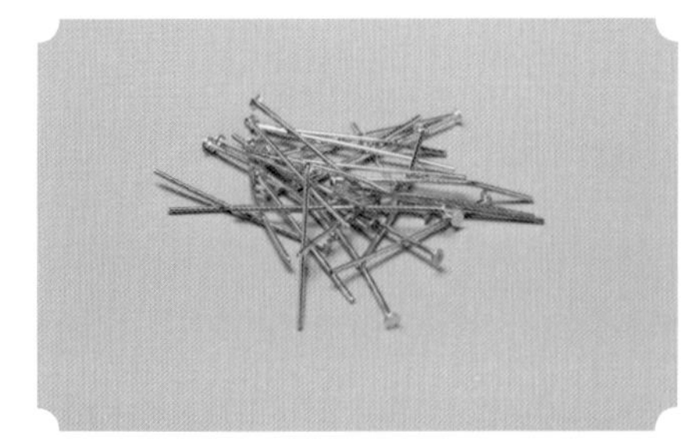

“T”字针

“T”字针一端为扁圆形，另一端为针状，常用于单头连接，比球形针更易隐藏。

1.3 珠子

珠子也是古风手工饰品中常见的材料。有的温婉，有的华美，可以根据饰品整体风格来选择。珠子包括玉石珠、水晶珠、珍珠和金属珠等。

玉石珠

玉石珠有不同尺寸和颜色，有天然和人工两种材质，可以根据作品需求和成本选择。

水晶珠

水晶珠相对较通透，有天然和人工两种材质，也有不同颜色和尺寸。

珍珠

珍珠有不同形状，有天然珍珠和人工珍珠之分，也有多种颜色和尺寸。

金属珠

金属珠有不同型号和样式。我们可根据作品主色调选择搭配不同尺寸和颜色的金属珠。

第二章

琉璃翠 古风宫廷系饰品制作

本章主要讲授古风宫廷系手工饰品的制作方法，包含了耳饰、发冠和发簪的制作。本章中的作品样式华丽璀璨；搭配使用更显富丽，适合搭配较为华丽的服装。

2.1 耳饰

工具

油性马克笔
焊锡工具
胶水
切线钳
圆嘴钳
尖嘴钳
金色油漆笔
直尺

材料

金属立体花片

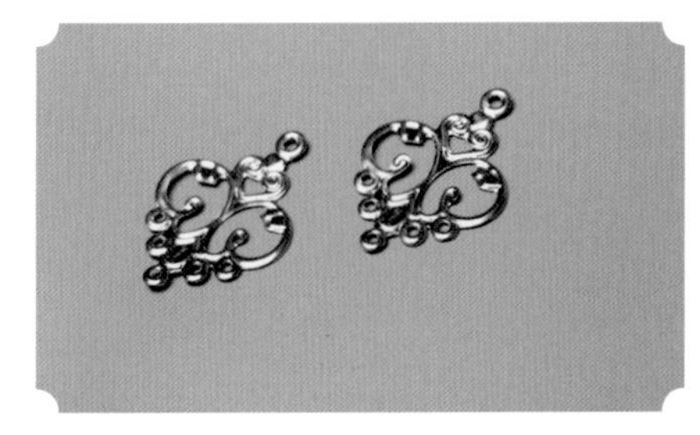
镂空金属花片

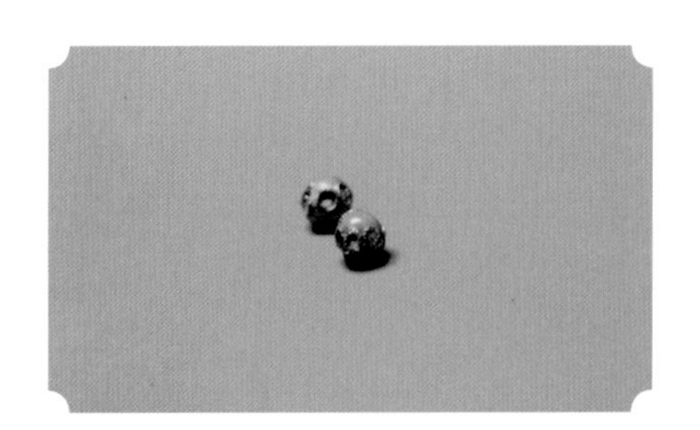
直径为 6mm 的景泰蓝珠

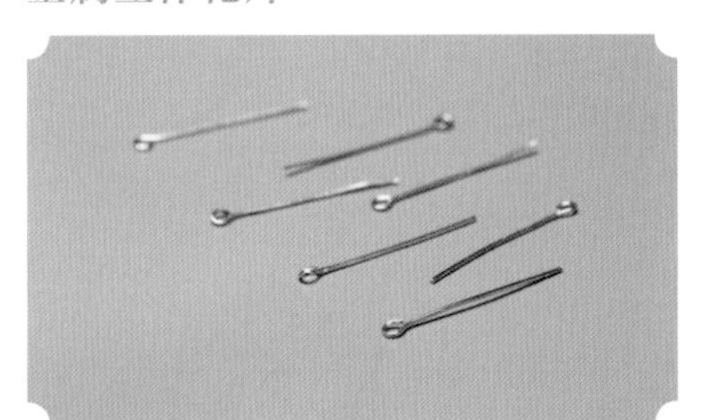
“9”字针

云形景泰蓝花片

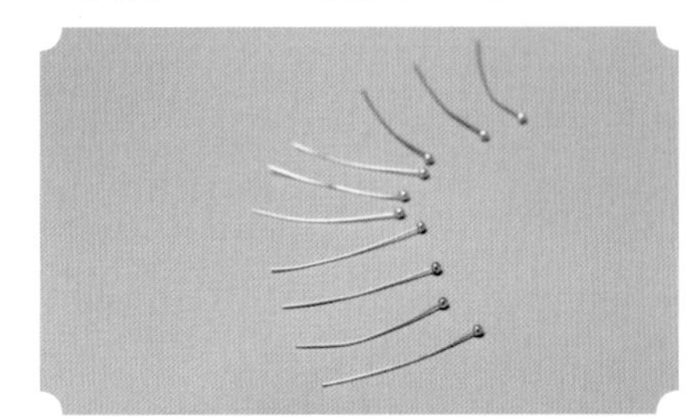
球形针

直径为 6mm 和 8mm 的金属珠

直径为 4mm 的红玛瑙球

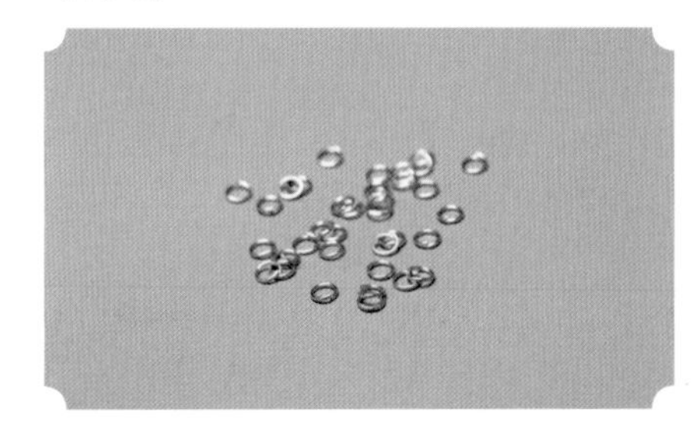
连接圈

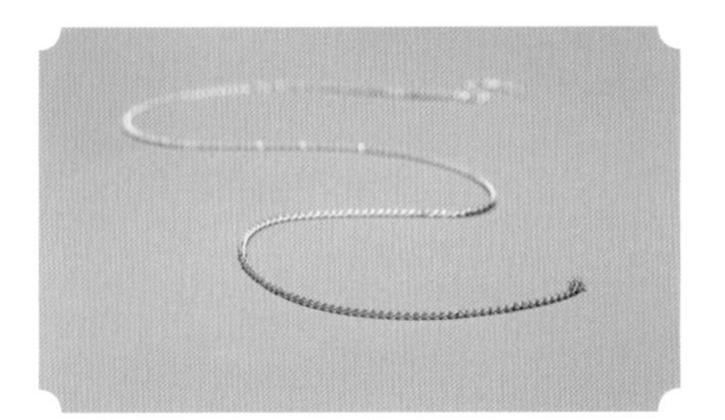
金属链

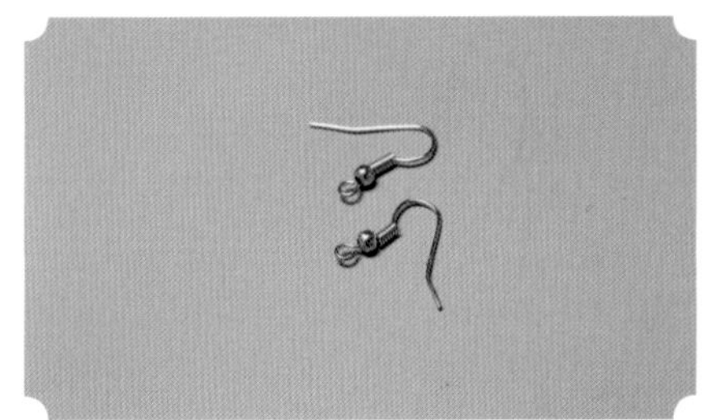
耳钩

制作步骤

1 使用蓝色油性马克笔将金属立体花片涂上颜色，中间位置留白

2 将涂好颜色的金属立体花片与镂空金属花片重叠在一起

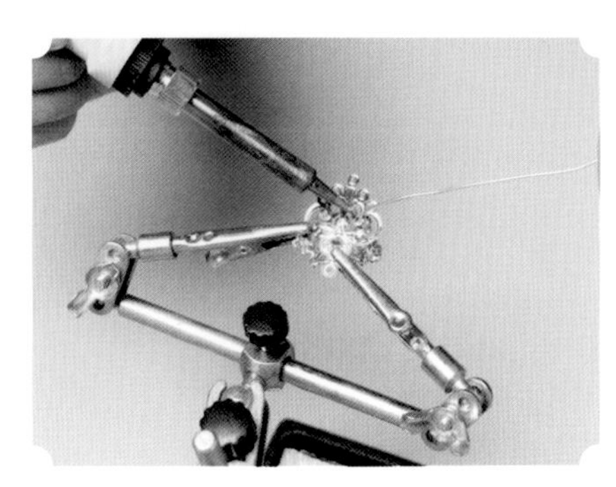
3 用焊锡工具将两个花片焊接在一起

4 将胶水涂抹在金属立体花片没有涂色的位置上

5 将景泰蓝珠粘贴在涂抹胶水的地方，等待几秒，待其固定

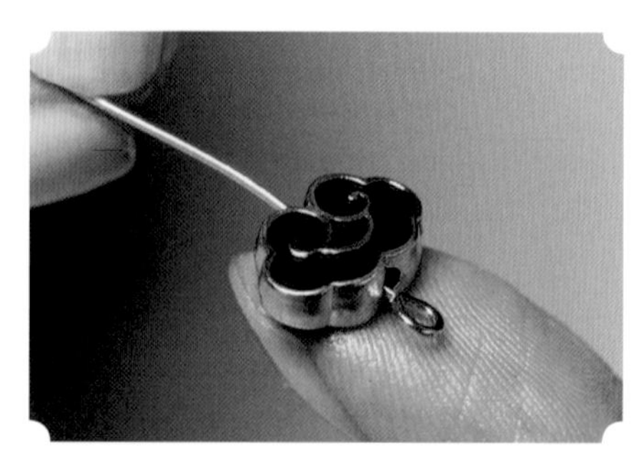

6 用“9”字针穿上云形景泰蓝花片

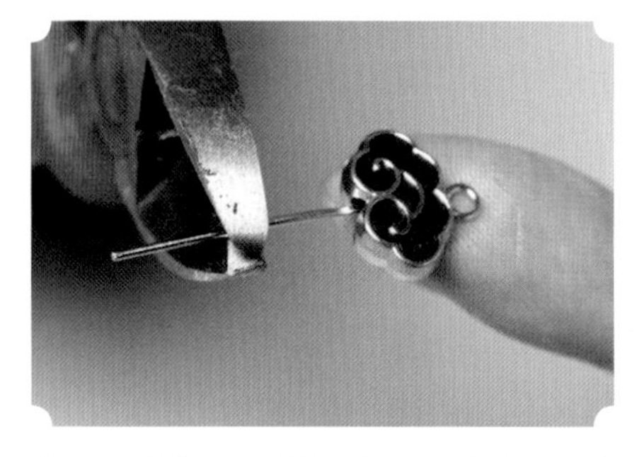

7 为“9”字针的尾端预留约 1cm 的长度，使用切线钳裁切掉多余的部分

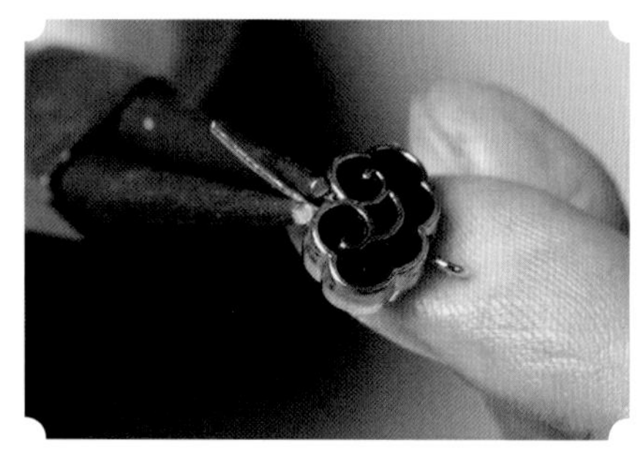

8 用圆嘴钳将“9”字针尾端向一边弯曲

9 用圆嘴钳将“9”字针尾端向反方向弯曲，使其形成一个圆环

10 制作一个金属珠配件，用球形针穿上金属珠

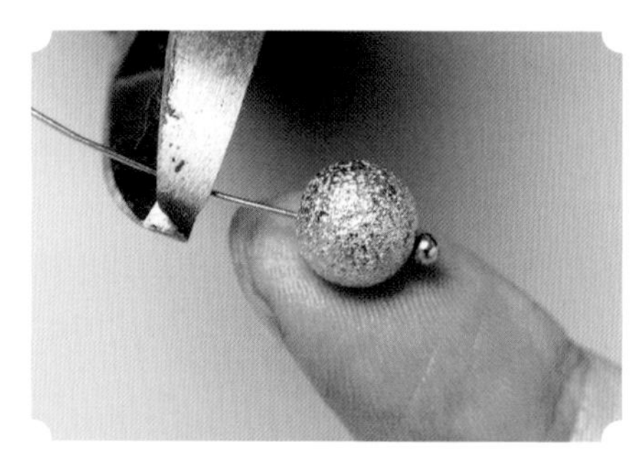

11 为球形针尾端预留约 1cm 的长度，用切线钳切掉多余的部分

12 用圆嘴钳将球形针尾端向一边弯曲

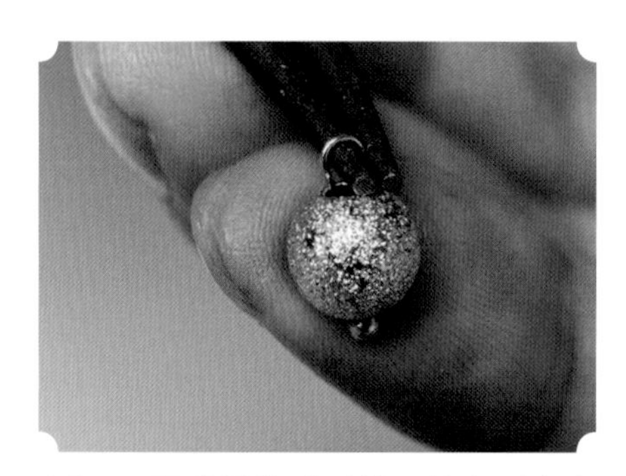

13 用圆嘴钳将球形针尾端向反方向弯曲，使其形成一个圆环。金属珠配件就制作好了

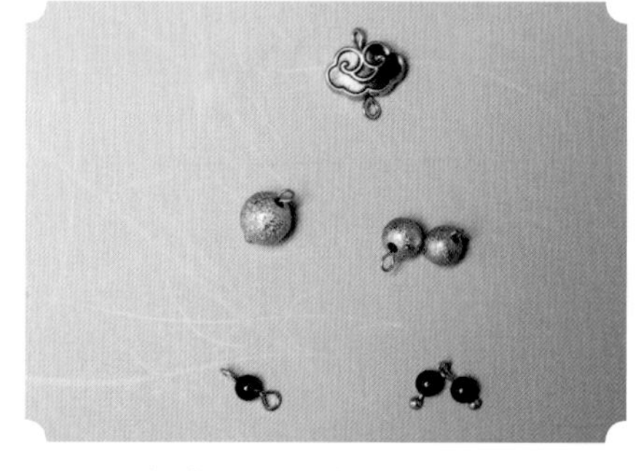

14 重复步骤 6 至步骤 13 的方法制作以下配件：用“9”字针制作的云形景泰蓝花片配件一个；用球形针制作的直径为 8mm 的金属珠配件一个；用球形针制作的直径为 6mm 的金属珠配件两个；用“9”字针制作的直径为 4mm 的红玛瑙球配件一个；用球形针制作的直径为 4mm 的红玛瑙球配件两个

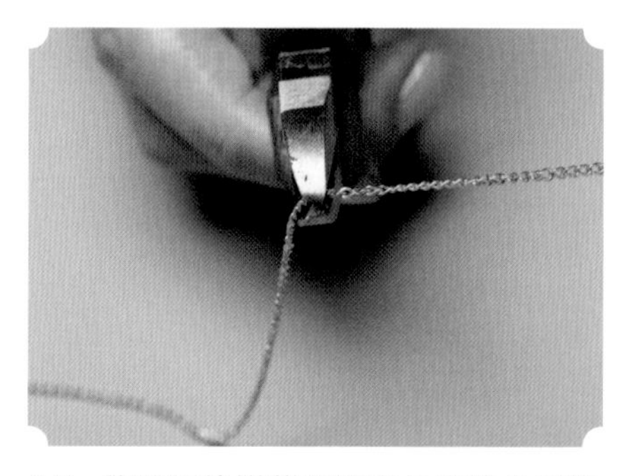

15 使用切线钳截取适宜长度的金属链

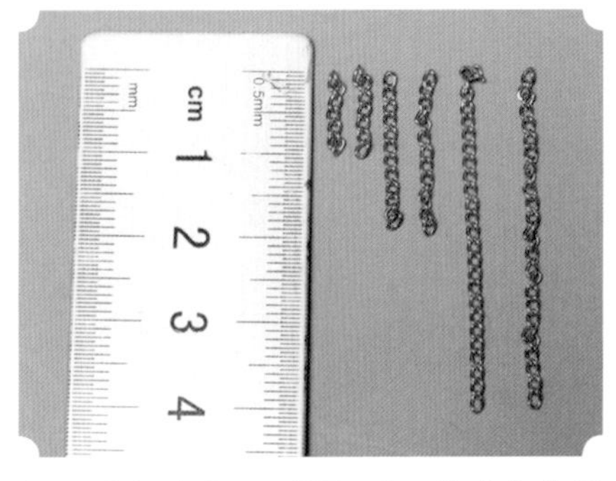

16 重复步骤 15 截取以下尺寸和数量的金属链：长度为 4cm，两条；长度为 2cm，两条；长度为 1cm，两条

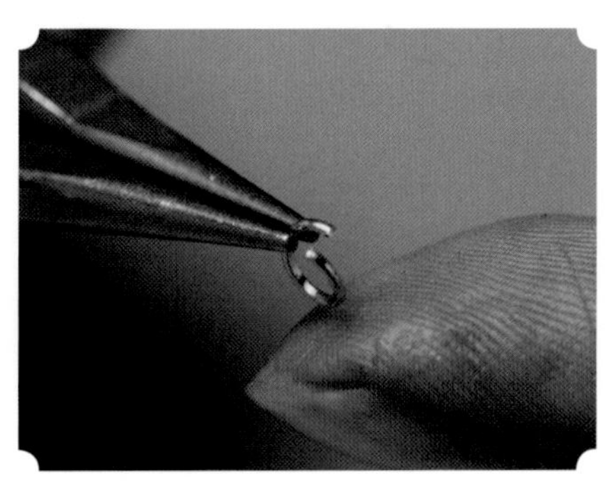

17 使用尖嘴钳掰开连接圈

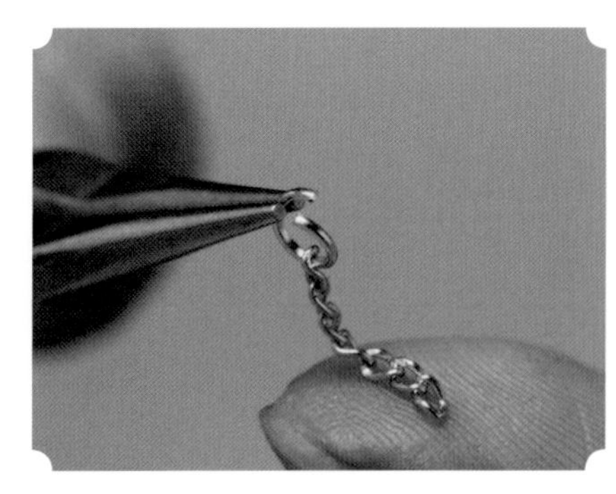

18 将长 1cm 的金属链一端穿上连接圈

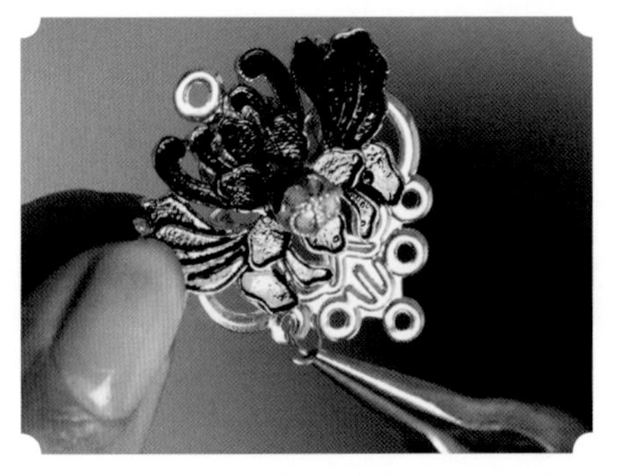

19 将穿好金属链的连接圈穿上镂空金属花片的底部 5 个圆环中最左边的圆环

20 用尖嘴钳闭合连接圈

21 将金属链另一端穿上另一连接圈

22 用连接圈穿上之前制作好的红玛瑙球配件（球形针）

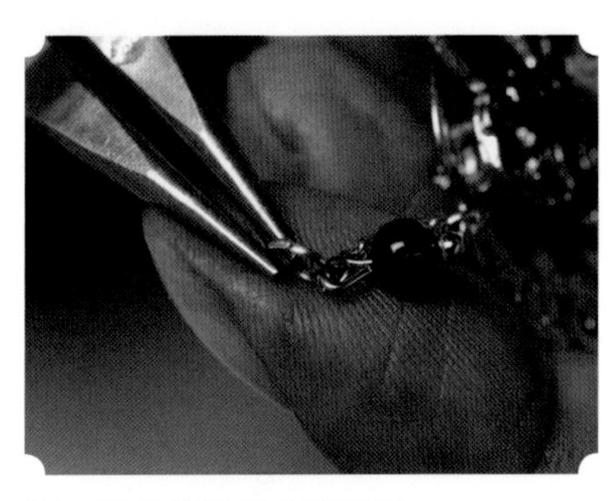

23 用尖嘴钳闭合连接圈

24 重复步骤 17 至步骤 23 制作另一端

25 重复步骤 17 至步骤 18，将长 2cm 的金属链与连接圈相连

26 将穿上了金属链的连接圈连接至镂空金属花片底部 5 个圆环的左边第二个圆环

27 用尖嘴钳闭合连接圈

28 将金属链另一端穿上另一连接圈

29 在刚穿上的连接圈中穿上之前制作好的直径为 6mm 的金属珠配件（球形针）

30 用尖嘴钳闭合连接圈

31 重复步骤 25 至步骤 30，用同样的方法制作另一端

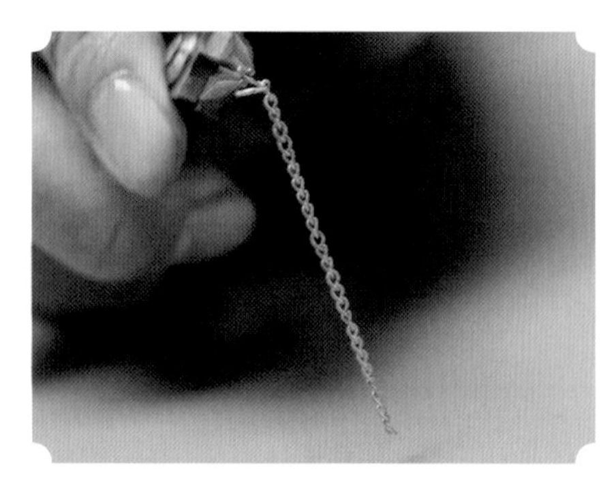

32 重复步骤 17 至步骤 18，将连接圈与长 4cm 的金属链相连

33 将穿上金属链的连接圈连接至镂空金属花片底部 5 个圆环中的中间的圆环

34 用尖嘴钳闭合连接圈

35 将金属链另一端穿上另一连接圈

36 将连接圈穿上已制作好的云形景泰蓝花片配件（“9”字针）

37 用尖嘴钳闭合连接圈

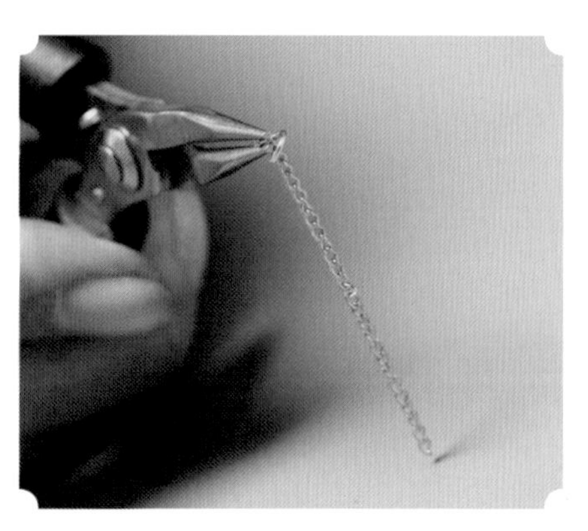

38 重复步骤 17 至步骤 18，将长 4cm 的金属链与衔接环相连

39 将穿上金属链的连接圈连接至云形景泰蓝花片配件另一端

40 用尖嘴钳闭合连接圈

41 将金属链另一端穿上另一连接圈

42 将连接圈中穿上已制作好的直径为 8mm 的金属珠配件（球形针）

43 用尖嘴钳闭合连接圈

44 用尖嘴钳掰开之前制作好的直径为 4mm 的红玛瑙球配件（“9”字针）的一端

45 将红玛瑙球配件连接至镂空金属花片顶部的圆环

46 用尖嘴钳闭合“9”字针连接圈

47 用尖嘴钳掰开直径为 4mm 的红玛瑙球配件“9”字针的另一端

48 将耳钩衔接至“9”字针连接圈

49 用尖嘴钳闭合“9”字针连接圈

50 使用金色油漆笔将耳饰背面焊锡部分涂上颜色，以隐藏衔接点

51 制作完成

2.2 发冠

工具

切线钳
尖嘴钳
油性马克笔
胶水
焊锡工具
圆嘴钳
金色油漆笔

材料

直径为 0.4mm 的铜丝

金属花片

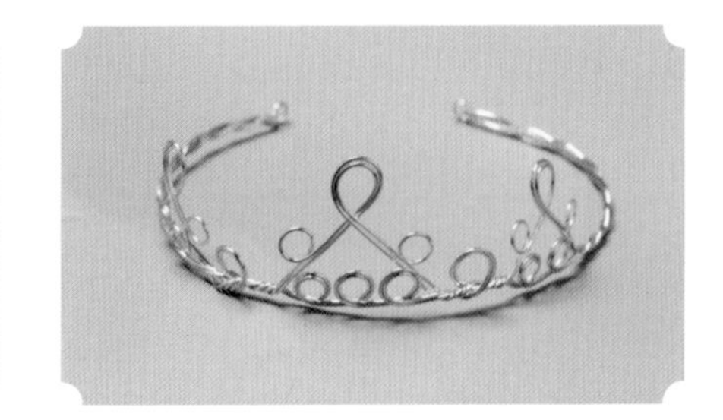

发冠金属底托

大号景泰蓝花片

凤凰图案景泰蓝花片

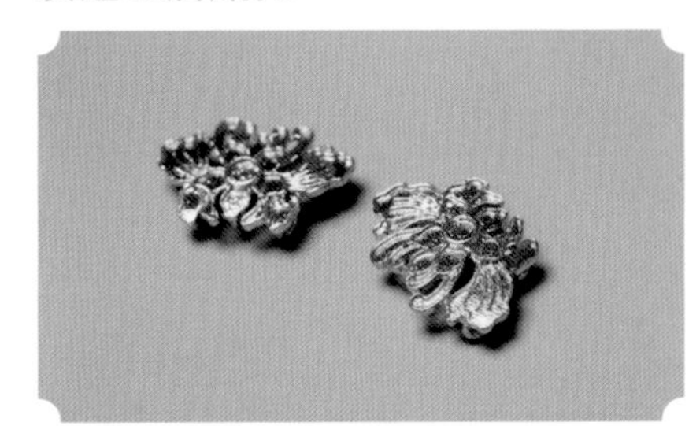

金属立体花片

景泰蓝珠

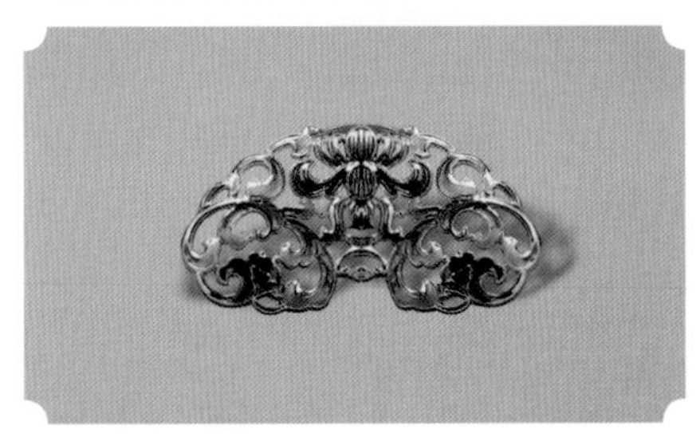

小号景泰蓝花片

蓝色玉髓珠

直径为 6mm 和 8mm 的金属珠

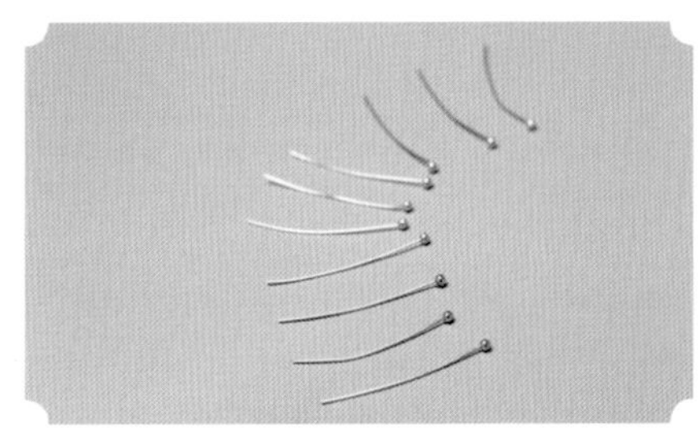

球形针

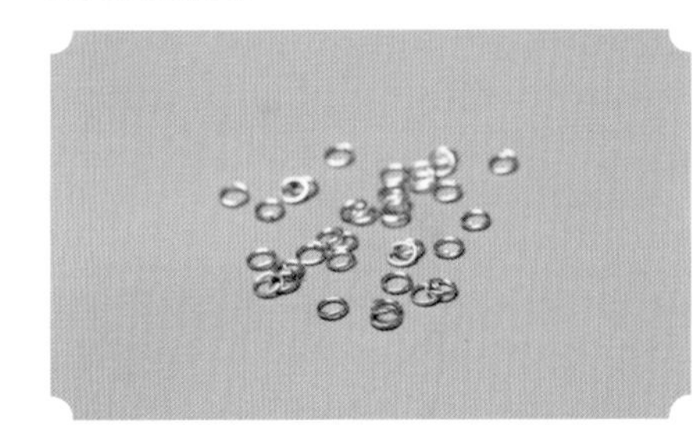

连接圈

制作步骤

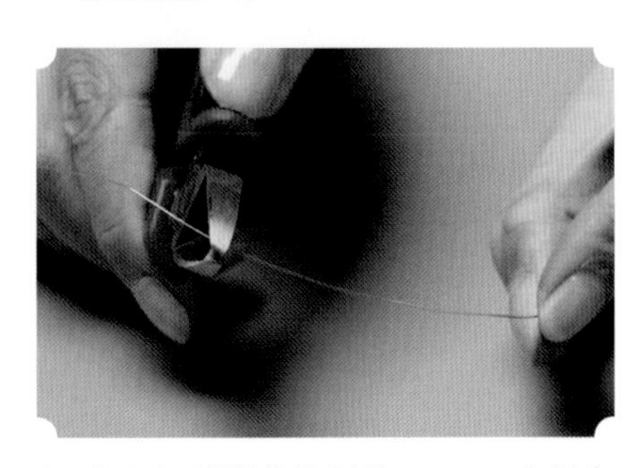

1　使用切线钳截取长约 8cm，直径为 0.4mm 的铜丝

2　将截取好的铜丝对折成“U”形并穿上六瓣金属花片

3　使用尖嘴钳将穿上六瓣金属花片的铜丝缠绕在发冠金属底托上并拧转，使其固定在发冠金属底托中间

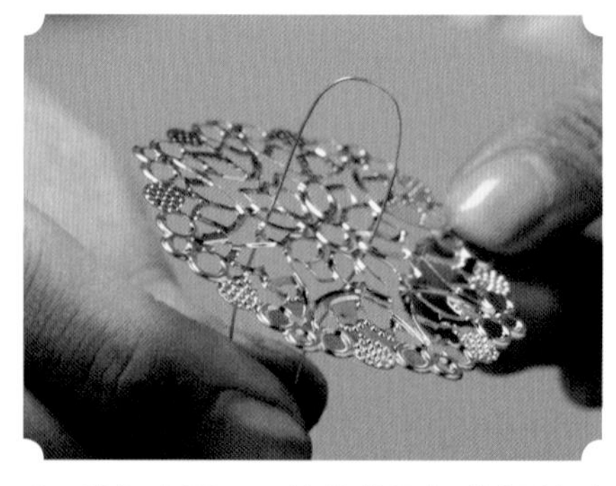

4 重复步骤 1，并将截取好的铜丝对折成“U”形并穿上圆形金属花片

5 将穿上圆形金属花片的铜丝插入发冠金属底托上，其位于六瓣金属花片左侧

6 使用尖嘴钳将铜丝拧转并固定

7 重复步骤 4 至步骤 6，在另一侧也固定好圆形金属花片

8 重复步骤 1，并将截取好的铜丝对折成“U”形并穿上花卉金属花片，其位于六瓣金属花片与圆形金属花片中间

9 使用尖嘴钳将铜丝拧转并固定

10 重复步骤 8 至步骤 9，在另一侧也固定好花卉金属花片

11 重复步骤 8 至步骤 9，再固定一个花卉金属花片，其位于圆形金属花片的外侧

12 重复步骤 8 至步骤 9，在另一侧对称位置也固定好花卉金属花片

13 重复步骤 1，并将截取好的铜丝对折成“U”形并穿上大号景泰蓝花片

14 将大号景泰蓝花片放置在六瓣金属花片中下方

15 使用尖嘴钳将铜丝拧转并固定

16　重复步骤 1，并将截取好的铜丝对折成“U”形并穿入凤凰图案景泰蓝花片。将凤凰图案景泰蓝花片固定在圆形金属花片中间

17　使用尖嘴钳将铜丝拧转并固定

18　重复步骤 16 至步骤 17，在另一侧对称位置也固定好凤凰图案景泰蓝花片

19　使用蓝色油性马克笔将金属立体花片涂上颜色

20　给金属立体花片涂上颜色，一共涂画两个花片

21　将胶水涂抹在金属立体花片中间

22　将景泰蓝珠粘贴在涂抹胶水的地方并等待几秒，待其固定

23　重复步骤 1，并将截取好的铜丝对折成“U”形并穿上金属立体花片

24　将金属立体花片固定在最外侧的花卉金属花片中间

25　使用尖嘴钳将铜丝拧转并固定

26　重复步骤 21 至步骤 25，在另一侧对称位置也固定好金属立体花片

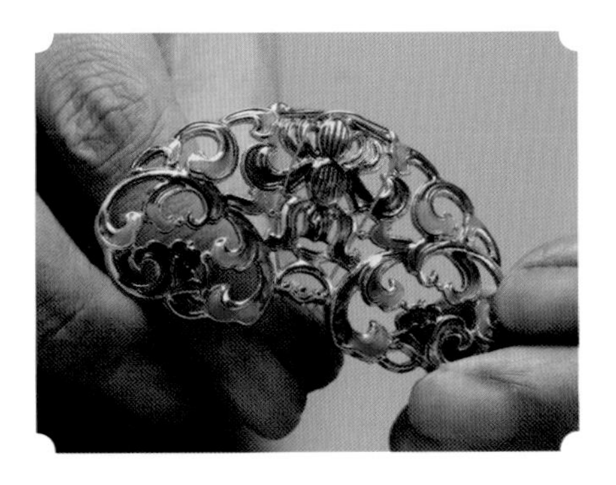

27　重复步骤 1，并将截取好的铜丝对折成“U”形并穿上小号景泰蓝花片

28　将小号景泰蓝花片放置在六瓣金属花片中上方，并使用尖嘴钳将铜丝拧转固定

29　发冠基础的样子就形成了，检查是否每一个花片都固定好了

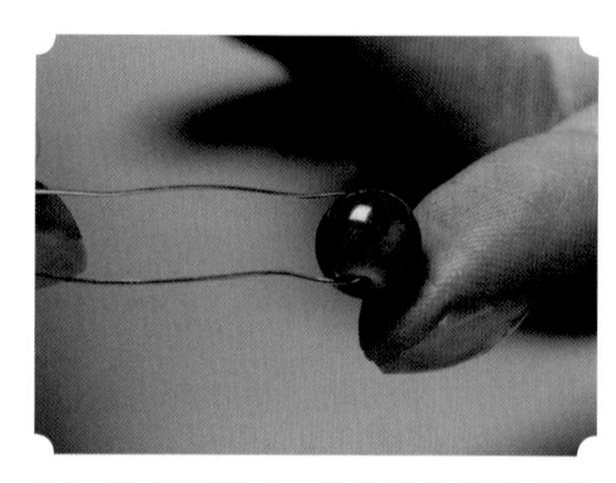

30　重复步骤 1，并将截取好的铜丝对折成“U”形并穿上蓝色玉髓珠

31　将蓝色玉髓珠放置在圆形金属花片中上方

32　使用尖嘴钳将铜丝拧转固定

33　重复步骤 30 至步骤 32，在另一侧对称位置也固定好蓝色玉髓珠

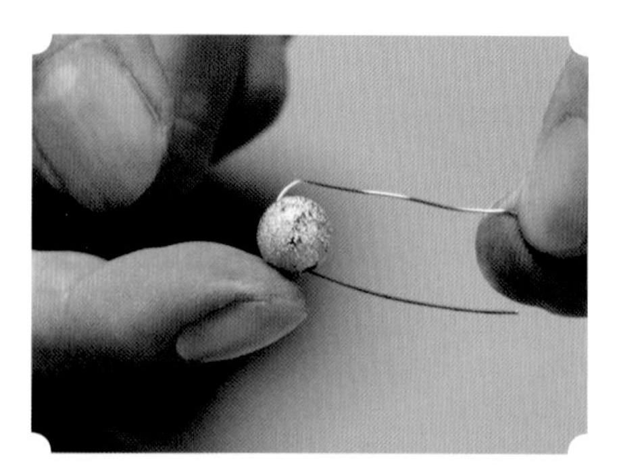

34　重复步骤 1，并将截取好的铜丝对折成“U”形并穿上直径为 8mm 的金属珠

35　将金属珠放置在蓝色玉髓珠内侧下方

36　使用尖嘴钳将铜丝拧转固定

37　重复步骤 34 至步骤 36，以对称的形式将剩余 3 颗直径为 8mm 的金属珠固定在发冠上

38　使用焊锡工具将所有拧转固定的铜丝焊锡

39　使用切线钳将所有多余的铜丝剪掉

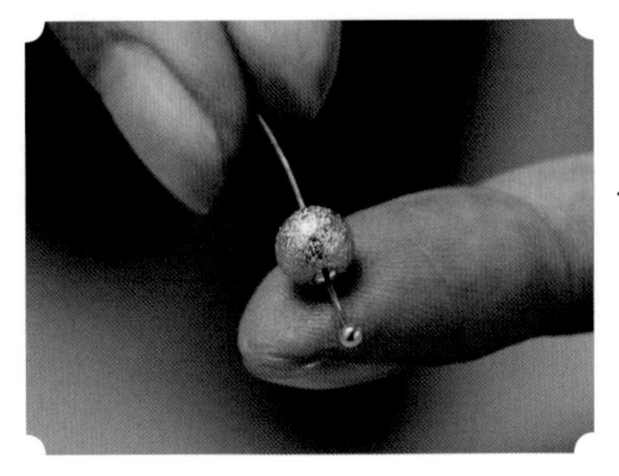

40 将球形针穿上直径为 6mm 的金属珠

41 为球形针尾端预留约 1cm 的长度，用切线钳切掉多余的部分

42 用圆嘴钳将球形针尾端向一边弯曲

43 用圆嘴钳将球形针尾端向反方向弯曲，使其形成一个圆环。金属珠配件就制作好了

44 使用尖嘴钳掰开连接圈并穿上制作好的金属珠配件

45 将穿上金属珠配件的连接圈衔接在大号景泰蓝花片底端的圆环上并闭合连接圈

46 重复步骤 40 至步骤 45，再另制作 8 个金属珠配件并将其固定在大号景泰蓝花片底端的圆环上，然后闭合连接圈

47 使用金色油漆笔将背面焊锡部分涂上颜色，以隐藏衔接点

48 制作完成

2.3 发簪

工具

焊锡工具
油性马克笔
胶水
切线钳
尖嘴钳
圆嘴钳
金色油漆笔
直尺

材料

孔雀形金属立体花片

金属花片

金属立体花片

景泰蓝珠

直径为 0.8mm 的铜丝

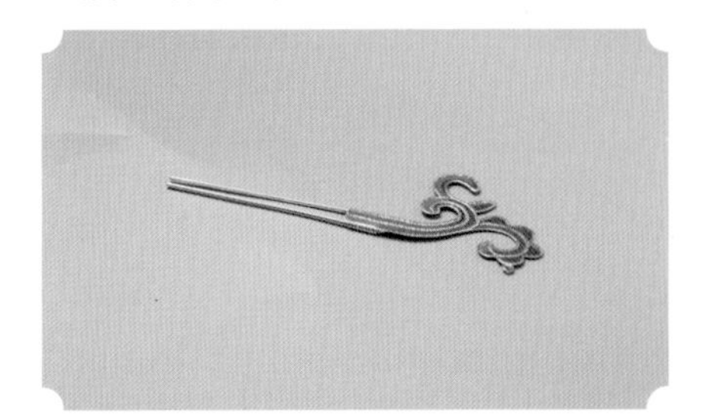

发簪

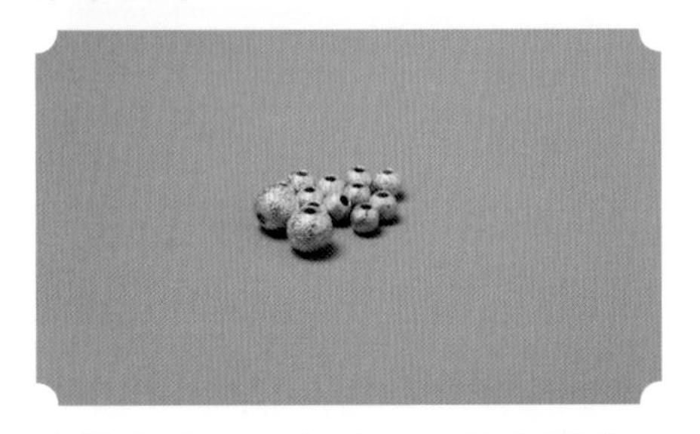

直径为 4mm 和 6mm 的金属珠

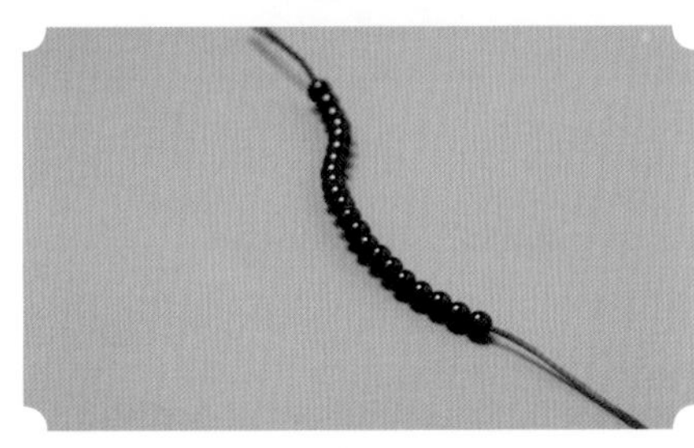

直径为 4mm 的红玛瑙球

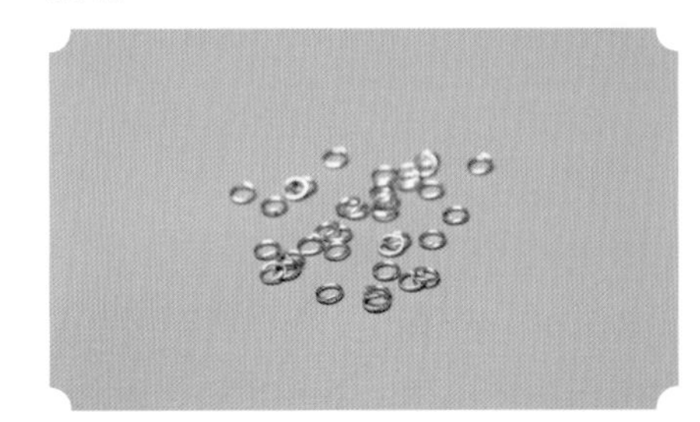

连接圈

金属链

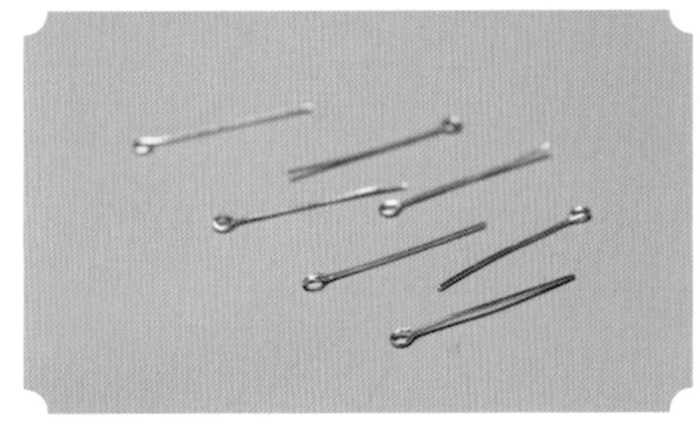

“9”字针

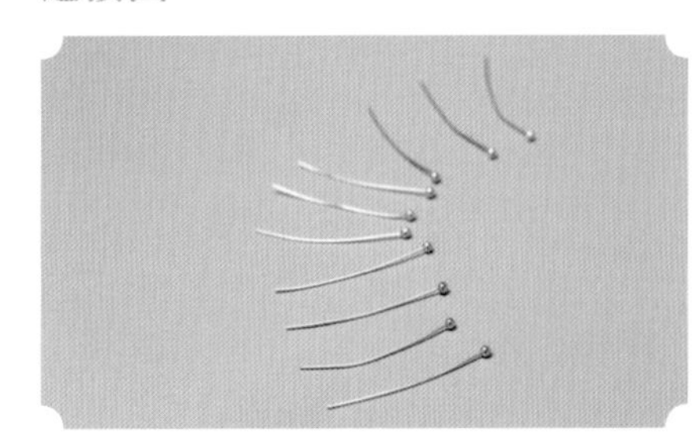

球形针

制作步骤

1 将孔雀形金属立体花片与六瓣金属花片重叠并居中对齐

2 使用焊锡工具将两个花片焊锡衔接

3 将花卉金属花片与焊锡好的两个花片按图示组合

4 使用焊锡工具将花卉金属花片与之前焊锡好的两个花片进行焊锡衔接

5 重复步骤 3 至步骤 4，在另一侧也焊锡衔接花卉金属花片

6 使用蓝色油性马克笔将金属立体花片涂上颜色

7 将金属立体花片涂上颜色

8 将胶水涂抹在金属立体花片中间

9 将景泰蓝珠粘贴在涂抹胶水的地方，等待几秒，待其固定

10 将制作好的金属立体花片组合在制作好的金属花片上

11 使用焊锡工具将金属立体花片和金属花片焊锡衔接

12 重复步骤 6 至步骤 11，在另一侧也焊锡衔接金属立体花片和金属花片

13 将发簪与制作好的配件进行组合

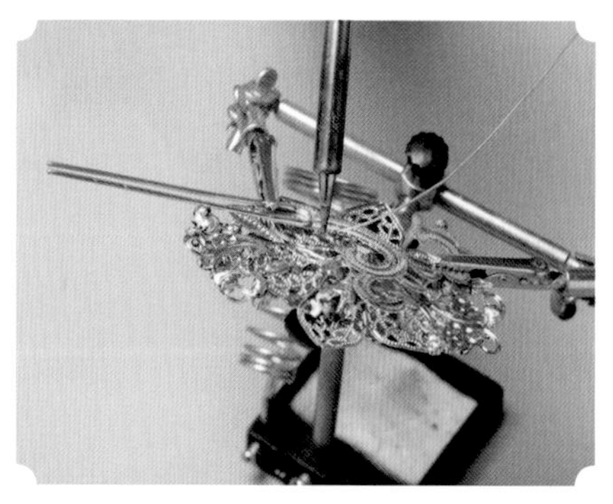

14 使用焊锡工具将发簪和配件焊锡衔接

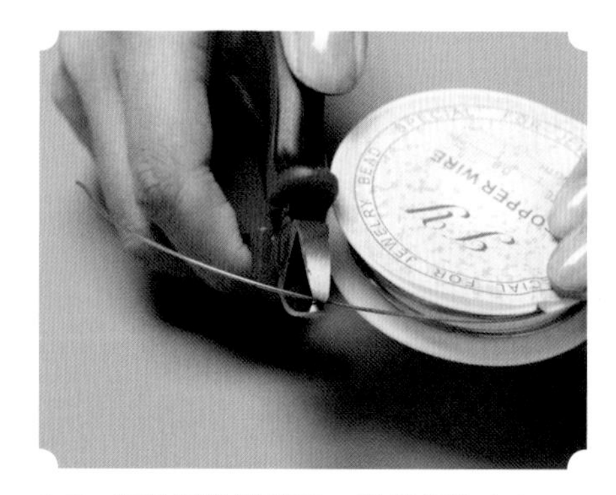

15 使用切线钳截取一段直径为 0.8mm 的铜丝

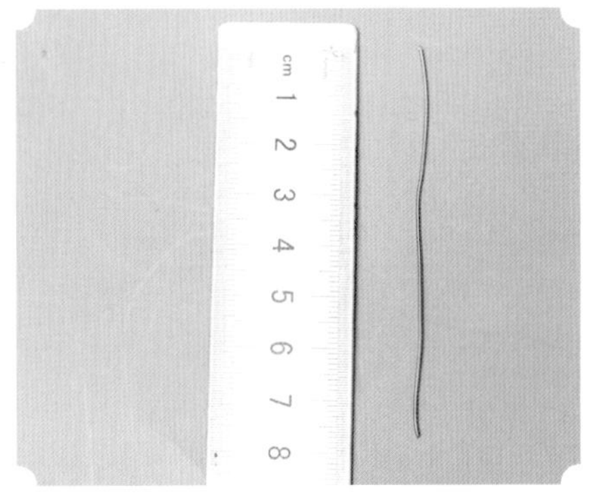

16 截取的铜丝长度约为 8cm

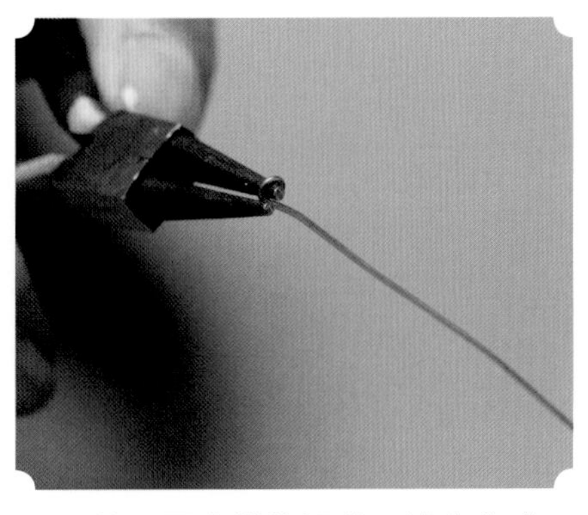

17 使用圆嘴钳将铜丝一端弯曲成一个圆环

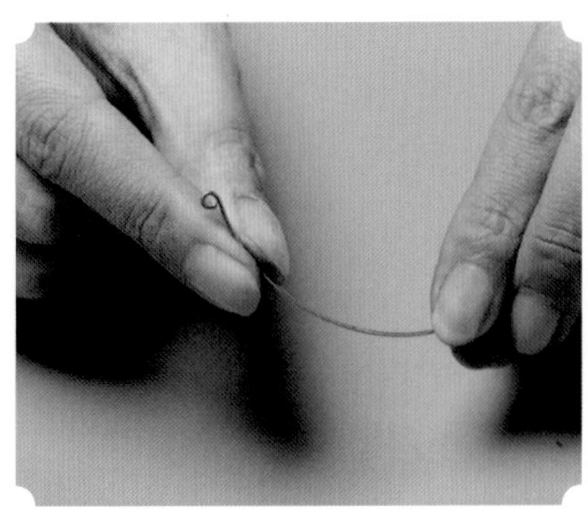

18 用手轻轻弯曲铜丝使其产生弧度

19 用切线钳截取金属链

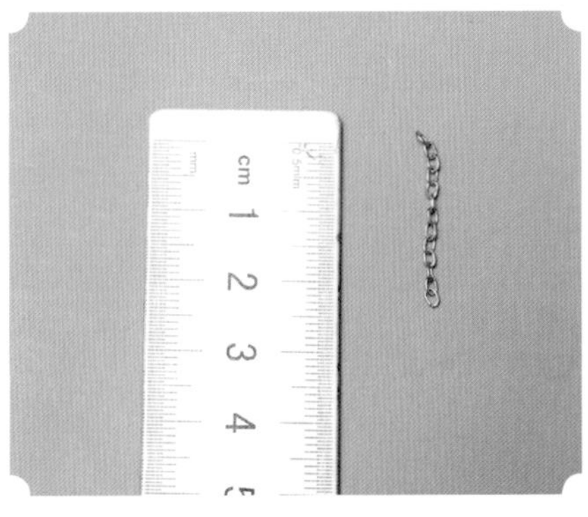

20 截取的金属链的长度约为 2.5cm

21 使用尖嘴钳掰开连接圈

22 将金属链一端穿上连接圈

23 使用尖嘴钳闭合连接圈

24 在“9”字针上穿 5 颗红玛瑙球

25 使用圆嘴钳将“9”字针的尾端向一侧弯曲

26 使用圆嘴钳将“9”字针的尾端向反方向弯曲，使其形成一个圆环

27 使用尖嘴钳和连接圈将制作好的金属链连接至“9”字针的连接圈

28 使用切线钳截取金属链

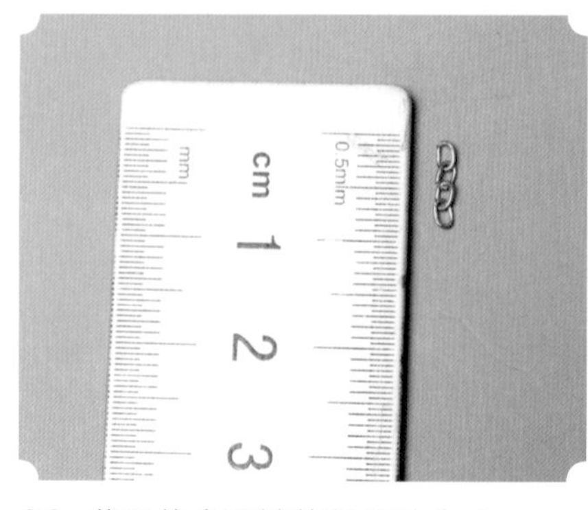

29 截取的金属链的长度约为 9mm

30 使用尖嘴钳掰开连接圈并将金属链一端穿上连接圈

31 将连接圈连接至图示中“9”字针的另一端

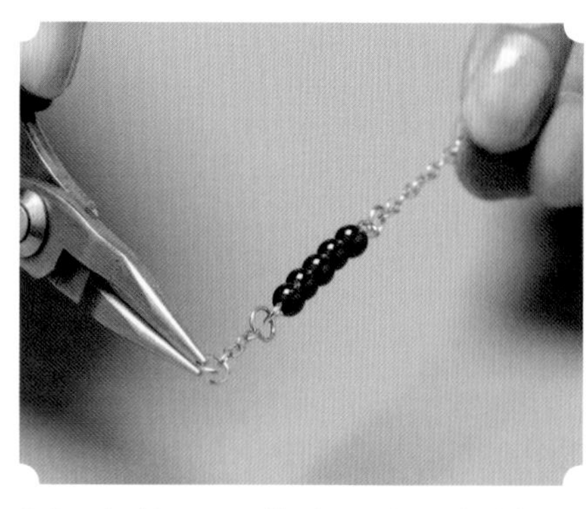

32 在长 9mm 的金属链尾端连接一个连接圈

33 在“9”字针上穿两颗红玛瑙球

34 为“9”字针的尾端预留一部分，用切线钳切掉多余的部分

35 使用圆嘴钳将“9”字针的尾端向一侧弯曲

36 使用圆嘴钳将“9”字针的尾端向反方向弯曲，使其形成圆环

37 将制作好的有两颗红玛瑙球的配件连接在长 9mm 的金属链尾端

38 使用切线钳再次截取长 9mm 的金属链

39 通过连接圈将金属链连接在有两颗红玛瑙球的配件的尾端

40 将“9”字针穿上直径为 6mm 的金属珠

41 为“9”字针尾端预留一部分，用切线钳切掉多余的部分

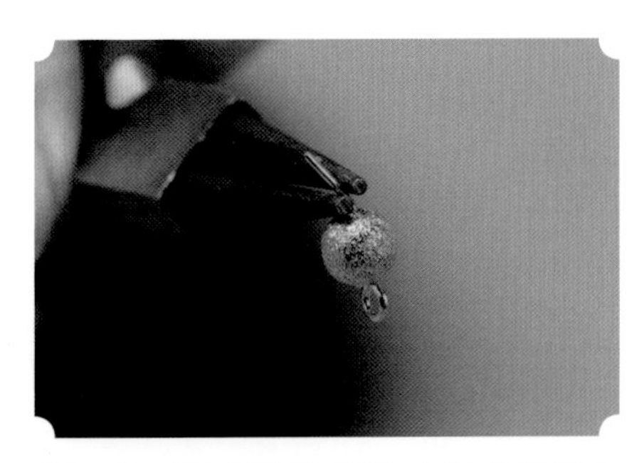

42 使用圆嘴钳将“9”字针的尾端向一侧弯曲

43 使用圆嘴钳将“9”字针的尾端向反方向弯曲，使其形成圆环

44 使用连接圈将制作好的直径为 6mm 的金属珠配件衔接在长 9mm 的金属链的尾端

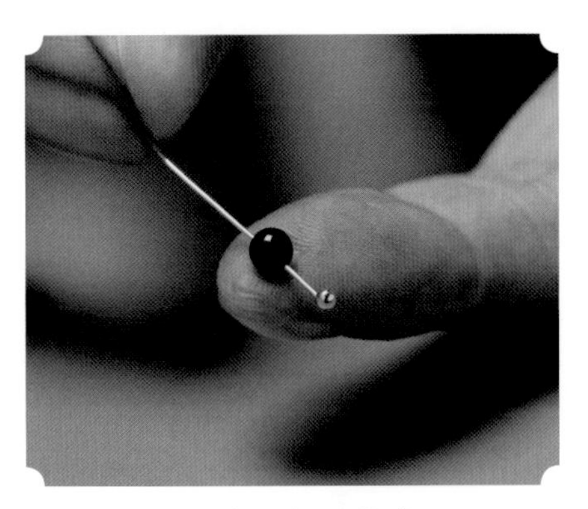

45 将球形针穿上红玛瑙球

46 为球形针尾端预留一部分，用切线钳切掉多余的部分

47 使用圆嘴钳将球形针的尾端向一侧弯曲

48 使用圆嘴钳将球形针的尾端向反方向弯曲，使其形成圆环

49 使用连接圈将有一颗红玛瑙球的配件衔接在直径为 6mm 的金属珠尾端，用相同的方法再制作一条

50 将制作好的一条金属链配件通过连接圈连接在截取的直径为 0.8 mm 的铜丝尾端

51 从直径为 0.8mm 的铜丝的另一端穿上一颗直径为 4mm 的金属珠

52 使用切线钳截取金属链

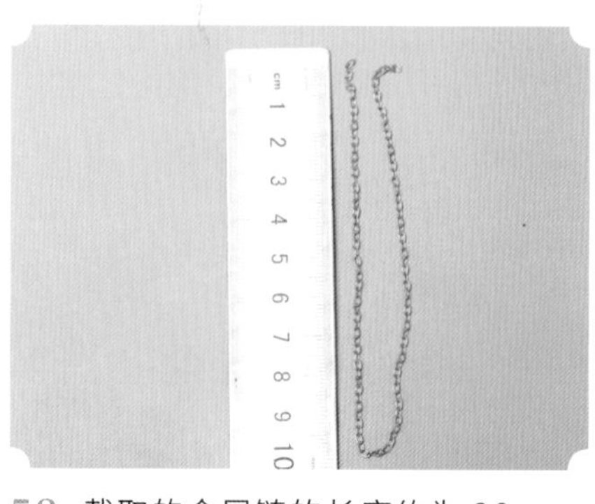

53 截取的金属链的长度约为 20cm

54 将长 20cm 的金属链对折，将中心穿上直径为 0.8mm 的铜丝

55 重复步骤 51 至步骤 54，再另穿上 12 颗直径为 4mm 的金属珠及 11 条长 20cm 的对折后的金属链

56 使用圆嘴钳将直径为 0.8mm 的铜丝尾端弯曲，使其形成圆环

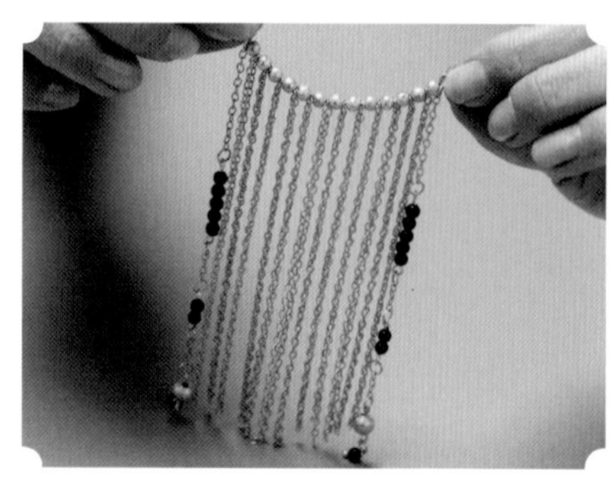

57 将另一条金属链用连接圈连接在圆环上，金属配件就制作完成了

58 使用连接圈将制作好的金属配件其中的一端连接在制作好的发簪一端的圆形接口处

59 用尖嘴钳闭合连接圈

60 使用连接圈将金属配件的另一端连接至六瓣金属花片的花瓣一侧

61 让金属配件保持左右平衡

62 使用金色油漆笔将焊锡接口涂上颜色，以隐藏衔接点

63 制作完成

第三章

一斛珠

古风宫廷系饰品制作

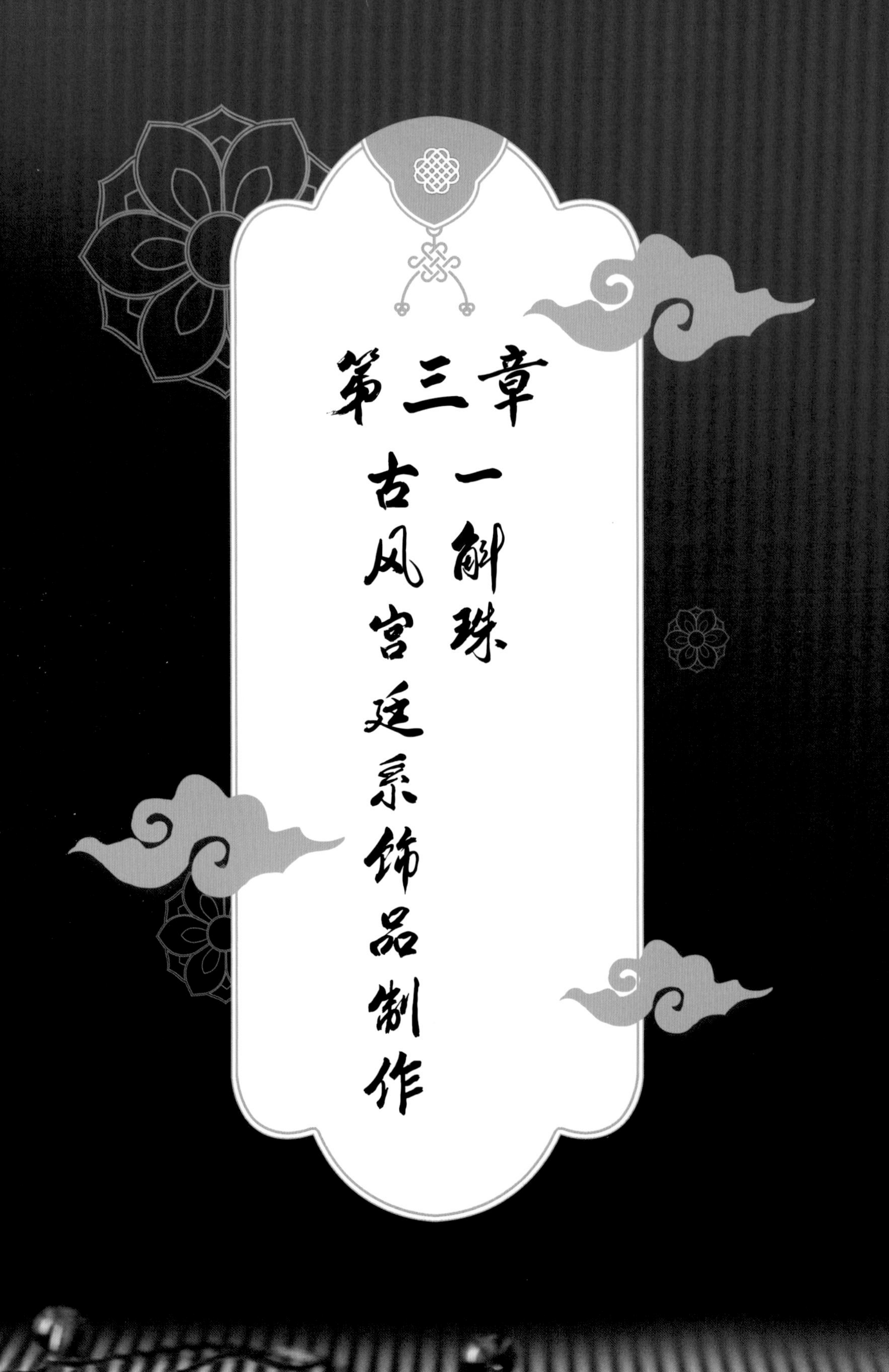

本章主要讲授古风宫廷系的手工饰品的制作方法，包括发钗、发梳和发冠的制作。本章中的饰品在上一章的基础上添加了珍珠，使整体风格又增添了一分低调的奢华，适合搭配较为华丽的服装。

3.1 发钗

工具

焊锡工具

切线钳

尖嘴钳

胶水

金色油漆笔

材料

鹤形景泰蓝花片

镂空金属花片

直径为 0.4mm 的铜丝

金属立体花片

菱形景泰蓝花片

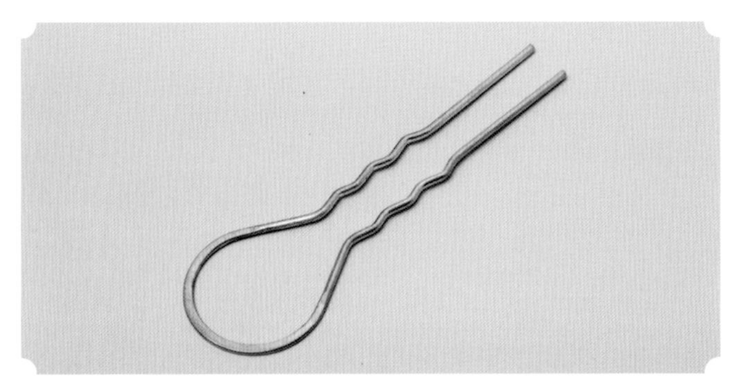

发簪

直径为 6mm、8mm、10mm 和 12mm 的珍珠

制作步骤

1 将鹤形景泰蓝花片与镂空金属花片进行组合

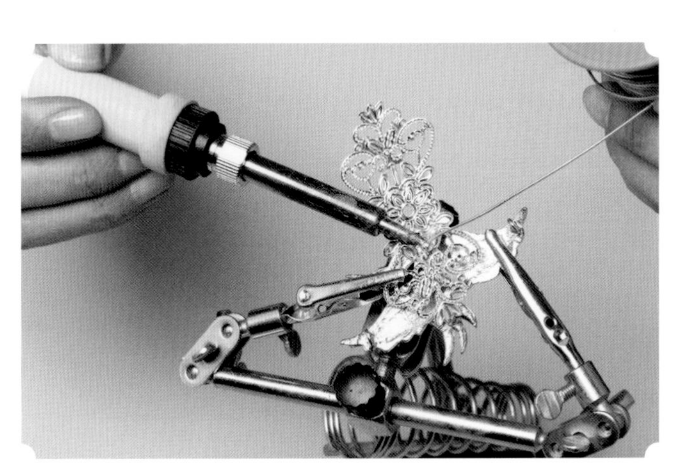

2 使用焊锡工具将两个材料焊锡衔接

3 检查衔接是否牢固

4 重复步骤 1 至步骤 2，在另一端也衔接固定鹤形景泰蓝花片

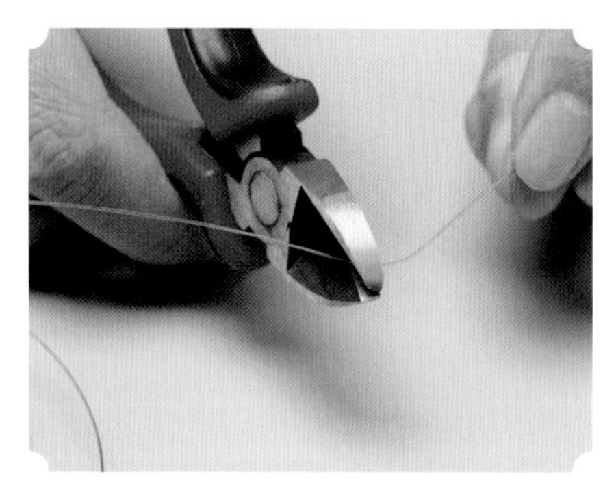

5 使用切线钳剪切一段长度为 8cm、直径为 0.4mm 的铜丝

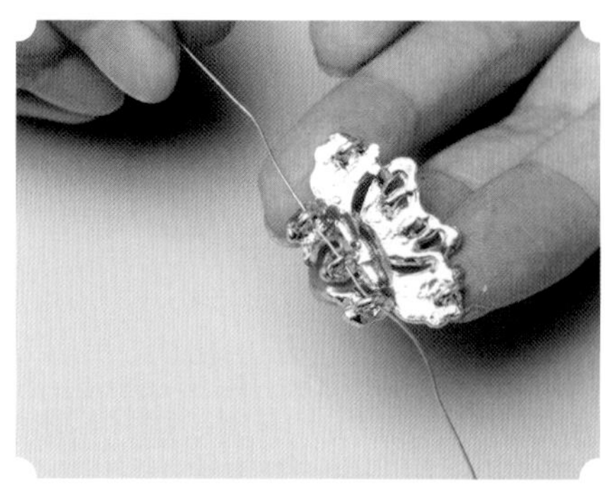

6 将剪切好的铜丝穿上金属立体花片下端的圆形卡口

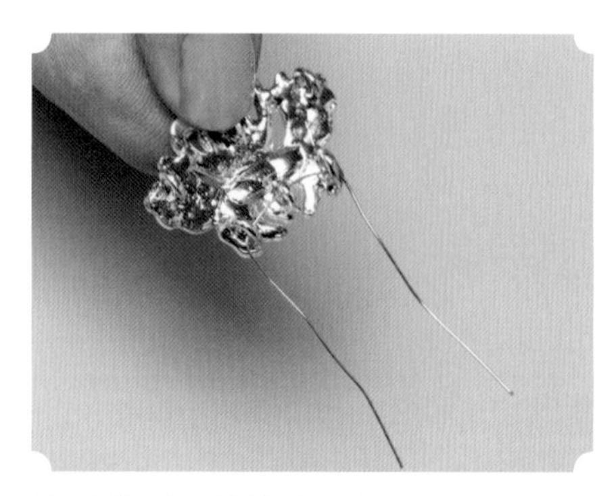

7 将铜丝两端按图示弯曲

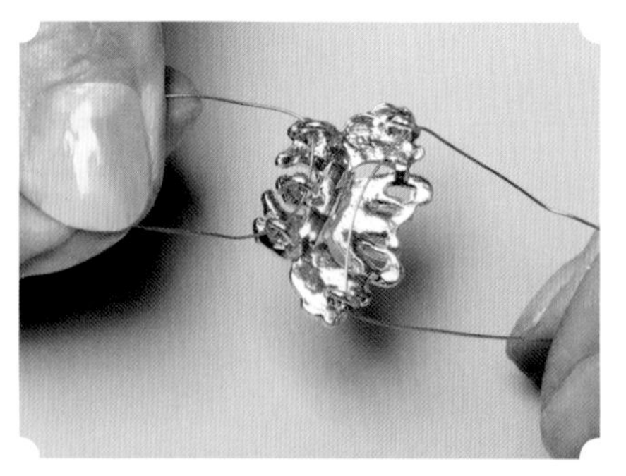

8 重复步骤 5，在金属立体花片上端圆形卡口中穿上一段铜丝并将其弯曲

9 使用尖嘴钳将金属立体花片上的铜丝插入制作好的镂空金属花片组合配件背面，并将金属立体花片放置在中间上端

10 调整好金属立体花片位置

11 使用尖嘴钳将背面的铜丝旋转缠绕，以固定

12 为被旋转铜丝的尾端预留 1cm 的长度，使用切线钳切掉多余的部分

13　使用尖嘴钳将预留的被旋转铜丝向镂空金属花片中心弯曲，使其贴合

14　使用焊锡工具将贴合花片中心的被旋转铜丝焊锡固定

15　检查衔接是否牢固

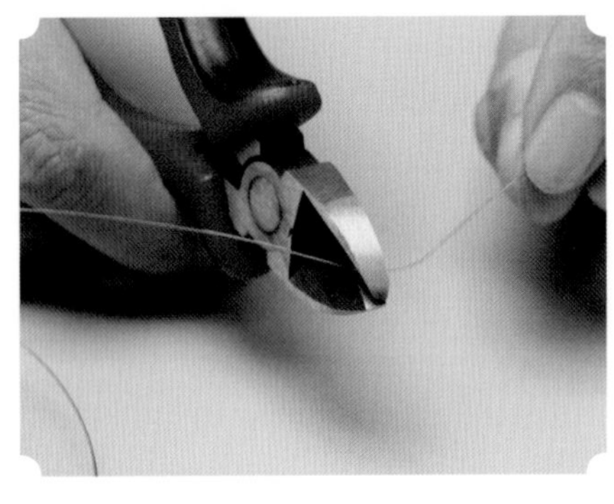

16　使用切线钳剪切一段长度为 8cm、直径为 0.4mm 的铜丝

17　将剪切好的铜丝穿上菱形景泰蓝花片

18　将两端的铜丝按图示弯曲

19　将菱形景泰蓝花片上的铜丝插入制作好的镂空金属花片组合配件背面，并将菱形景泰蓝花片放置在中间下端

20　使用尖嘴钳将背面的铜丝旋转缠绕，以固定

21　为被旋转铜丝的尾端预留 1cm 的长度，使用切线钳切掉多余的部分

22　使用尖嘴钳将预留的被旋转铜丝向镂空金属花片中心弯曲，使其贴合

23 使用焊锡工具将贴合花片中心的被旋转铜丝焊锡固定

24 检查衔接是否牢固

25 将发簪顶部的圆形放置在制作好的花片组合配件背部

26 将镂空金属花片放置在发簪顶部的圆形上

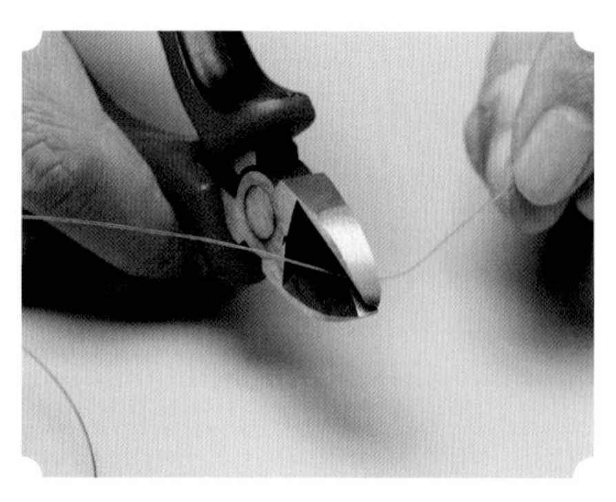

27 使用切线钳剪切一段长度约为8cm、直径为0.4mm的铜丝

28 使用剪切下的铜丝将发簪、镂空金属花片和制作好的花片组合配件缠绕并固定

29 使用尖嘴钳将铜丝旋转缠绕，以固定

30 为被旋转铜丝的尾端预留1cm的长度，使用切线钳切掉多余的部分

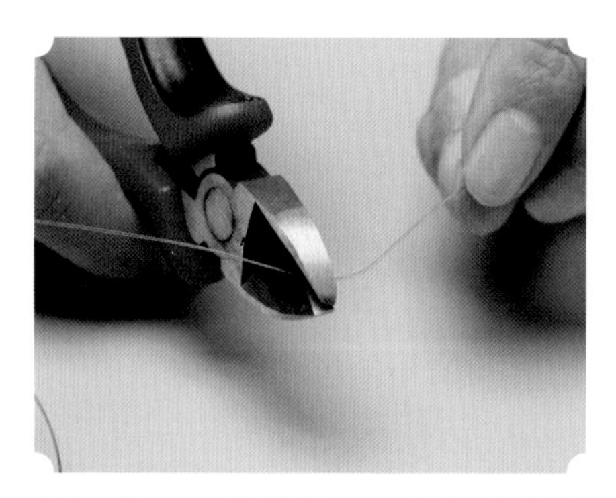

31 使用切线钳剪切一段长度约为8cm、直径为0.4mm的铜丝

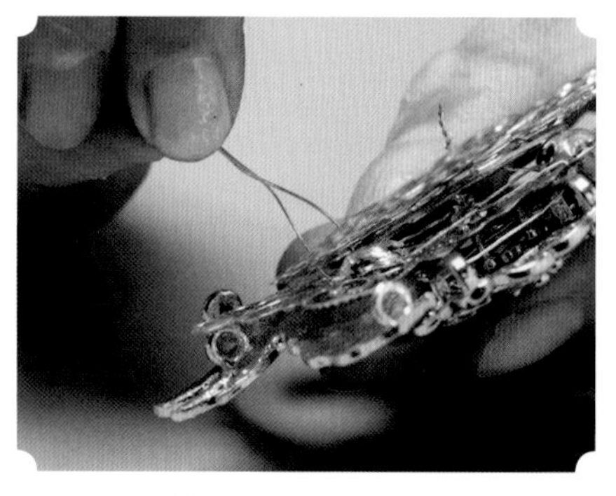

32 使用剪切下的铜丝在另一个位置将三者缠绕并固定，使其衔接更加牢固

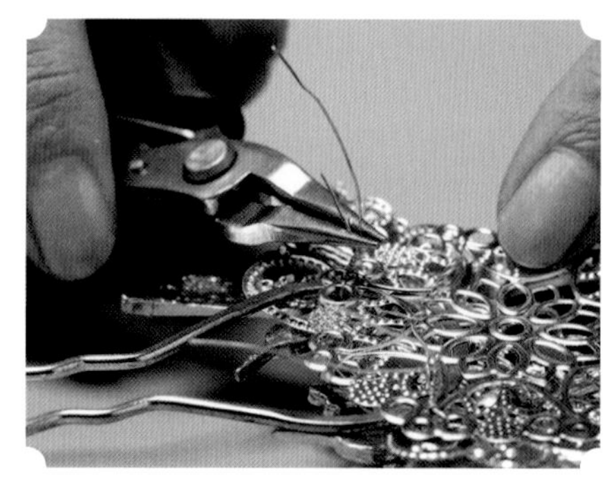

33 使用尖嘴钳将铜丝旋转缠绕，以固定

34 为被旋转铜丝的尾端预留 1cm 的长度，使用切线钳切掉多余的部分

35 重复步骤 31 至步骤 34，再插入一段铜丝并固定，使各部分衔接更加牢固

36 使用焊锡工具将 3 个固定点焊锡固定

37 检查衔接是否牢固

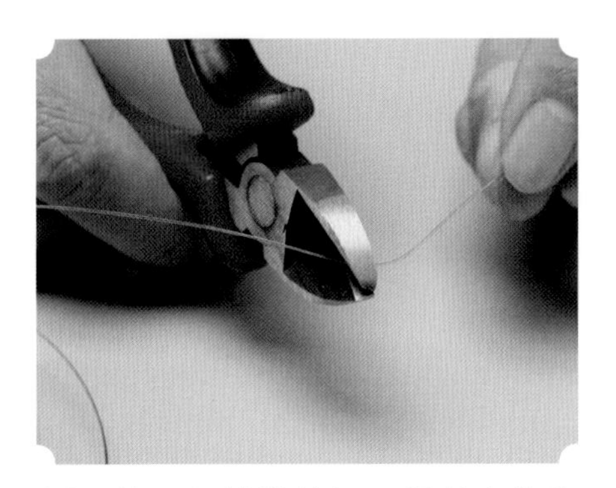

38 使用切线钳剪切一段长度约为 8cm、直径为 0.4mm 的铜丝

39 将铜丝穿上一颗直径为 12mm 的珍珠，并将其放在铜丝中间

40 将两边的铜丝按图示弯曲

41 将穿好直径为 12mm 的珍珠的铜丝穿上制作好的发钗底座的镂空金属花片

42 使用尖嘴钳将穿过背面的铜丝扭转，以固定

43 为被旋转铜丝的尾端预留 1cm 的长度，使用切线钳切掉多余的部分

44 使用尖嘴钳将预留的被旋转铜丝向花片弯曲，使其贴合

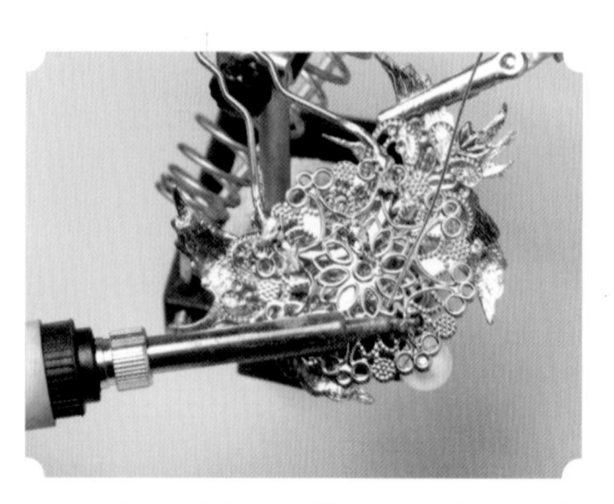

45 使用焊锡工具将贴合花片的被旋转铜丝焊锡固定

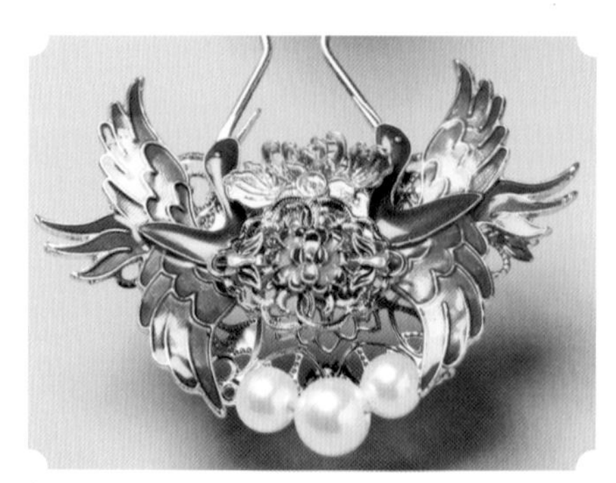

46 重复步骤 38 至步骤 45，在直径为 12mm 的珍珠两侧固定两颗直径为 10mm 的珍珠

47 重复步骤 38 至步骤 45，在两颗直径为 10mm 的珍珠旁各固定一颗直径为 8mm 的珍珠

48 重复步骤 38 至步骤 45，在已固定的珍珠上排再固定两颗直径为 8mm 的珍珠

49 将胶水涂抹在金属立体花片中心

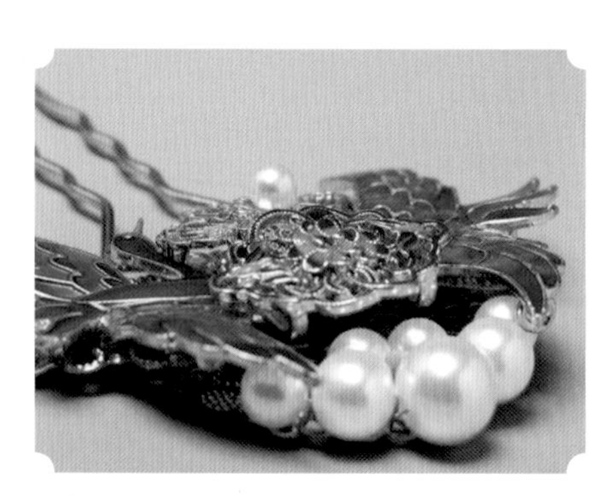

50 在涂抹胶水的位置粘贴一颗直径为 6mm 的珍珠

51 使用金色油漆笔将背面焊锡部分涂上颜色，以隐藏衔接点

52 制作完成

3.2 发梳

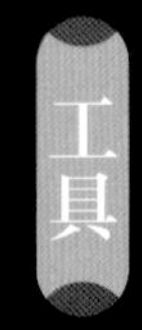

圆嘴钳
焊锡工具
切线钳
尖嘴钳
金色油漆笔

材料

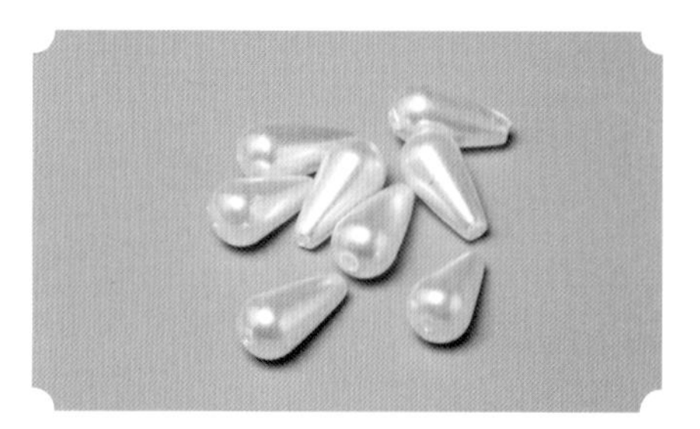

水滴形珍珠

立体蝴蝶形景泰蓝花片

镂空金属花片

直径为 0.4mm 的铜丝

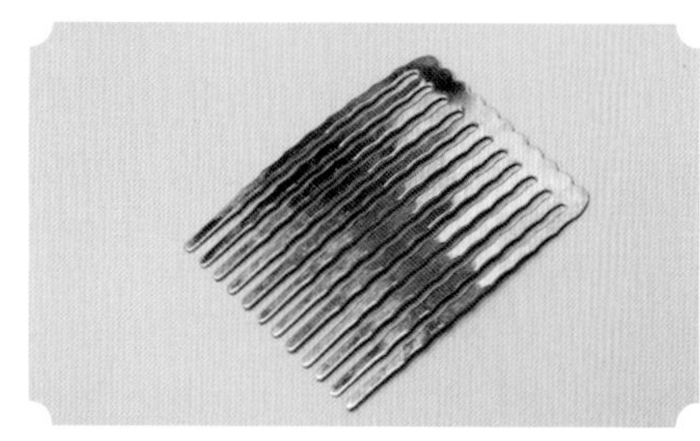

发梳

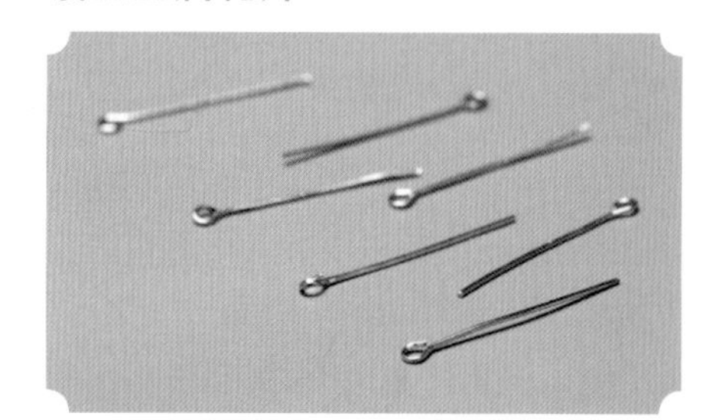

“9”字针

直径为 4mm 和 6mm 的珍珠

“T”字针

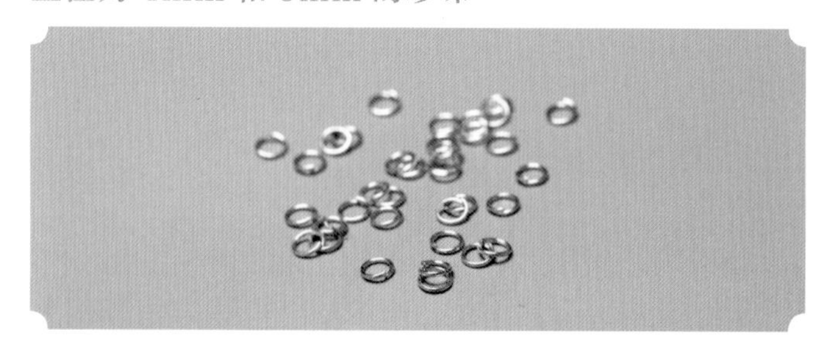

连接圈

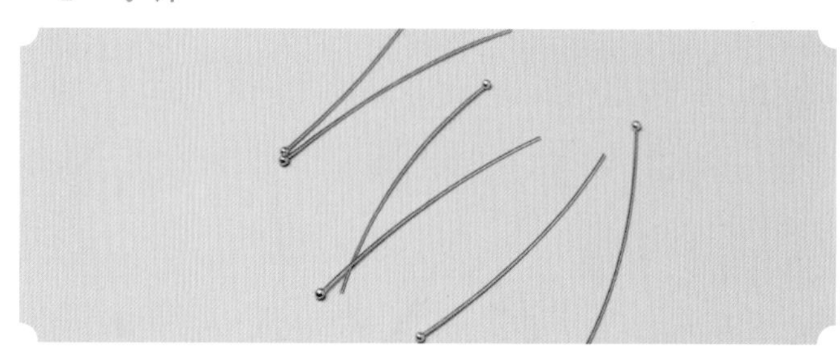

长款球形针

制作步骤

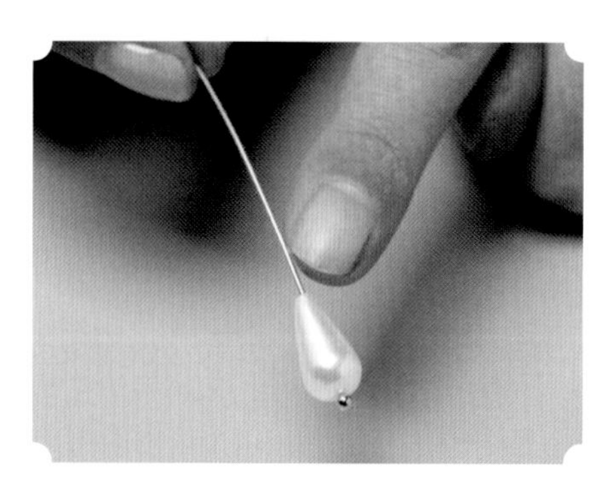

1 将水滴形珍珠穿上长款球形针

2 继续穿上 10 颗直径为 4mm 的珍珠

3 使用圆嘴钳将长款球形针尾部向一侧弯曲

4 使用圆嘴钳将长款球形针尾部向反方向弯曲，使其形成圆环

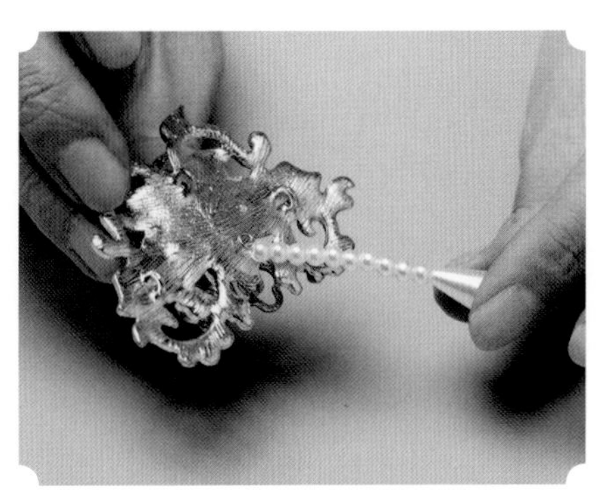

5 将制作好的珍珠配件放置在立体蝴蝶形景泰蓝花片背面

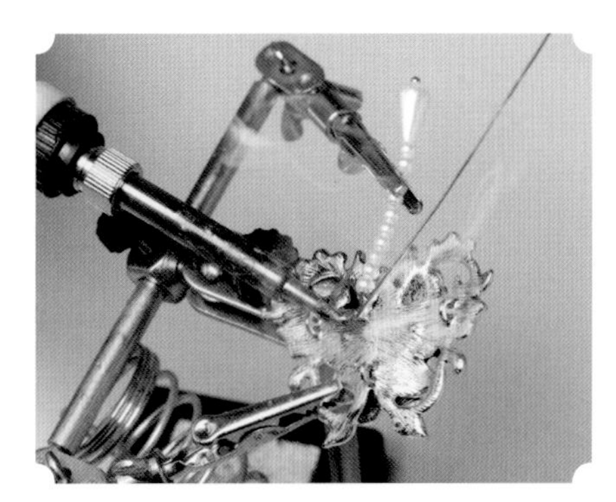

6 使用焊锡工具将珍珠配件与立体蝴蝶形景泰蓝花片衔接固定

7 重复步骤 1 至步骤 6，再制作一个珍珠配件并按图示焊锡衔接固定

8 用于将镂空金属花片按图示轻轻弯曲

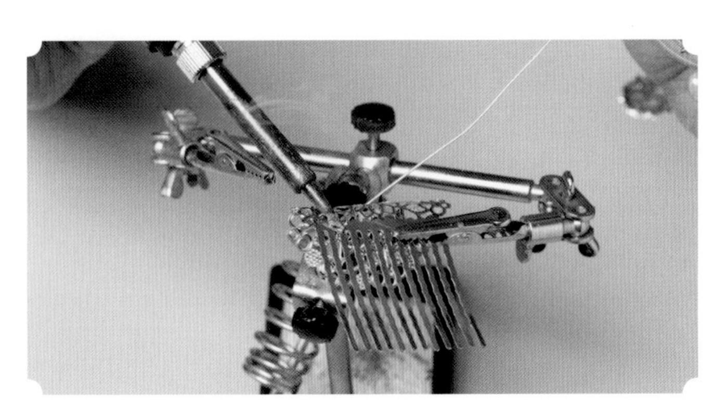

9 使用焊锡工具将镂空金属花片两侧与发梳焊锡固定

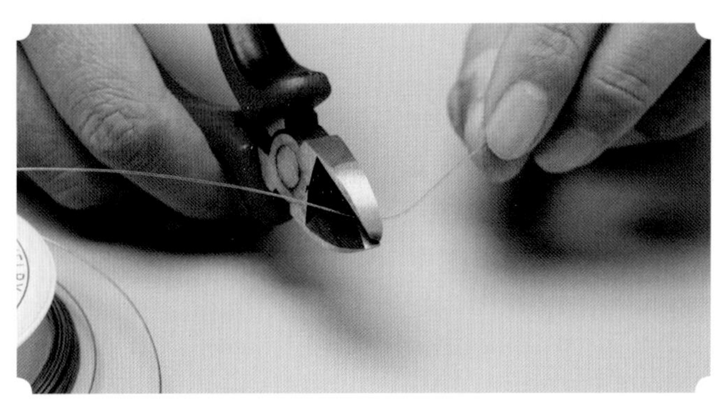

10 使用切线钳剪切一段长度约为 8cm、直径为 0.4mm 的铜丝

11 将剪切好的铜丝穿上立体蝴蝶形景泰蓝花片背面的卡口

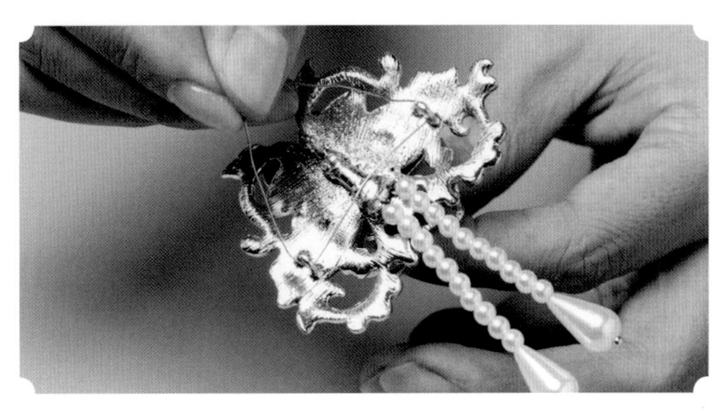

12 将穿好的铜丝两端按图示向中间弯曲

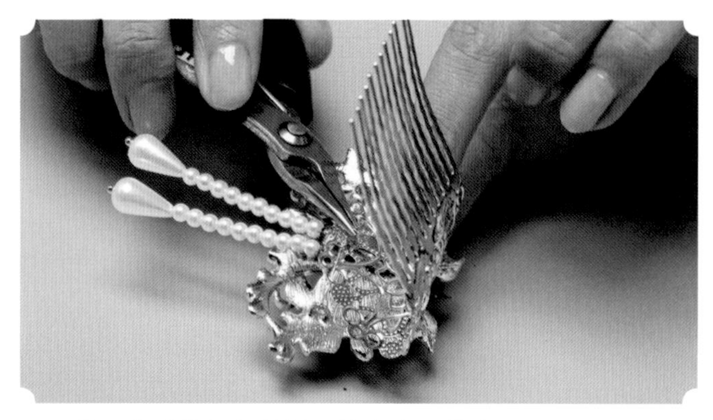

13 使用尖嘴钳将铜丝插入镂空金属花片

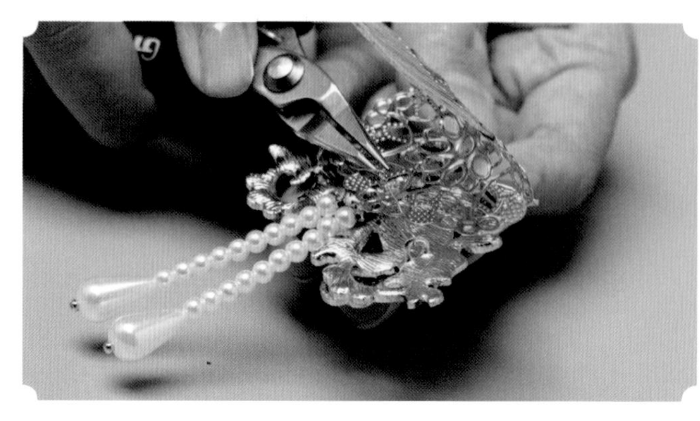

14 使用尖嘴钳将铜丝缠绕拧转，以固定

15 为拧转的铜丝的尾部预留 1cm 的长度，多余的部分使用切线钳剪切掉

16 检查是否固定牢固

17 将“9”字针穿上 5 颗直径为 4mm 的珍珠

18 使用圆嘴钳将“9”字针的尾部向一个方向弯曲

19 使用圆嘴钳将“9”字针的尾部向反方向弯曲，使其形成圆环

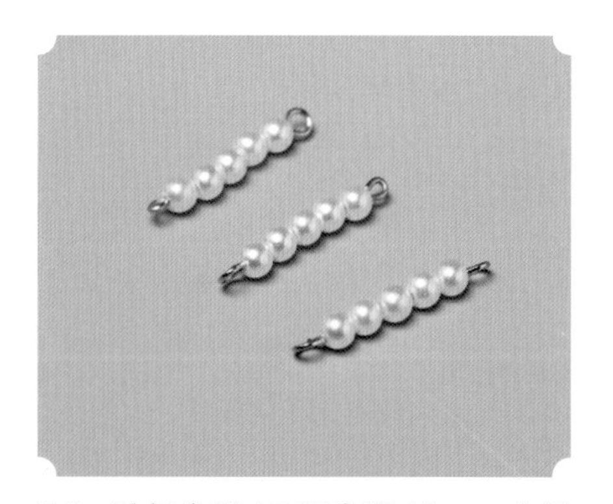

20 重复步骤 17 至步骤 19，一共制作 3 个“9”字针珍珠配件

21 将“9”字针穿上一颗直径为 6mm 的珍珠

22 为“9”字针的尾部预留 1cm 的长度，使用切线钳切掉多余的部分

23 使用圆嘴钳将“9”字针尾部向一侧弯曲

24 使用圆嘴钳将“9”字针尾部向反方向弯曲，使其形成一个圆环

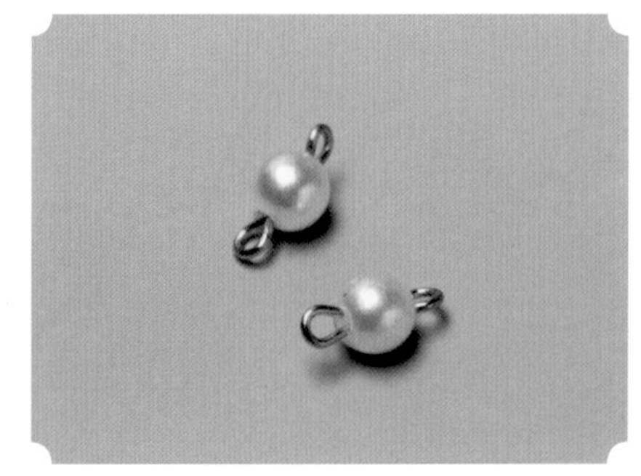

25 重复步骤 21 至步骤 24，一共制作两个珍珠配件

26 将“T”字针穿上水滴形珍珠

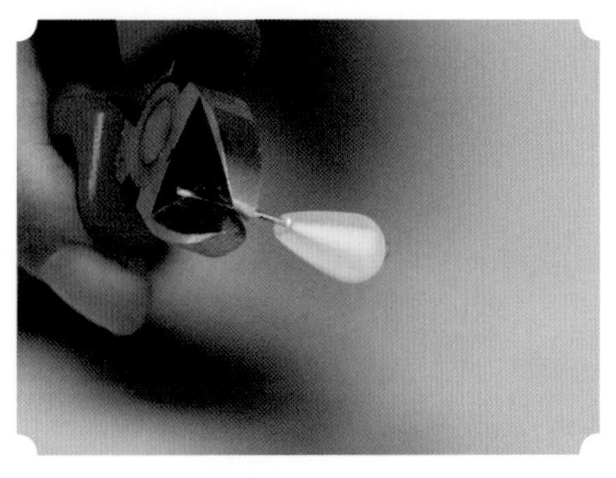

27 为“T”字针尾部预留约 1cm 的长度，使用切线钳切掉多余的部分

28 使用圆嘴钳将“T”字针尾端向一侧弯曲

29 使用圆嘴钳将“T”字针尾端向反方向弯曲，使其形成圆环

30 使用尖嘴钳掰开连接圈

31 将制作的有 5 颗直径为 4mm 的珍珠的配件与有一颗直径为 6mm 的珍珠的配件穿上连接圈

32 使用尖嘴钳闭合连接圈

33 重复步骤 31 至步骤 32，将制作好的以下配件通过连接圈组合：两个有 5 颗直径为 4mm 的珍珠的配件；一个有一颗直径为 6mm 的珍珠的配件；一个水滴形珍珠配件。使用连接圈将组合好的配件衔接在镂空金属花片上

34 使用尖嘴钳将连接圈闭合

35 检查配件衔接是否牢固

36 按步骤 17 至步骤 35，再制作并固定两个珍珠配件，分别使用：两个有 5 颗直径为 4mm 的珍珠的配件；一个有一颗直径为 6mm 的珍珠的配件；一个水滴形珍珠配件

37 按步骤 17 至步骤 35，再制作并固定两个珍珠配件，分别使用：一个有 5 颗直径为 4mm 的珍珠的配件；一个有一颗直径为 6mm 的珍珠的配件；一个水滴形珍珠配件

38 按步骤 17 至步骤 35，再制作并固定两个珍珠配件，分别使用：一个有一颗直径为 6mm 的珍珠的配件；一个水滴形珍珠配件

39 使用金色油漆笔将背面焊锡部分涂上颜色，以隐藏衔接点

40 制作完成

3.3 发冠

工具

切线钳
尖嘴钳
焊锡工具
胶水
剪刀
金色油漆笔

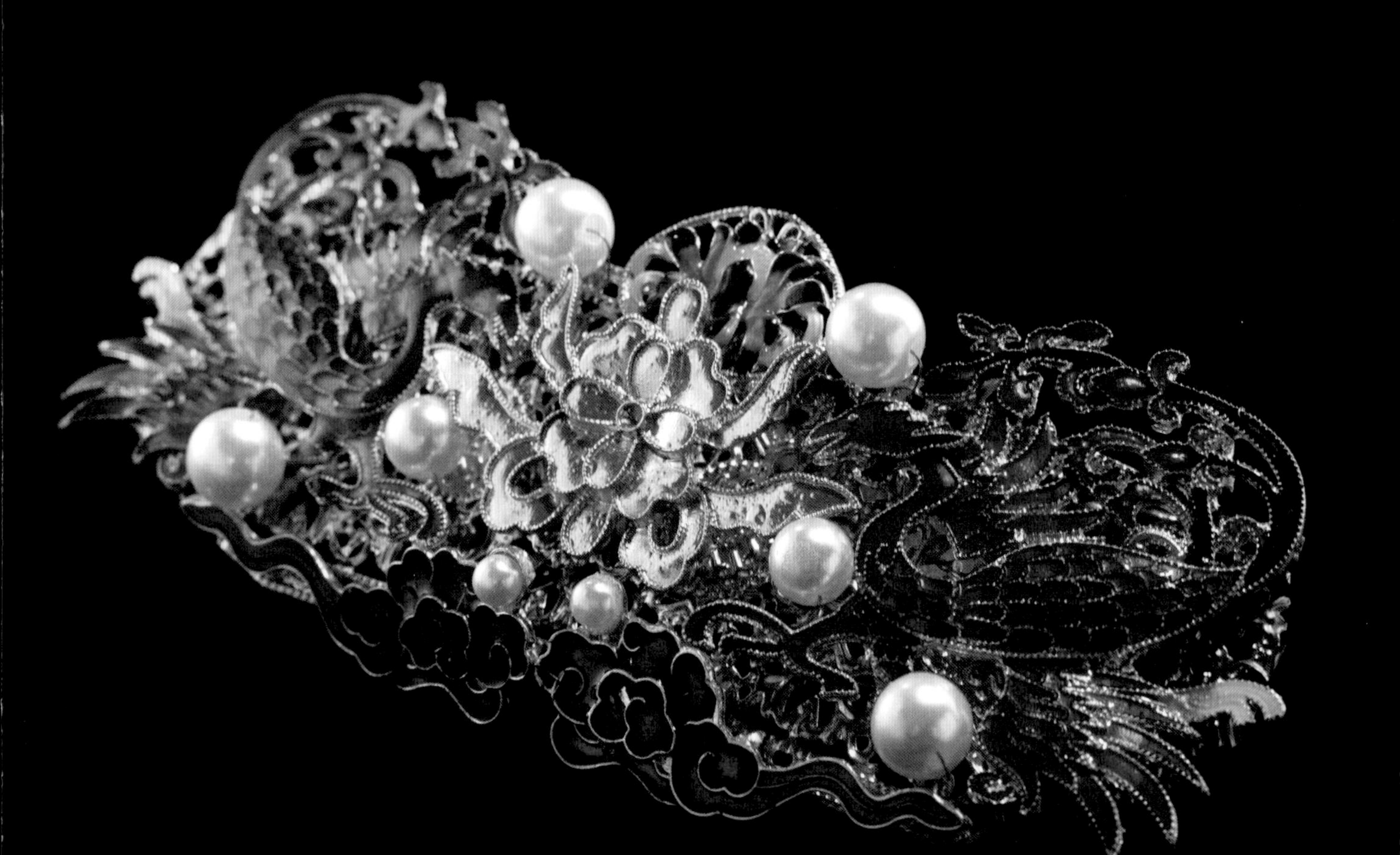

材料

压花金属片

直径为 0.4mm 的铜丝

凤凰形景泰蓝花片

金属立体花片

花卉形景泰蓝花片

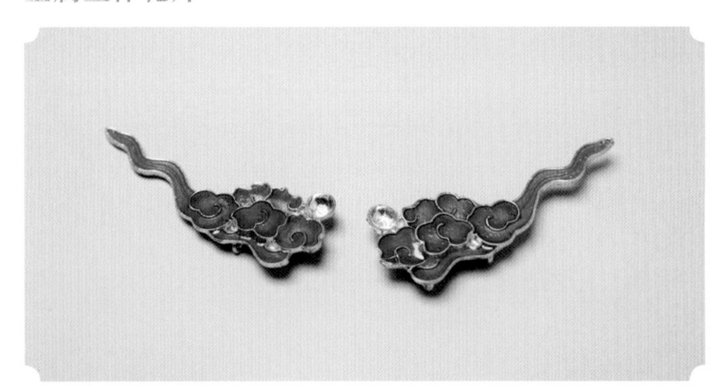

云形景泰蓝花片

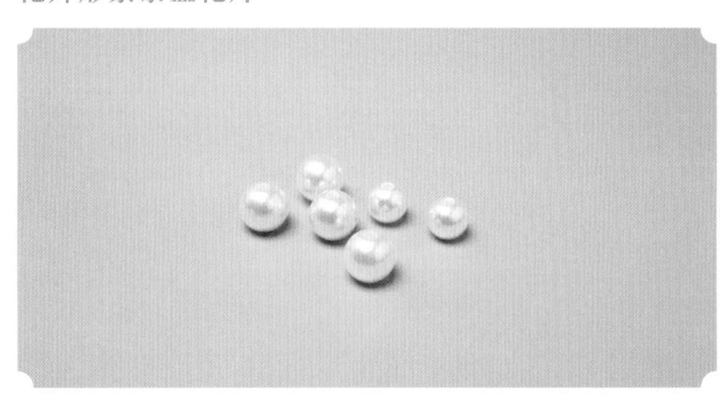

直径为 6mm、10mm 和 12mm 的珍珠

制作步骤

1 使用剪刀剪切一段压花金属片

2 剪切的压花金属片的长度约为 16.5cm

3 使用切线钳截取长度约为 8cm、直径为 0.4mm 的铜丝

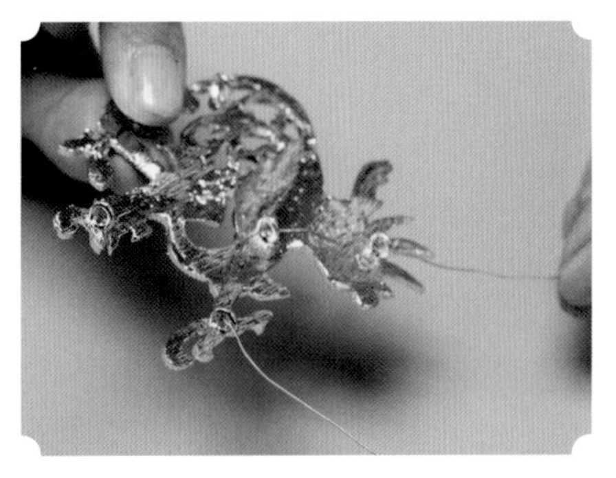

4 将铜丝穿过凤凰形景泰蓝花片背面的圆形固定环，并将铜丝弯曲，使其成“U”形

5 将铜丝穿过压花金属片一端

6 使用尖嘴钳将穿过压花金属片的铜丝拧转从而固定凤凰形景泰蓝花片

7 为被拧转铜丝的尾部预留 2cm 的长度，多余的部分使用切线钳剪切掉

8 检查凤凰形景泰蓝花片是否固定牢固

9 重复步骤 3 至步骤 8，在压花金属片的另一端固定另一个凤凰形景泰蓝花片

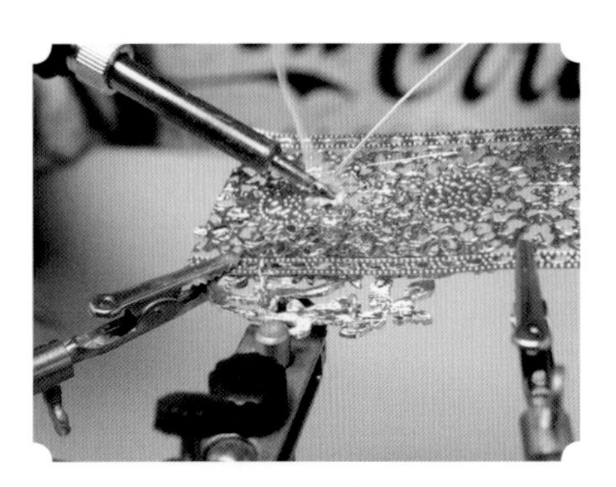

10 使用焊锡工具将铜丝与压花金属片焊锡使衔接更加牢固

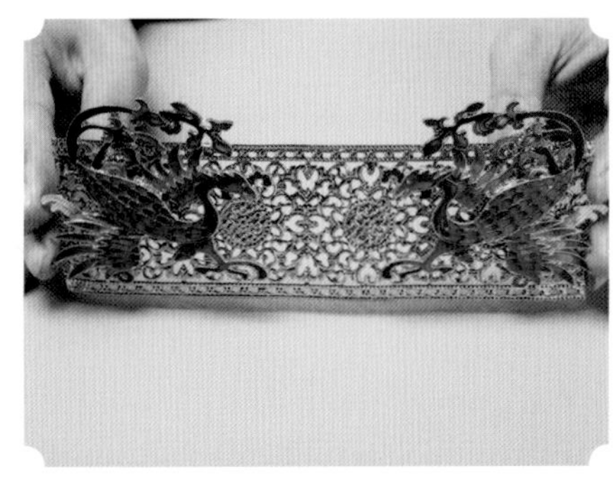

11 将压花金属片两端的凤凰形景泰蓝花片全部固定好

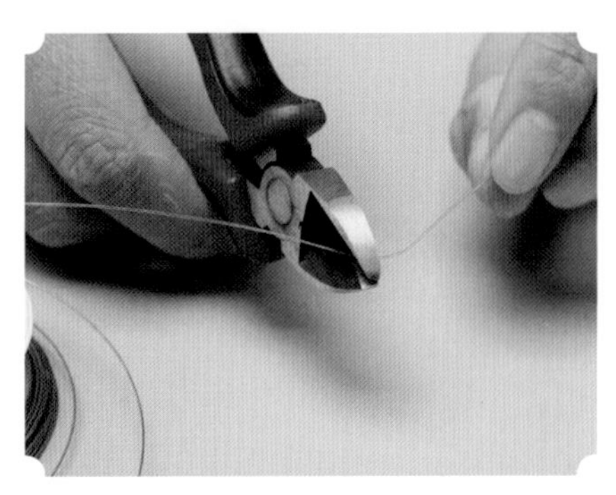

12 使用切线钳截取一段长约为 8cm，直径为 0.4mm 的铜丝

13 将铜丝穿上金属立体花片背面的圆形固定环中

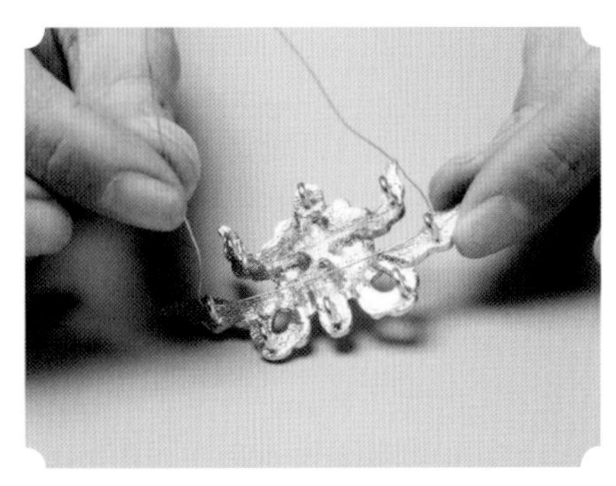

14 将两边的铜丝按图示弯曲

15 将弯曲的铜丝垂直插入压花金属片中心

16 用尖嘴钳将压花金属片背面的铜丝拧转固定

17 为被拧转铜丝的尾部留 2cm 的长度，多余的部分使用切线钳剪切掉

18 使用焊锡工具将铜丝与压花金属片焊锡，使衔接更加牢固

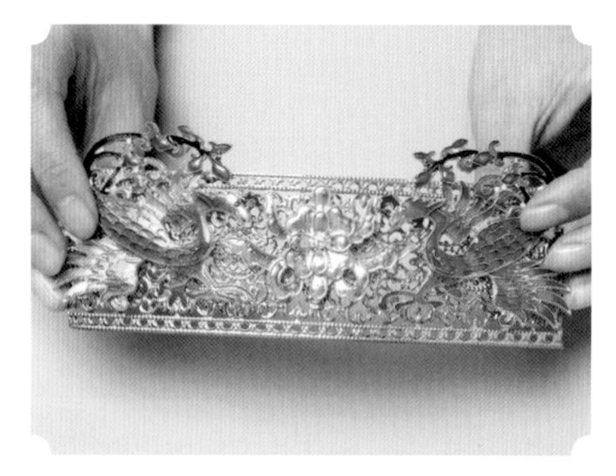

19 金属立体花片固定完毕

20 使用切线钳截取一段长度约为 8cm、直径为 0.4mm 的铜丝，将其穿上花卉形景泰蓝花片底部的圆形固定环

21 将两边的铜丝按图示弯曲

22 将弯曲的铜丝垂直插入压花金属片中心上部

23 用尖嘴钳将压花金属片背面的铜丝拧转固定

24 为被拧转铜丝的尾部预留 2cm 的长度，多余的部分使用切线钳剪切掉

25 使用焊锡工具将铜丝与压花金属片焊锡，使接衔更加牢固

26 花卉形景泰蓝花片固定完毕

27 使用切线钳截取一段长度约为 8cm、直径为 0.4mm 的铜丝，将其穿上云形景泰蓝花片顶部的圆形固定环

28 将两边的铜丝按图示弯曲

29 将弯曲的铜丝垂直插入压花金属片中心下部

30 用尖嘴钳将压花金属片背面的铜丝拧转固定

31 为被拧转铜丝的尾端预留 2cm 的长度，多余的部分使用切线钳剪切掉

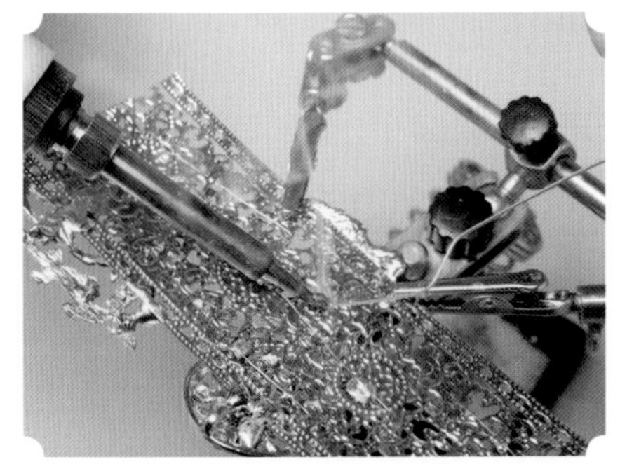

32 使用焊锡工具将铜丝与压花金属片焊锡，使衔接更加牢固

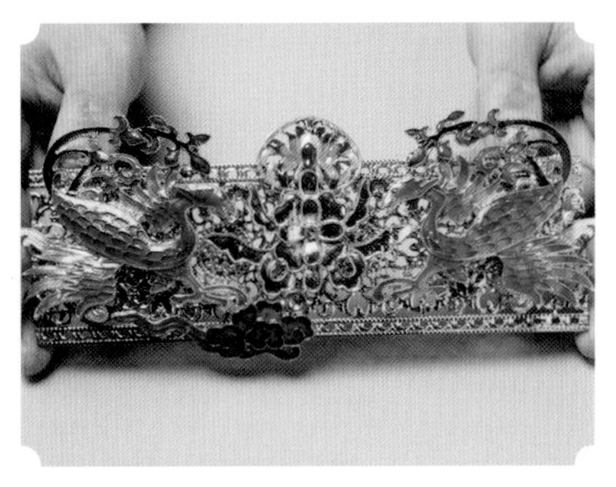

33 一侧的云形景泰蓝花片固定完毕

34 重复步骤 27 至步骤 32，将另一侧的云形景泰蓝花片固定

35 使用切线钳截取长度约为 5cm、直径为 0.4mm 的铜丝，将其穿上直径为 12mm 的珍珠

36 将两边的铜丝按图示弯曲

37 将弯曲的铜丝垂直插入压花金属片下部

38 用尖嘴钳将压花金属片背面的铜丝拧转固定

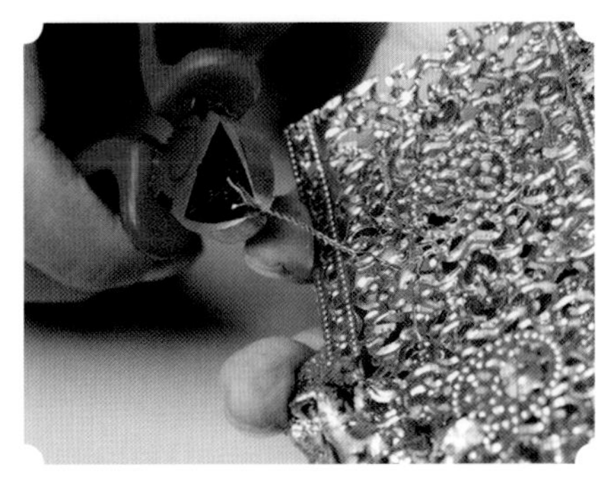

39 为被拧转铜丝尾部预留 2cm 的长度，多余的部分使用切线钳剪切掉

40 使用焊锡工具将铜丝与压花金属片焊锡，使衔接更加牢固

41 一颗直径为 12mm 的珍珠固定完成

42 重复步骤 35 至步骤 40，在不同的位置分别以左右对称的形式装饰固定 4 颗直径为 12mm 的珍珠和两颗直径为 10mm 的珍珠

43 将胶水涂抹在云形景泰蓝花片的圆形凹槽处

44 将直径为 6mm 的珍珠粘贴固定在涂有胶水的凹槽处并待胶水晾干

45 重复步骤 43 至步骤 44，将另一侧的直径为 6mm 的珍珠也固定好

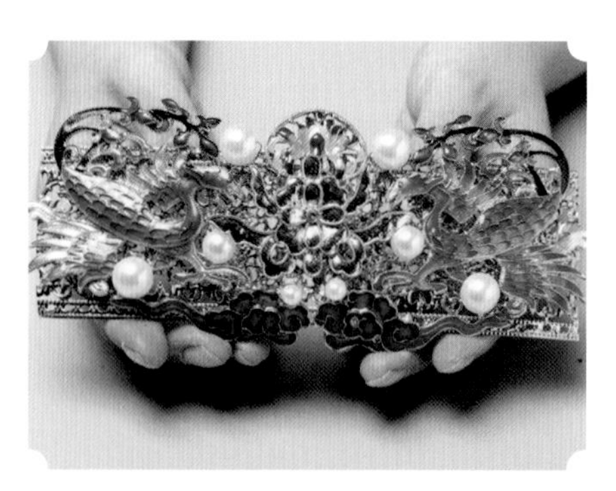

46 装饰部分制作完成

47 使用剪刀修剪压花金属片的四角，使其和装饰花片造型呼应

48 修剪完成后检查发冠是否协调美观

49 使用金色油漆笔将背面焊锡部分涂上颜色，以隐藏衔接点

50 制作完成

第四章
静女姝
古风淡雅系饰品制作

本章主要讲授古风淡雅系手工饰品的制作方法，包含发钗、小钗和耳坠的制作方法。本章饰品制作以珍珠为主要材料，制作的饰品含蓄、娴静，适合搭配颜色较为素雅的服装。

4.1 发钗

工具

针线
剪刀
锁边液
切线钳
尖嘴钳

材料

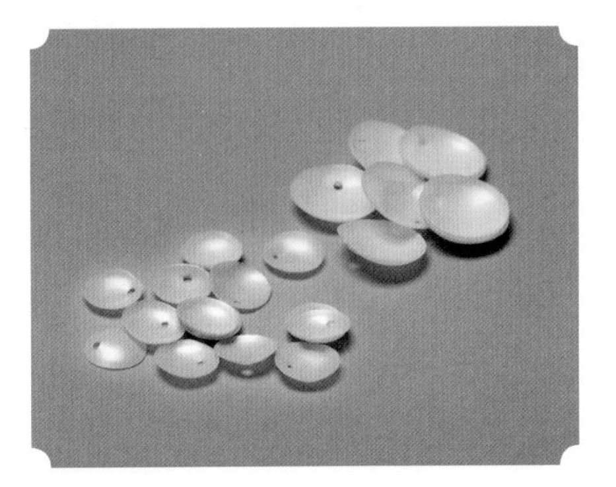

花瓣

不织布

金属花蕊

玉石珠

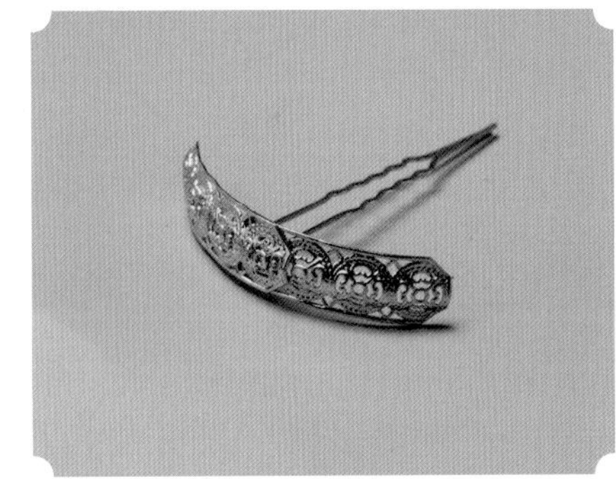

发簪

直径为 6mm、8mm、10mm 和 12mm 的珍珠

直径为 0.4mm 的铜丝

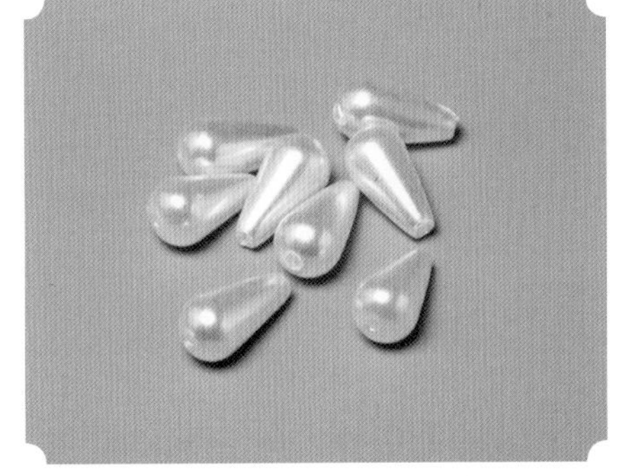

水滴形珍珠

制作步骤

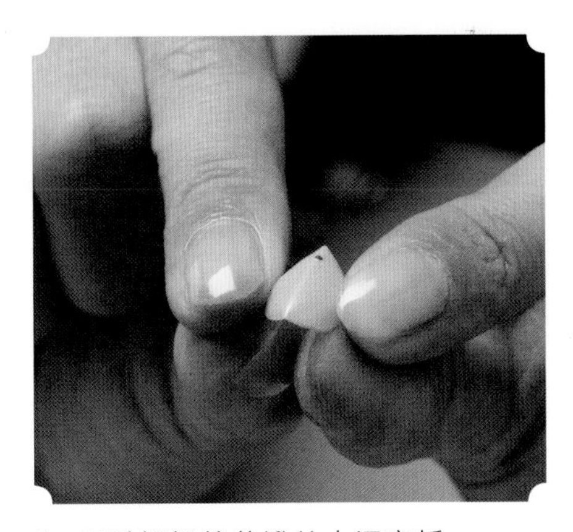

1 用手轻轻将花瓣从中间弯折

2 重复步骤 1，弯折多个大号和小号的花瓣

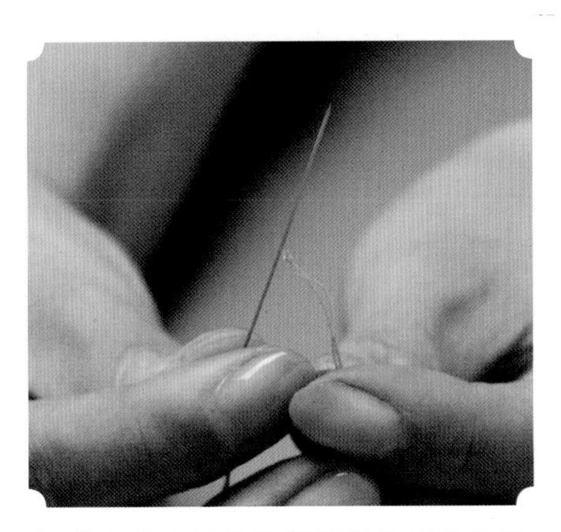

3 给针穿上颜色和花瓣颜色相似的线

4 将针从不织布背面向上穿出

5 紧邻出针的位置将针穿回不织布背面

6 重复步骤 4 至步骤 5，使线更加牢固地固定在不织布上

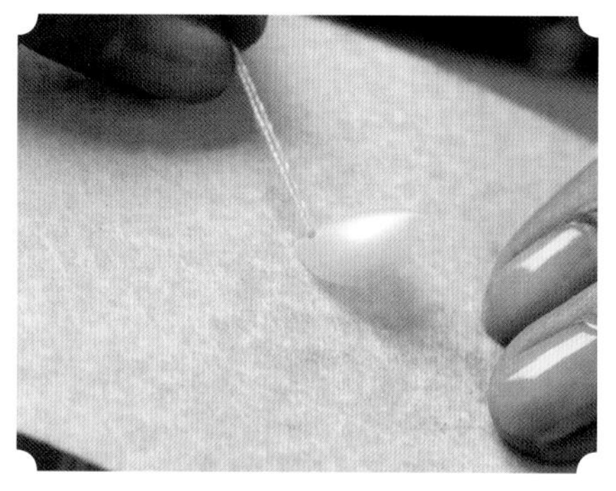

7 穿上一个大号的花瓣。将花瓣扣在不织布上

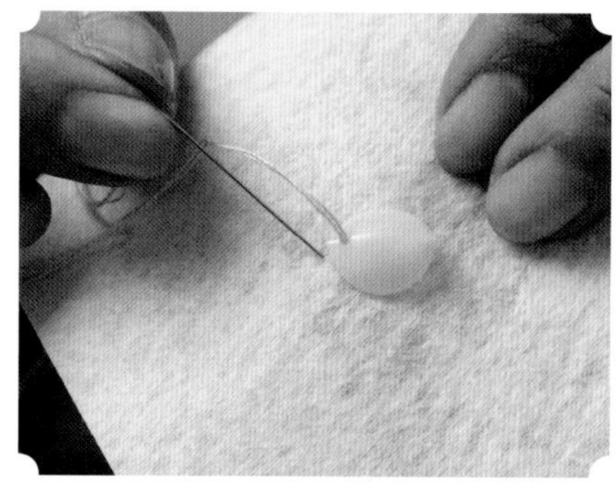

8 在花瓣的上边缘下针

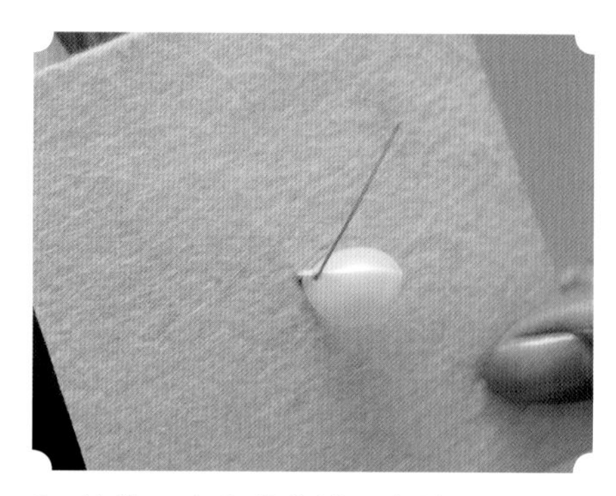

9 从背面向上从花瓣孔出针

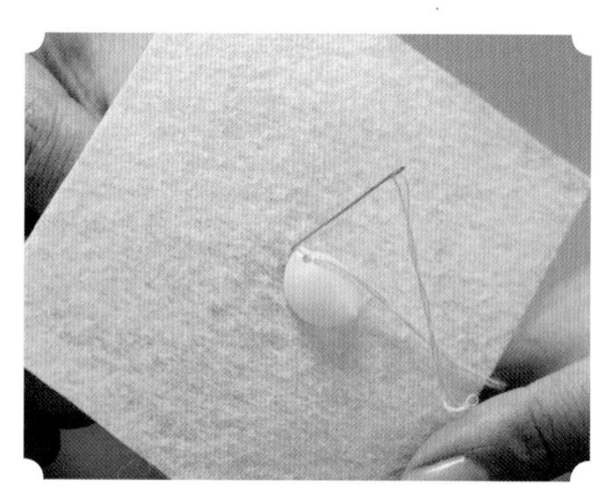

10 重复步骤 8

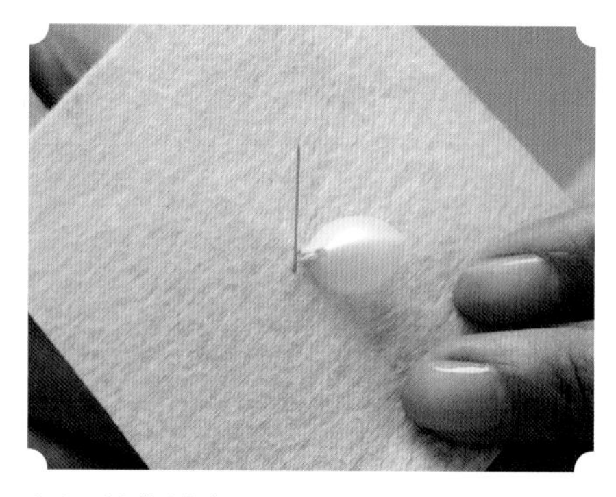

11 从花瓣旁边，从下向上出针

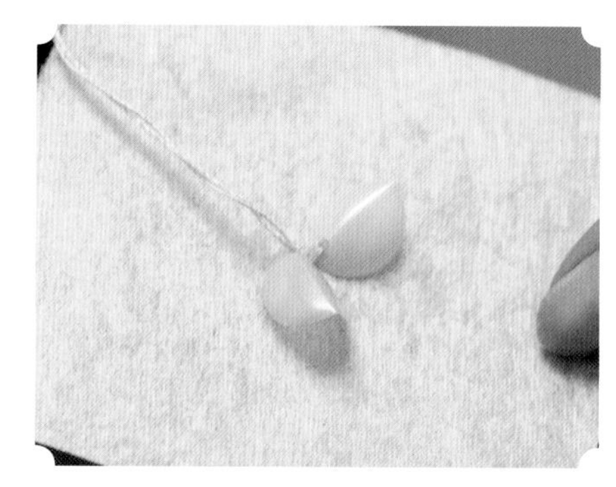

12 在固定好的花瓣旁边穿缝另一个大号花瓣

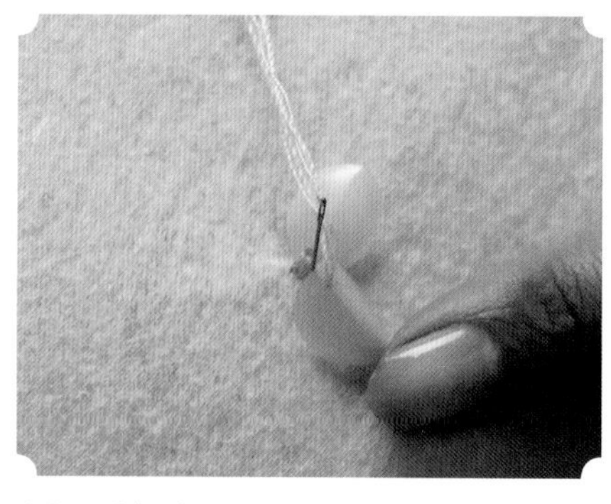

13 重复步骤 8 至步骤 11，固定第二片花瓣

14 重复步骤 12 至步骤 13，一共固定五瓣大号花瓣，成一个完整的花形

15 重复步骤 7 至步骤 13，在之前制作好的花形上方制作并固定一个小号的花形

16 将针从中心由背面向上穿出并穿上金属花蕊

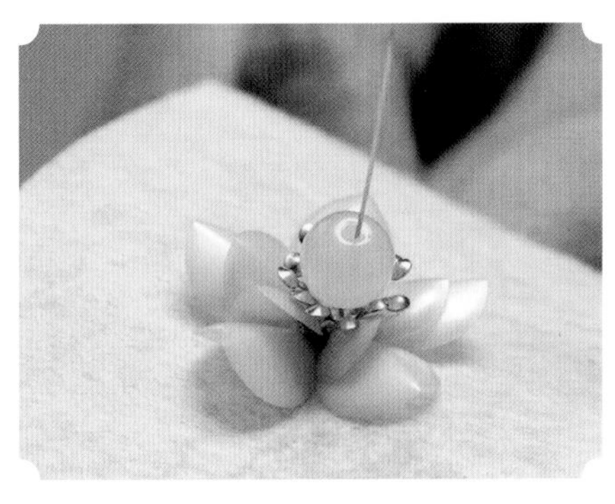

17 穿上一颗粉色玉石珠

18 从粉色玉石珠旁将针从中心穿回不织布背面

19 拉紧线，检查固定是否牢固

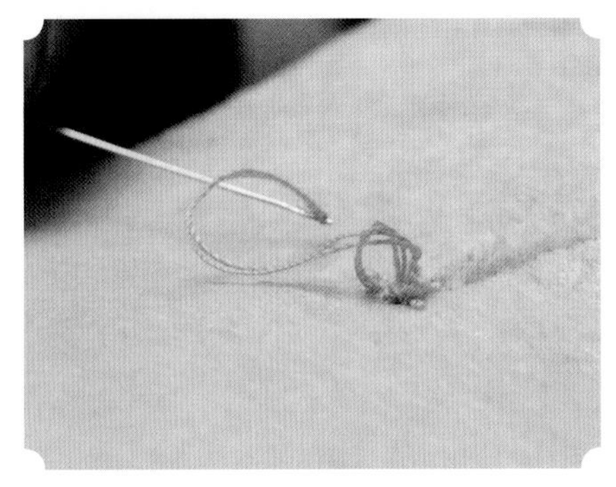

20 将线在不织布背面打结

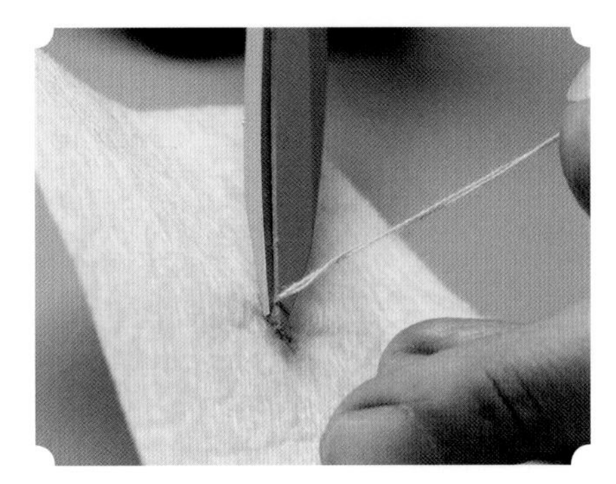

21 使用剪刀将多余的线剪掉

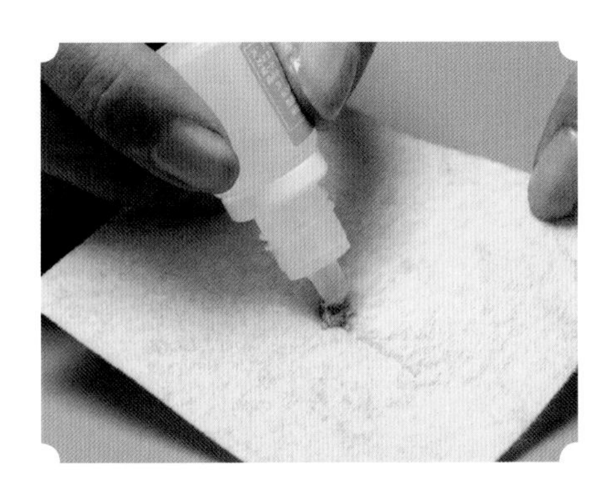

22 在打结处涂抹锁边液

23 重复步骤 3 至步骤 14，制作一个三瓣的花形

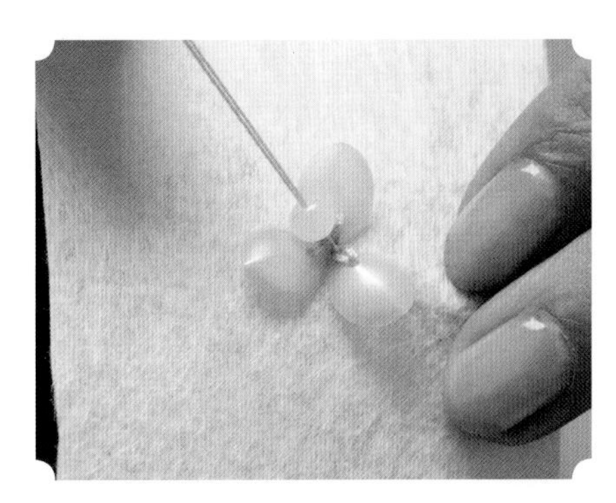

24 将针从中心由背面向上穿出不织布并穿上一颗粉色玉石珠

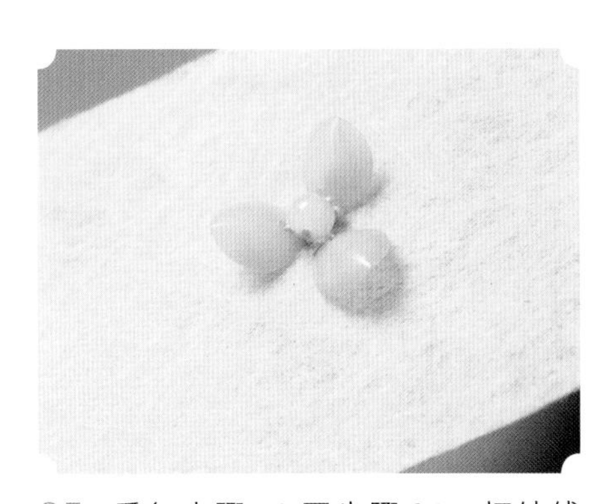

25 重复步骤 19 至步骤 21，打结线并剪去多余的线

26 在打结处涂抹锁边液

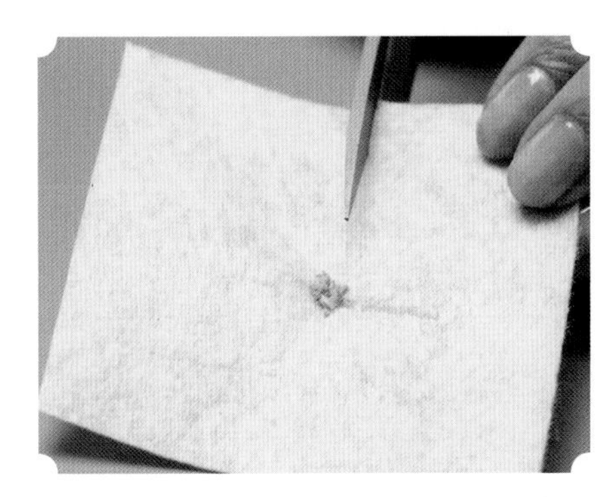

27 使用剪刀修剪两个制作好的花配件所在的不织布

28 重复步骤 3 至步骤 27，制作几个不同花瓣数的花配件

29 预留花配件中心打结位置的不织布，将其他的不织布剪掉

30 重复步骤 29，将其余花配件的不织布全部修剪好

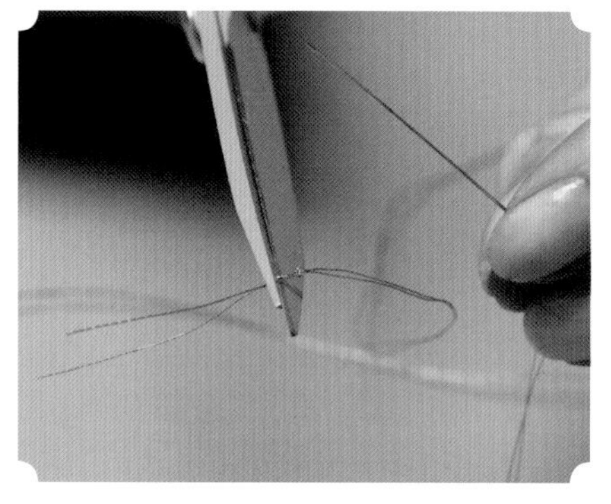

31 将针穿上金线，打结并用剪刀修剪掉多余的线

32 将制作好的花配件放置在发簪金属托上进行比对设计

33 将针由下而上从发簪金属托中的镂空中穿出

34 将针从两线中间穿出

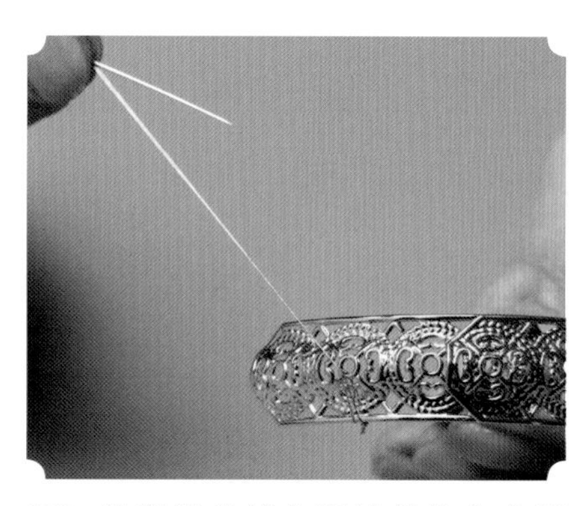

35 拉紧线使线牢固地缠绕在金属托上

36 将针从花配件的不织布底面由下而上沿着花瓣穿出

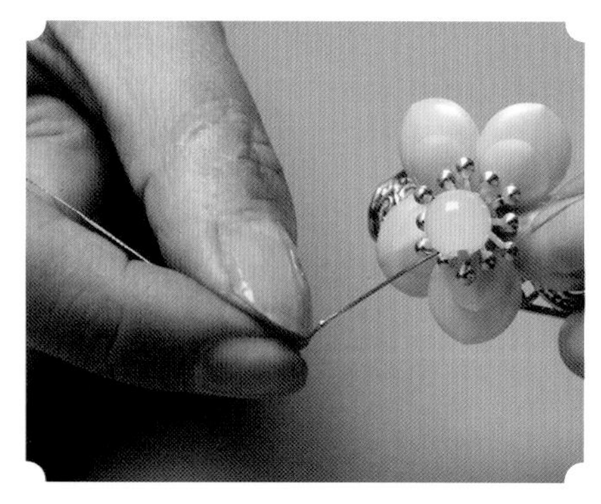

37 将针由上而下穿回金属托下方并重复几针，使衔接更加牢固

38 拉紧线使花配件牢固地固定在金属托上

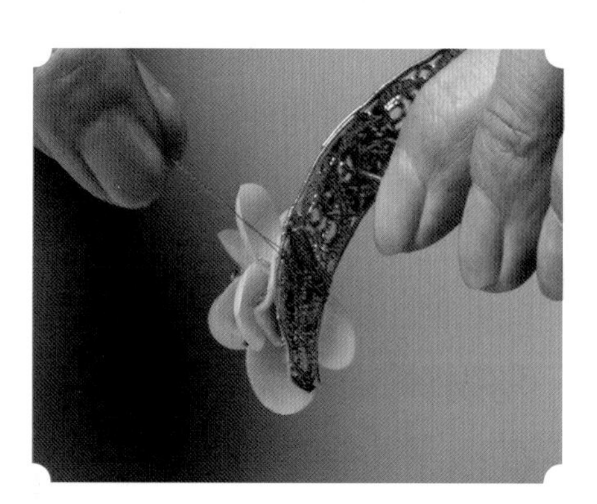

39 用线继续缠绕金属托

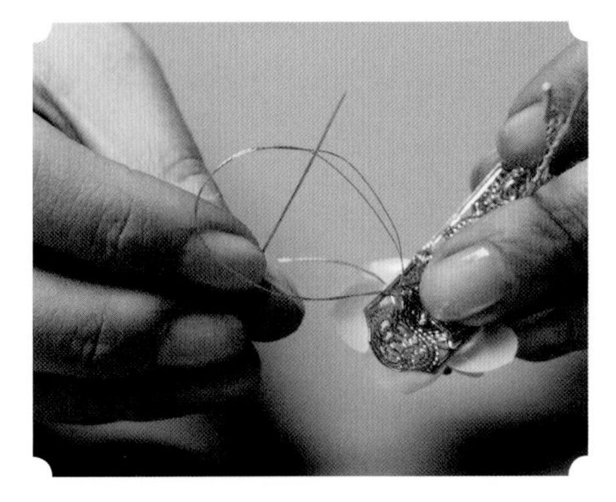

40 将线打结固定

41 使用剪刀修剪掉多余的线

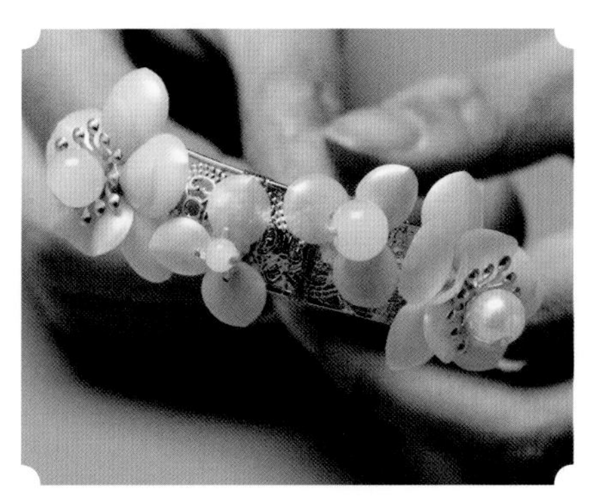

42 重复步骤 31 至步骤 41，将制作的花配件全部固定在金属托上

43 将针穿上金线并打结，从金属托下方向上出针

44 穿上一颗直径为 12mm 的珍珠，并反复行针，使衔接更加牢固

45 将线打结固定，并使用剪刀剪掉多余的线

46 重复步骤 44 至步骤 45，固定型号不同的珍珠

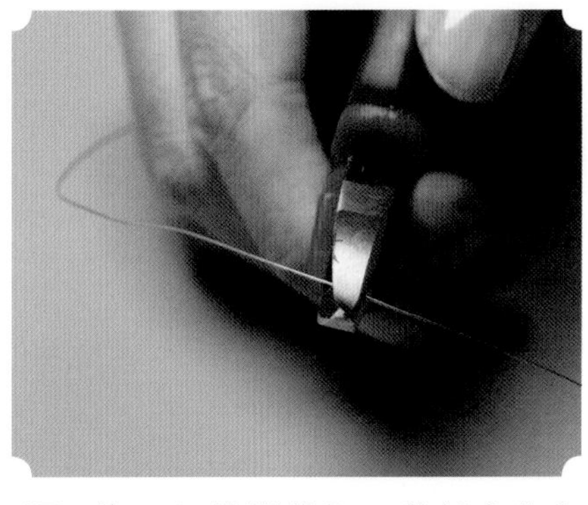

47 使用切线钳截取一段长度约为 14cm、直径为 0.4mm 的铜丝

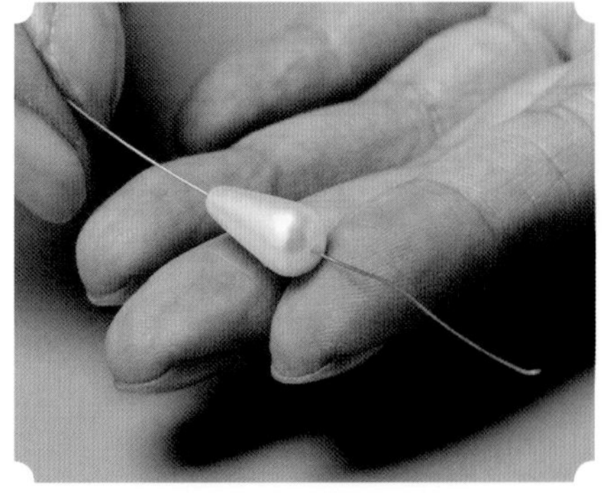

48 将铜丝穿上水滴形珍珠，使水滴形珍珠位于铜丝中间

49 将铜丝对折

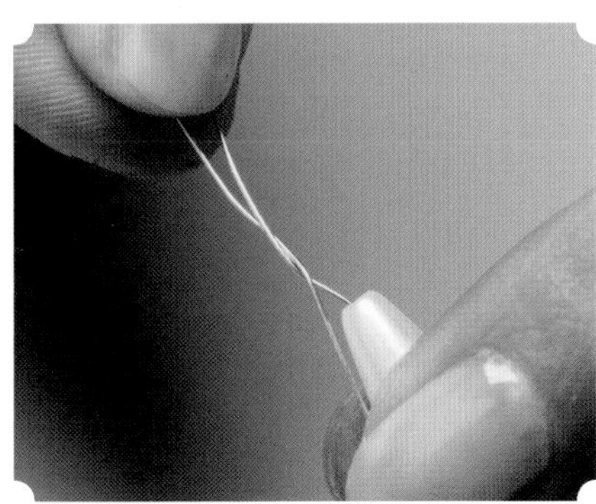

50 将铜丝拧转

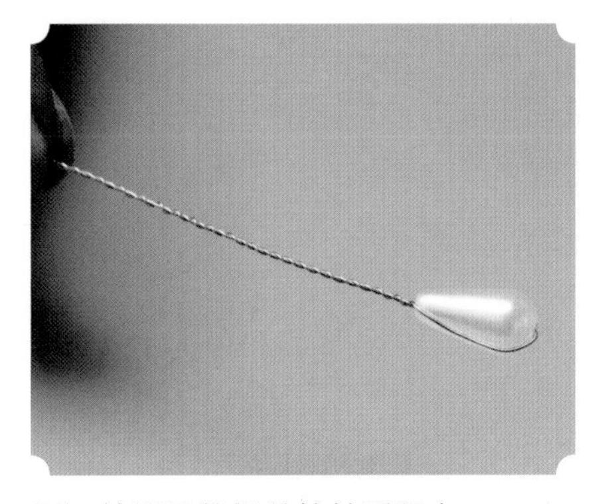

51 按图示将铜丝拧转到紧实

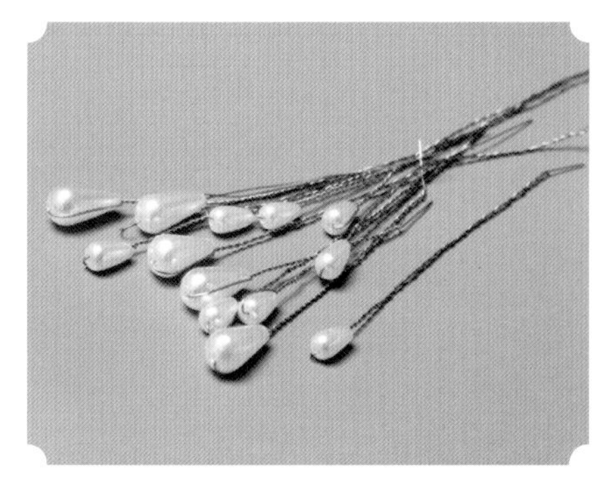

52 重复步骤 47 至步骤 51，制作多个不同型号的水滴形珍珠配件

53 将制作好的水滴形珍珠配件插入发簪金属托，并在金属托上方预留一部分铜丝

54 在水滴形珍珠配件旁再插入一个水滴形珍珠配件

55 将两个水滴形珍珠配件上端铜丝拧转

56 将两个水滴形珍珠配件下端铜丝拧转

57 在金属托下方预留长约为 1cm 的铜丝，多余的部分用切线钳剪切掉

58 使用尖嘴钳将预留的长 1cm 的铜丝拧转弯曲，使水滴形珍珠配件固定在金属托上端

59 重复步骤 53 至步骤 58，将所有的水滴形珍珠配件固定在发簪金属托上

60 用手轻轻调整每个水滴形珍珠配件的位置和造型

61 制作完成

4.2 小钗

工具

焊锡工具
针线
剪刀
锁边液
切线钳
圆嘴钳
尖嘴钳

材料

多孔金属花片

发梳

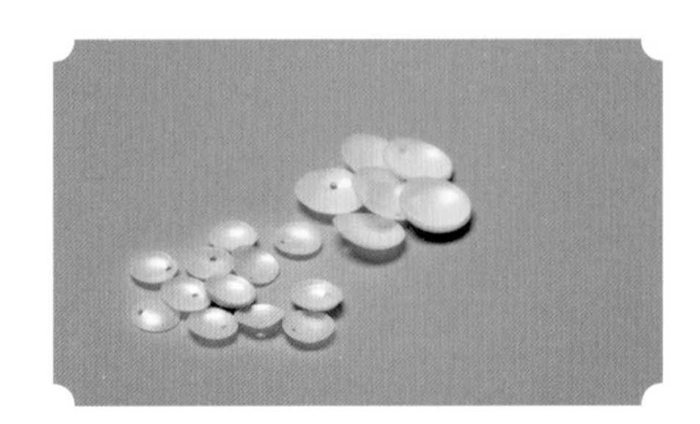

花瓣

不织布

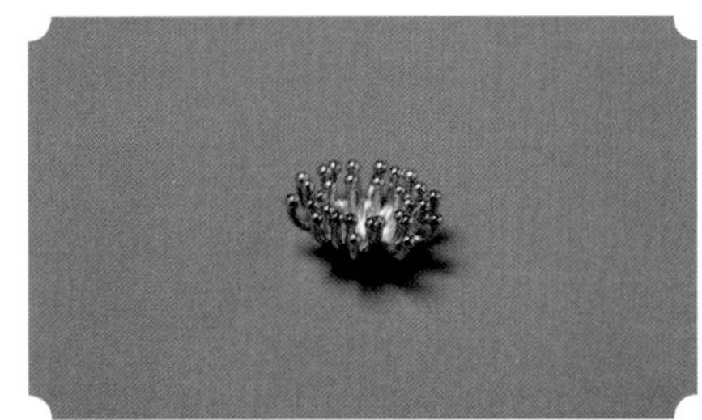

金属花蕊

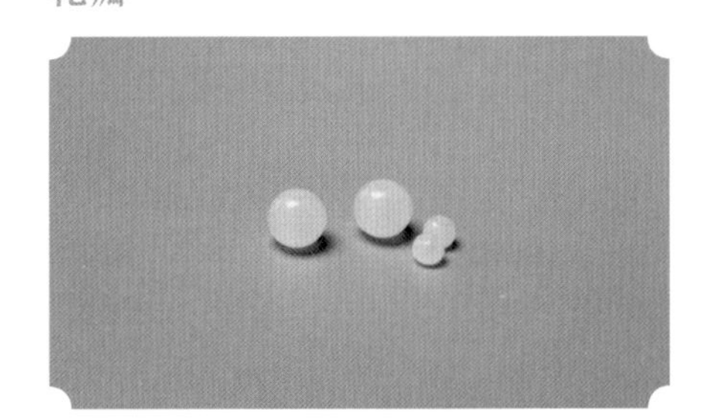

玉石珠

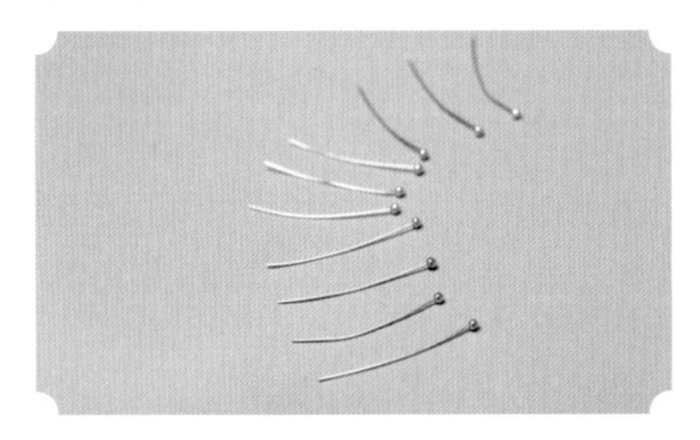

球形针

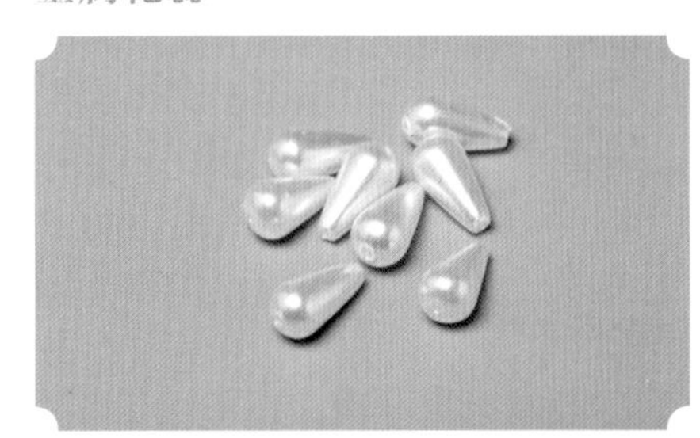

水滴形珍珠

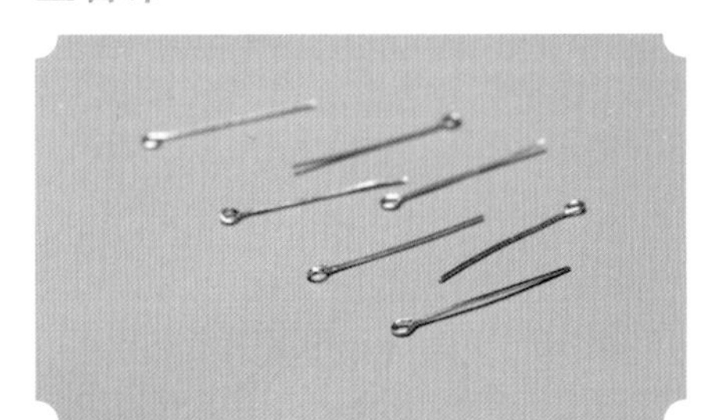

“9”字针

直径为 4mm 的珍珠

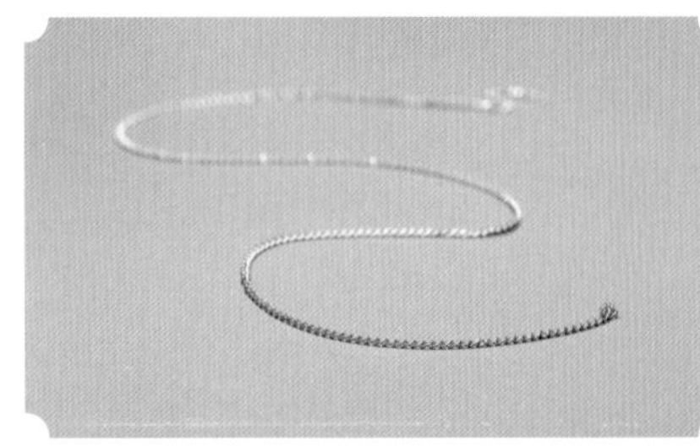

金属链

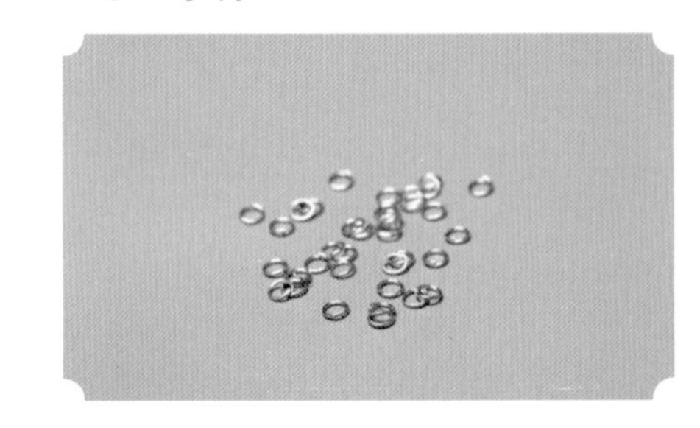

连接圈

制作步骤

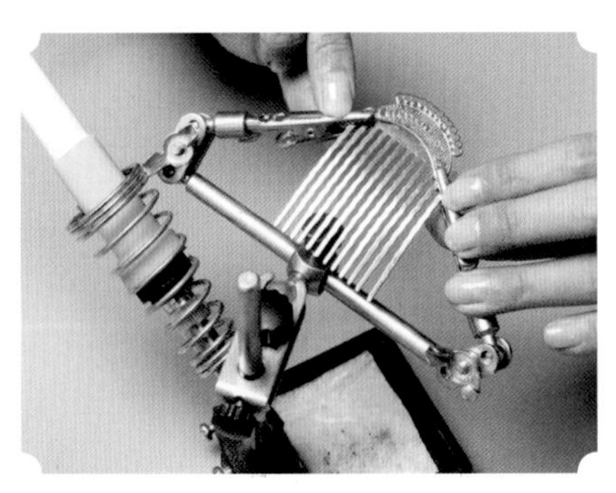

1 使用焊锡工具将多孔金属花片与发梳固定

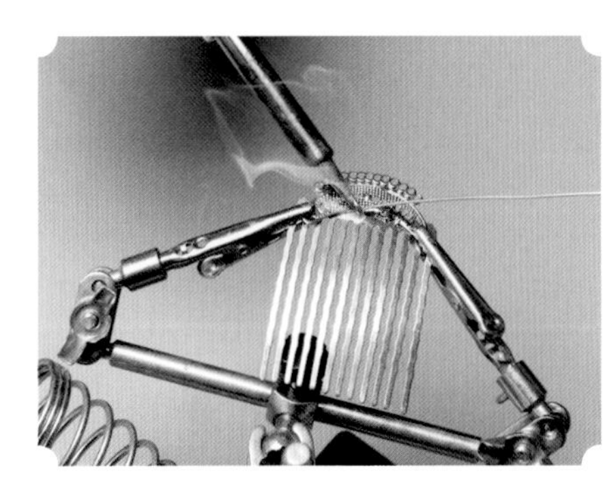

2 焊锡衔接处，使衔接牢固

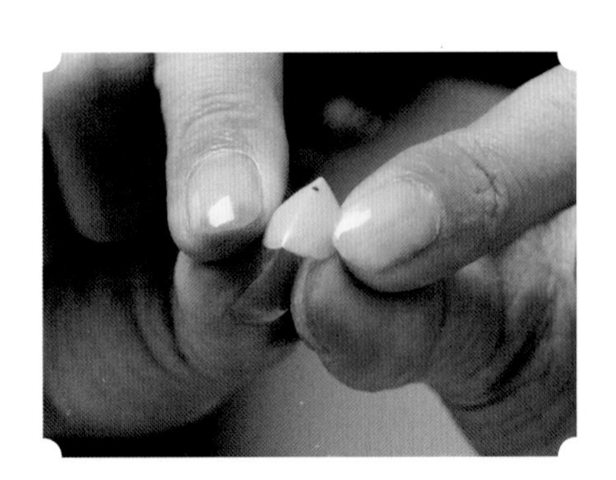

3 用手轻轻将花瓣从中间弯折

4　重复步骤 3，弯折多个大号和小号的花瓣

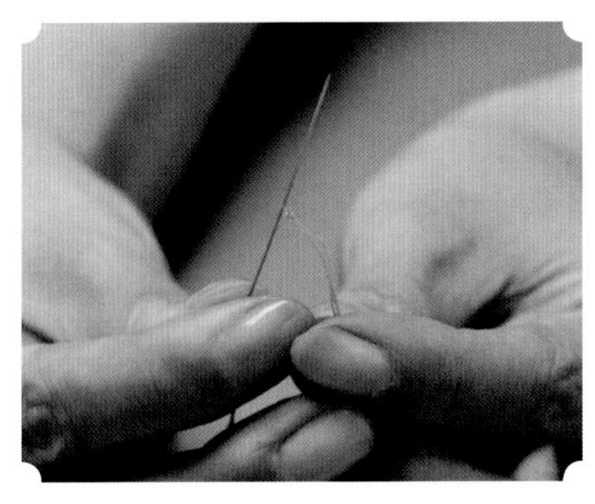

5　将针穿上颜色和花瓣颜色相似的线

6　将针从不织布背面向上穿出

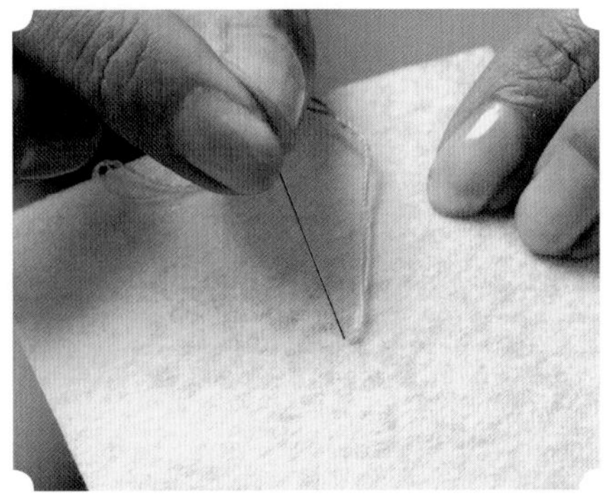

7　紧邻出针的位置将针穿回不织布背面

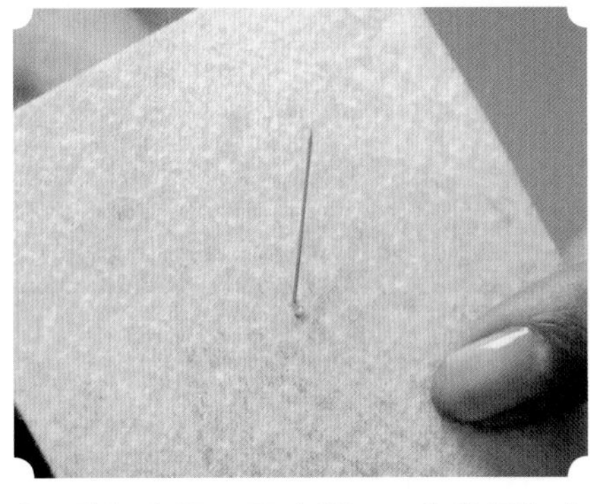

8　重复步骤 6 至步骤 7，使线更加牢固地固定在不织布上

9　穿上一个大号的花瓣。将花瓣扣在不织布上

10　在花瓣的上边缘下针

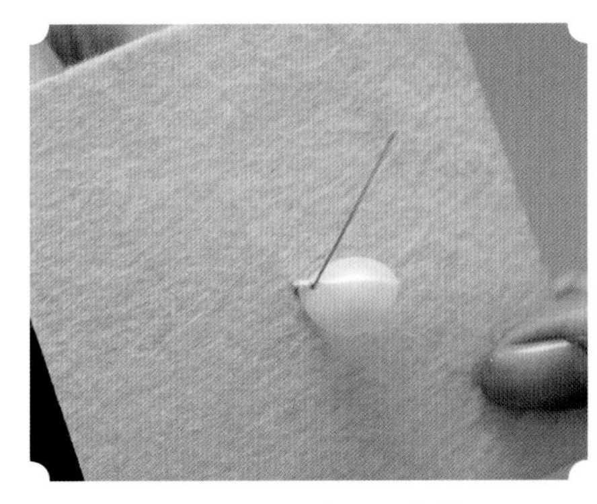

11　从背面向上从花瓣孔出针

12　重复步骤 10

13　重复步骤 11

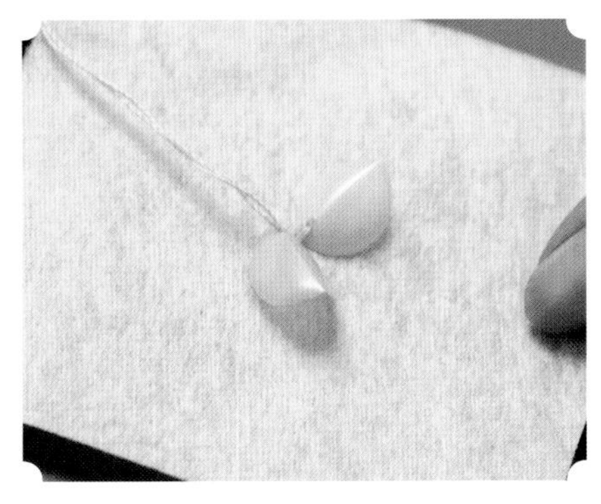

14　在固定好的花瓣旁边穿上另一个大号花瓣

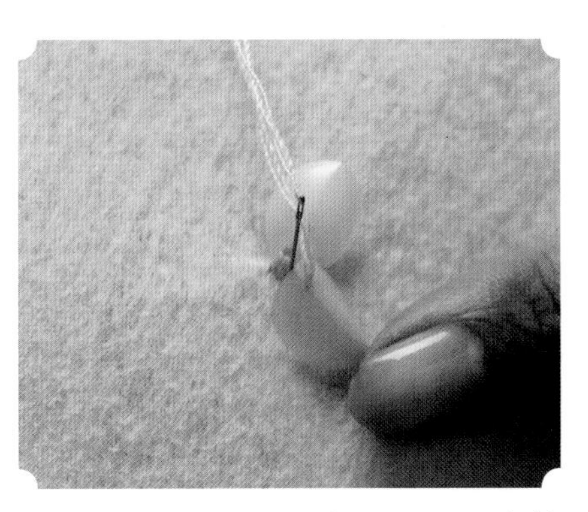

15　重复步骤 10 至步骤 13，固定第二片花瓣

16 重复步骤 14 至步骤 15，一共固定 5 个大号花瓣，成一个完整的花形

17 重复步骤 9 至步骤 15，在之前制作好的花形上方固定一个小号的花形

18 将针从中心由背面向上穿出并穿上金属花蕊

19 在金属花蕊上方穿上一颗粉色玉石珠

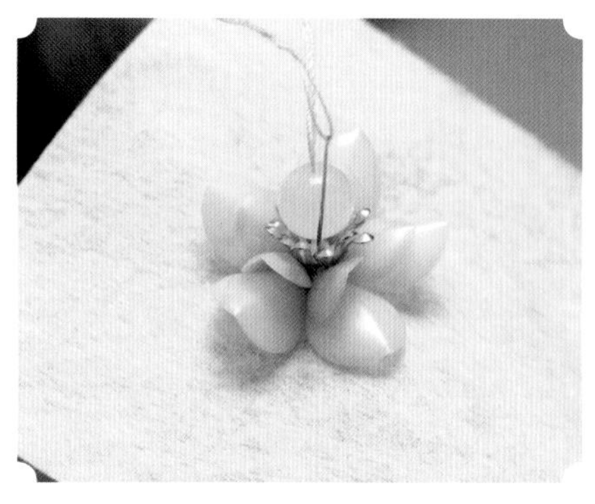

20 从粉色玉石珠旁将针从中心穿回不织布背面

21 拉紧线，检查固定是否牢固

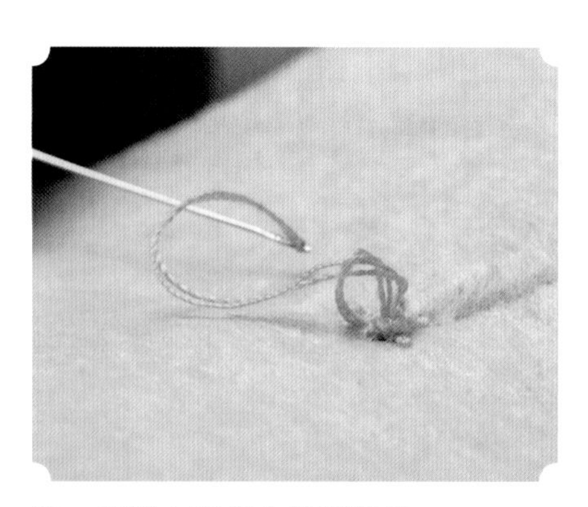

22 将线在不织布背面打结

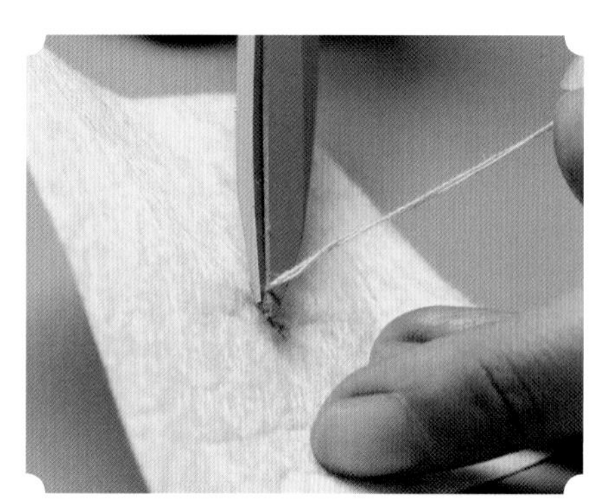

23 使用剪刀将多余的线剪掉

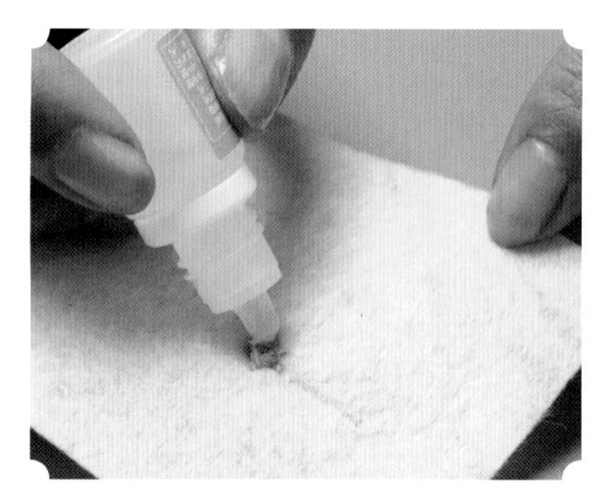

24 在打结处涂抹锁边液

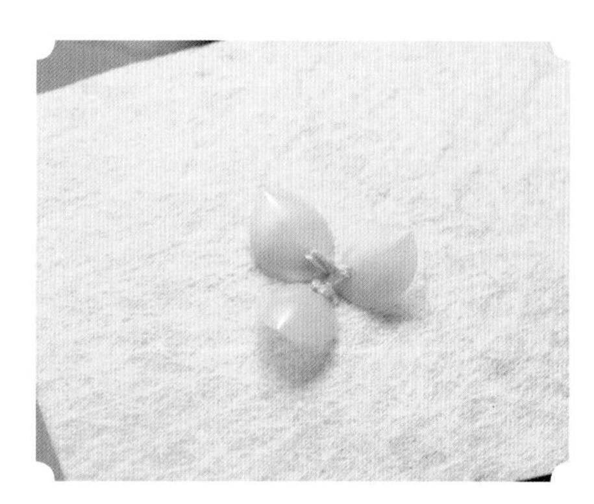

25 重复步骤 5 至步骤 16，制作一个三瓣的花形

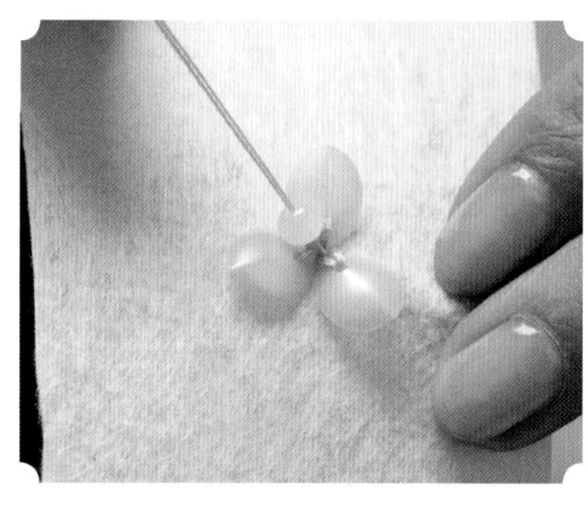

26 将针从中心由背面向上穿出并穿上一颗粉色玉石珠

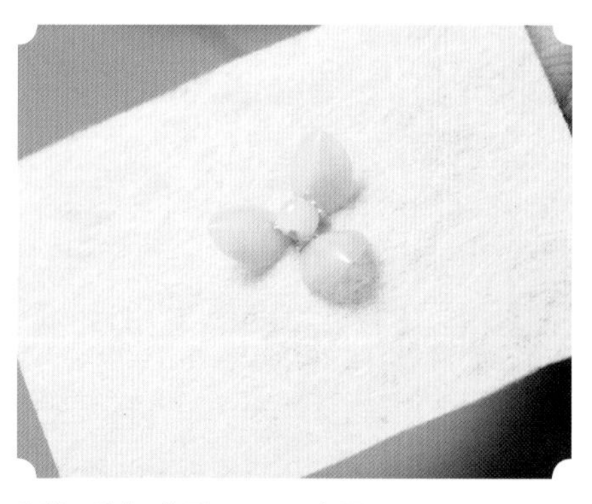

27 重复步骤 21 至步骤 23

28 在打结处涂抹锁边液

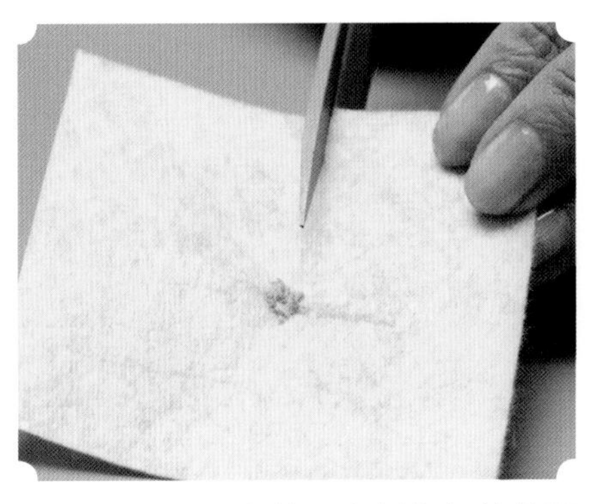

29 使用剪刀修剪两个制作好的花配件所在的不织布

30 预留花配件中心打结位置的不织布，将其他的不织布剪掉

31 重复步骤 5 至步骤 30，将五瓣花配件、四瓣花配件和三瓣花配件全部制作好

32 将针穿上金线，并将针线从多孔金属花片的孔穿出

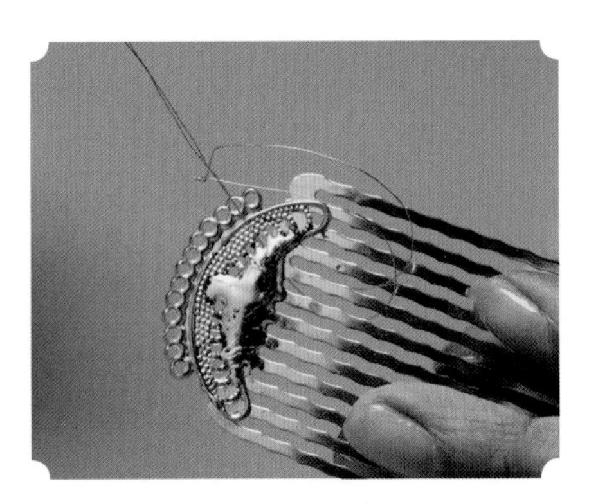

33 将针从两线中间穿出

34 将针从花配件与不织布衔接处由下向上穿出

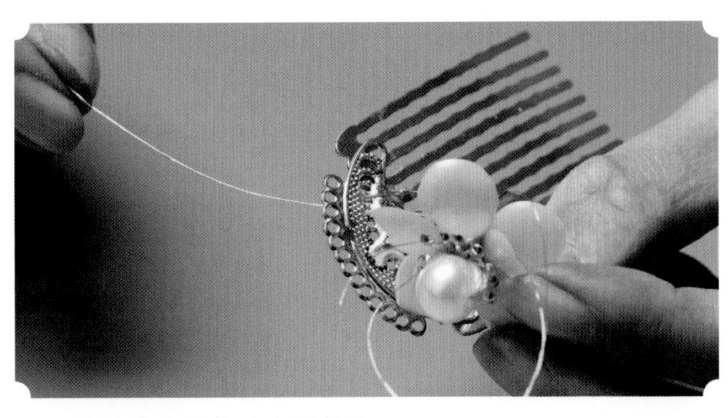

35 将针线穿回多孔金属花片

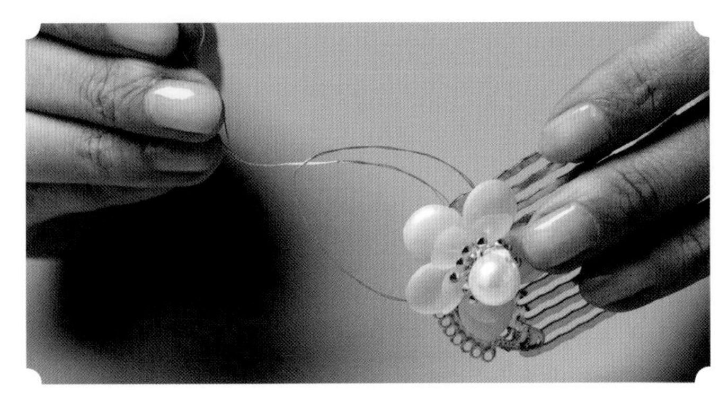

36 多穿绕几次并在尾端打结固定

37 使用剪刀修剪掉多余的线

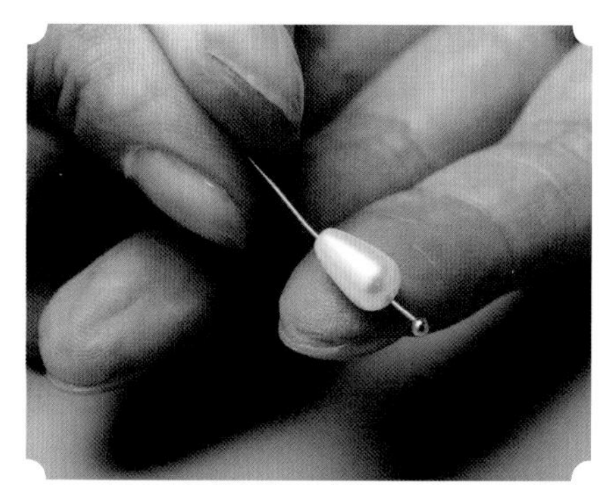

38 将球形针穿上水滴形珍珠

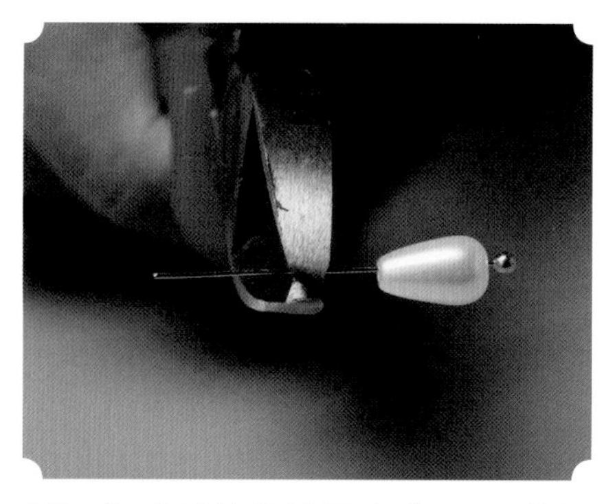

39 为球形针尾端预留约 1cm 的长度，使用切线钳将多余的部分剪除

40 使用圆嘴钳将球形针尾端向一侧弯曲

41 使用圆嘴钳将球形针尾端向反方向弯曲，使其形成圆环

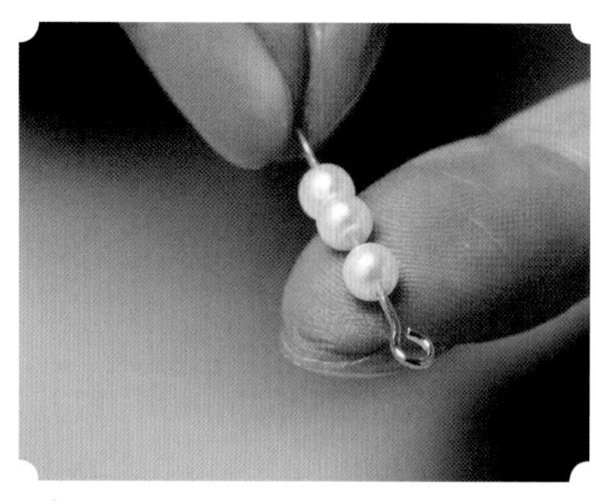

42 将“9”字针穿上 3 颗直径为 4mm 的珍珠

43 为“9”字针尾端预留约 1cm 的长度，使用切线钳将多余的部分剪除

44 使用圆嘴钳将“9”字针尾端向一侧弯曲

45 使用圆嘴钳将“9”字针尾端向反方向弯曲，使其形成圆环

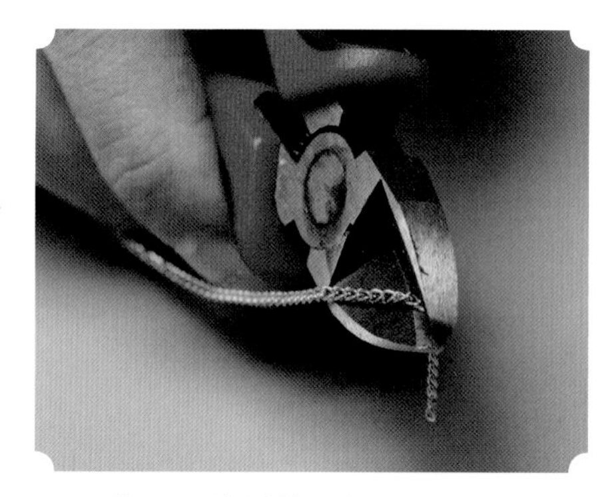

46 使用切线钳剪一段长约 1cm 的金属链

47 使用尖嘴钳掰开连接圈

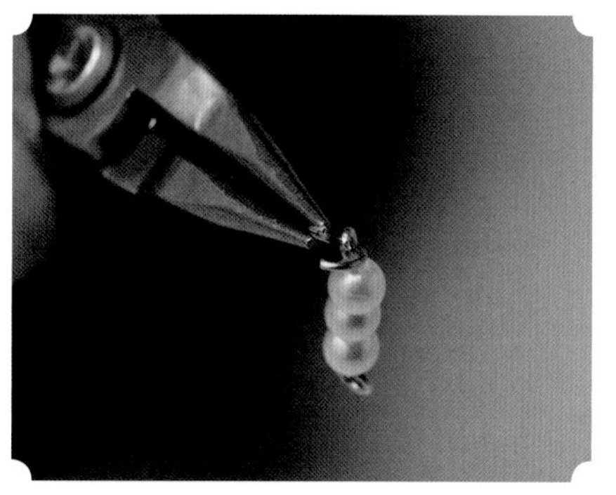

48 将制作好的有 3 颗直径为 4mm 的珍珠的配件穿上连接圈

49 将水滴形珍珠配件穿上连接圈

50 使用尖嘴钳闭合连接圈

51 使用连接圈衔接长约 1cm 的金属链与刚刚制作好的珍珠配件

52 将长约 1cm 的金属链的另一端与另一个连接圈相连接

53 将连接圈穿入多孔金属花片

54 检查衔接是否牢固

55 重复步骤 38 至步骤 54，再另制作 12 个相同的金属链配件并进行衔接

56 制作完成

4.3 耳坠

工具

针线
剪刀
锁边液
切线钳
尖嘴钳
圆嘴钳

材料

花瓣

不织布

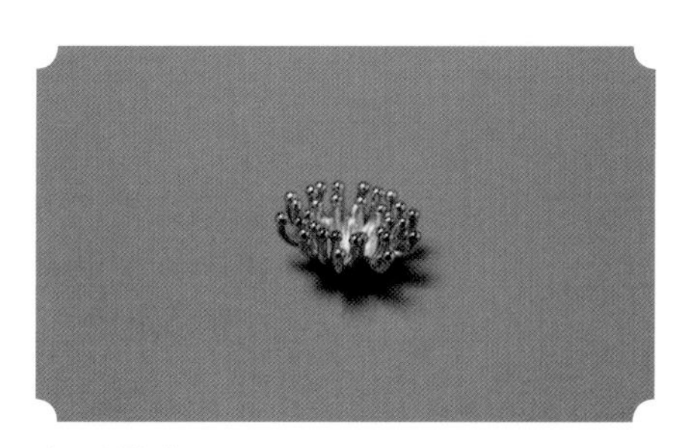

金属花蕊

直径为 5mm 和 8mm 的玉石珠

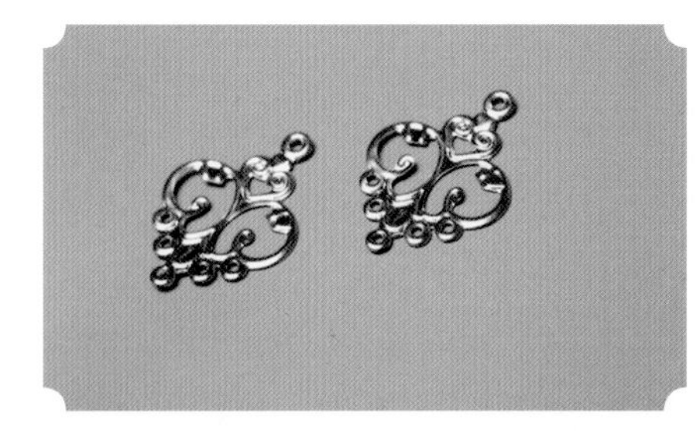

镂空金属花片

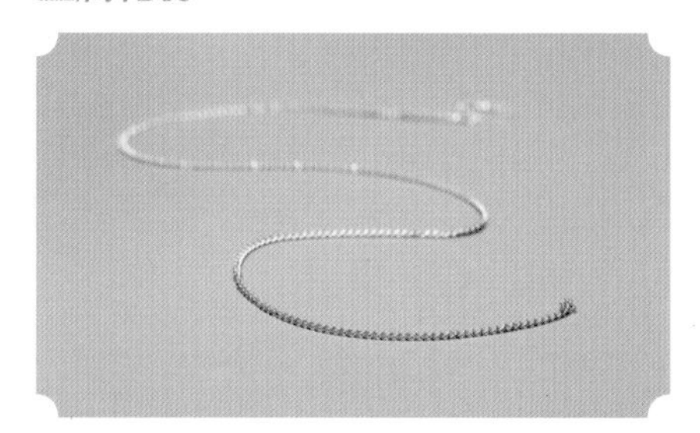

金属链

连接圈

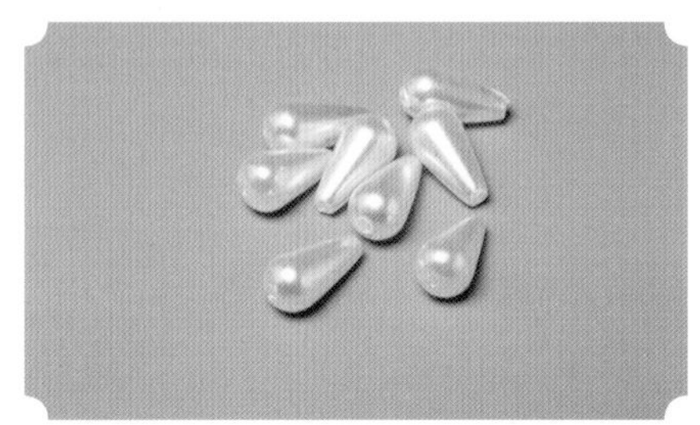

水滴形珍珠

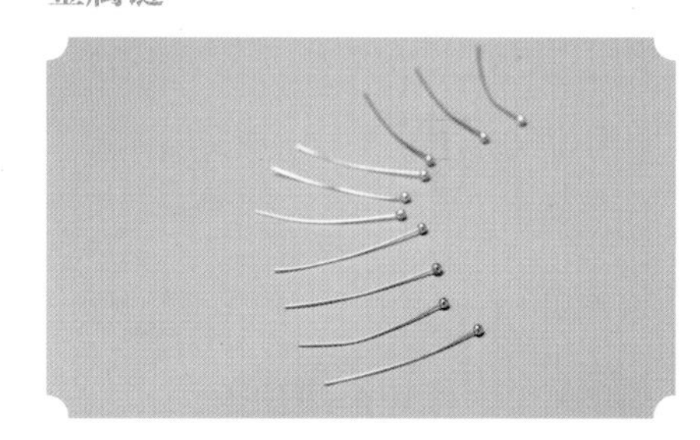

球形针

直径为 4mm、6mm、8mm 和 10mm 的珍珠

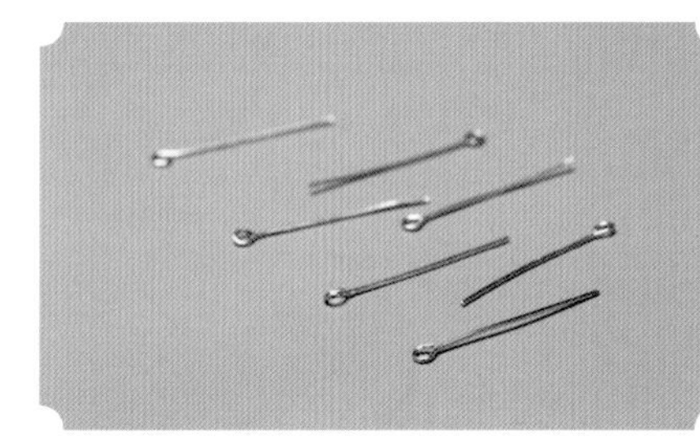

“9”字针

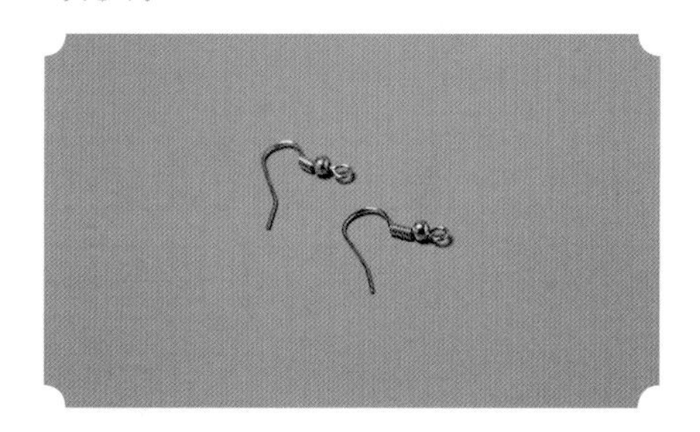

耳钩

制作步骤

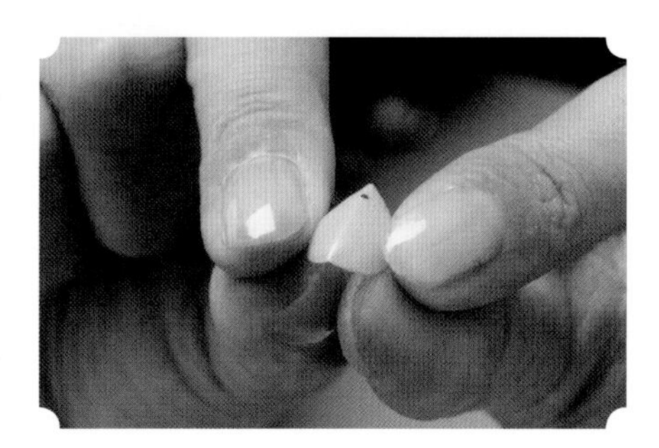

1 用手轻轻将花瓣从中间弯折

2 重复步骤 1，弯折多个大号和小号的花瓣

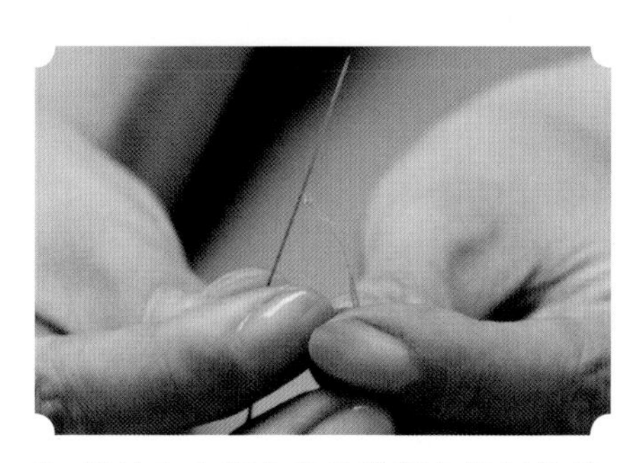

3 将针穿上颜色和花瓣颜色相似的线

4 将针从不织布背面向上穿出

5 紧邻出针的位置将针穿回不织布背面

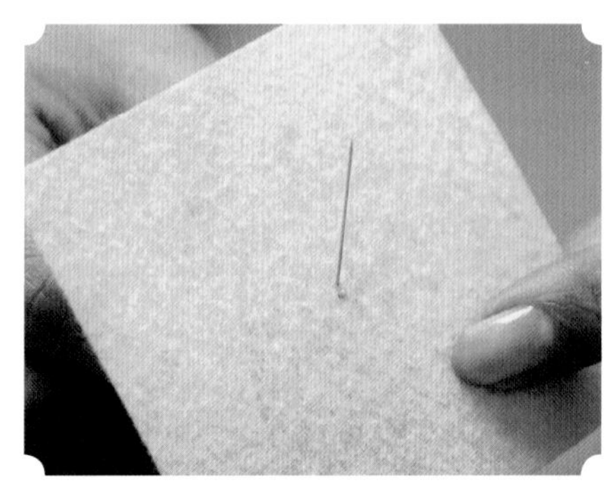

6 重复步骤 4 至步骤 5，使线更加牢固地固定在不织布上

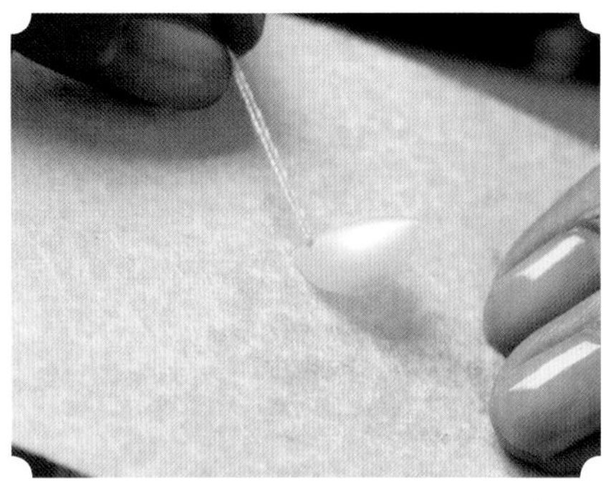

7 穿上一个大号的花瓣。将花瓣扣在不织布上

8 在花瓣的上边缘下针

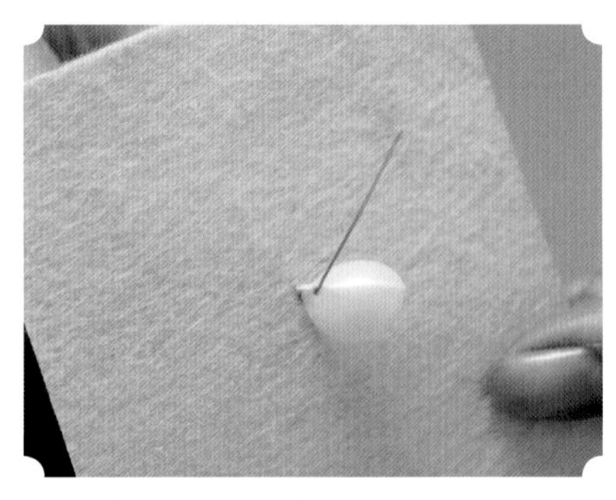

9 从背面向上从花瓣孔出针

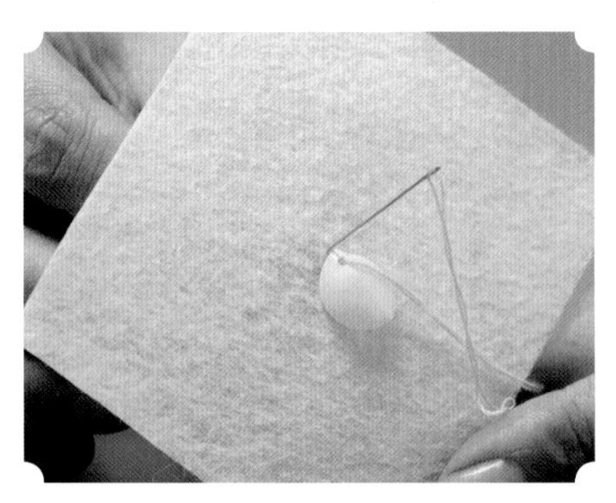

10 重复步骤 8

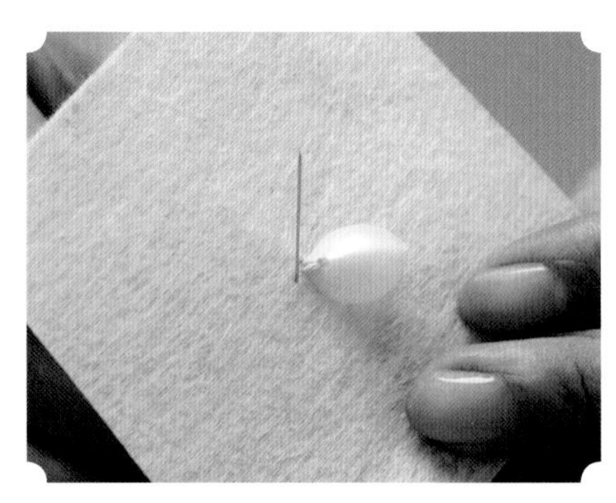

11 从花瓣旁边，从下向上出针

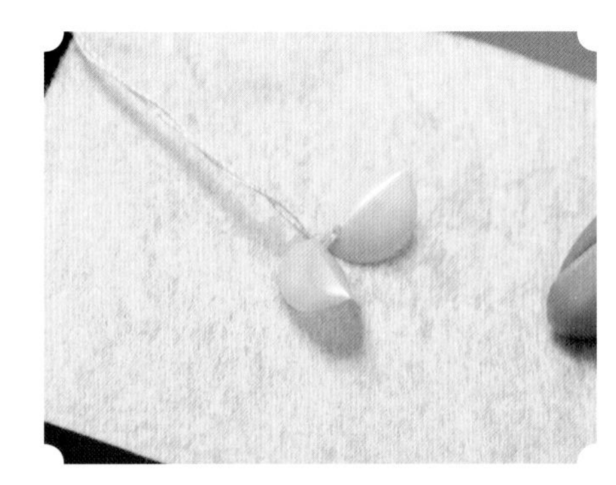

12 在固定好的花瓣旁边穿上另一个大号花瓣

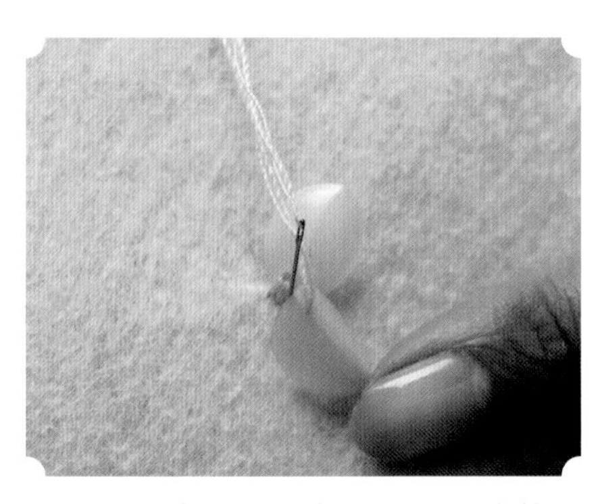

13 重复步骤 8 至步骤 11，固定第二片花瓣

14 重复步骤 12 至步骤 13，一共固定五瓣大号花瓣，成一个完整的花形

15 重复步骤 7 至步骤 13，在之前制作好的花形上方制作并固定一个小号的花形

16　将针从中心由背面向上穿出并穿上金属花蕊

17　在金属花蕊上方穿上一颗直径为 8mm 的粉色玉石珠

18　从玉石珠旁将针从中心穿回不织布背面

19　拉紧线，检查固定是否牢固

20　将线在不织布背面打结

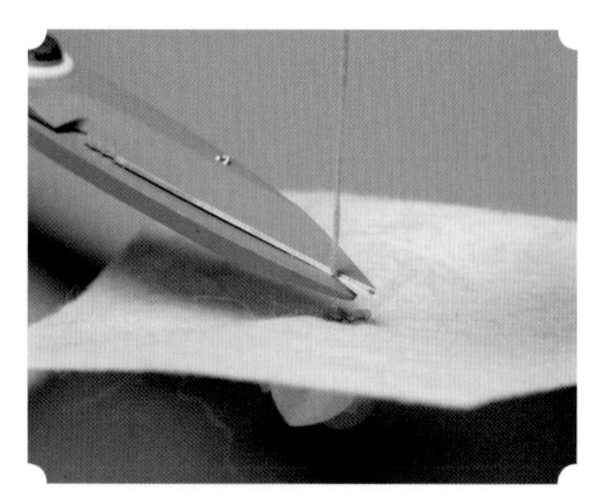

21　使用剪刀将多余的线剪掉

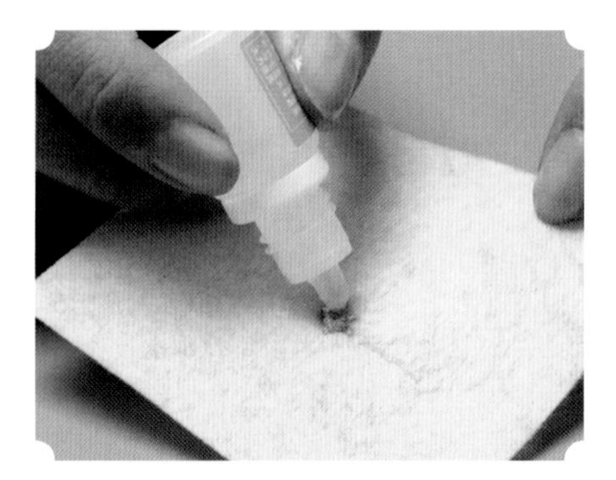

22　在打结处涂抹锁边液

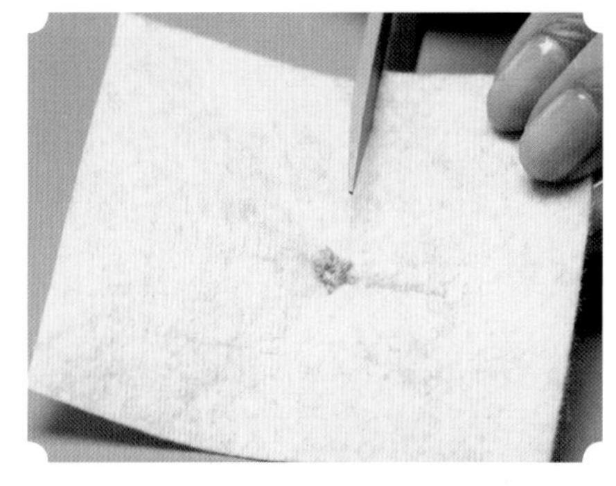

23　使用剪刀修剪两个制作好的花配件所在的不织布

24　预留中心打结位置的不织布，将其他的不织布剪掉

25　重复步骤 3 至步骤 14，制作一个三瓣的花形

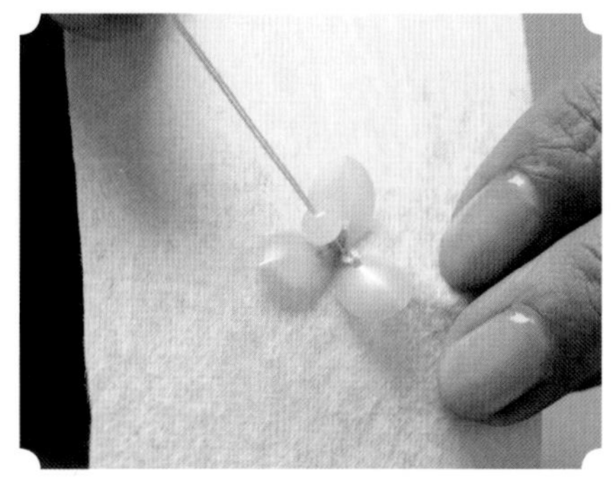

26　将针从中心由背面向上穿出并穿上一颗直径为 5mm 的粉色玉石珠

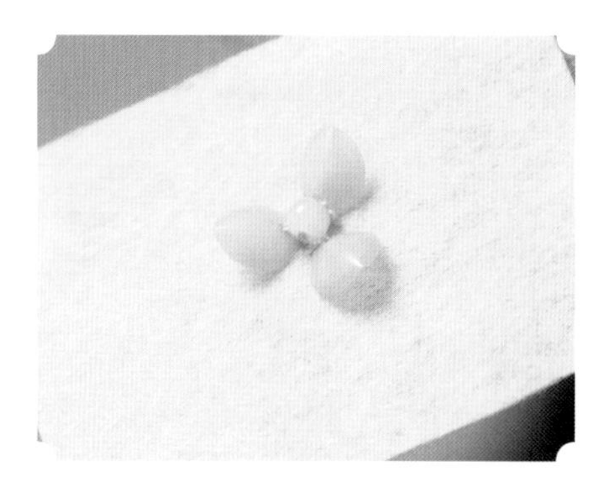

27　重复步骤 19 至步骤 21

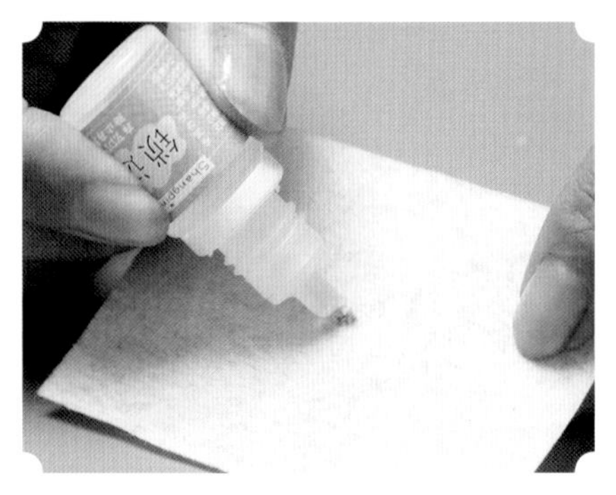

28 在打结处涂抹锁边液

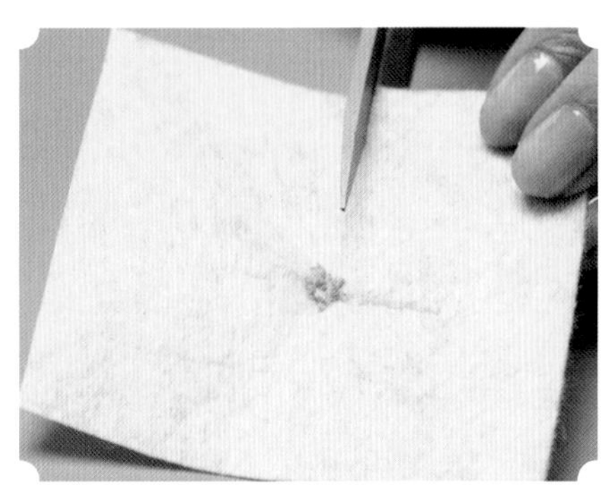

29 使用剪刀修剪两个制作好的花配件所在的不织布

30 预留中心打结位置的不织布，将其他的不织布剪掉

31 重复步骤 4 至步骤 30，将五瓣花配件和三瓣花配件全部制作好

32 将针穿上金线并在尾部打结

33 在花配件与不织布连接处按图示下针

34 将针线穿上镂空金属花片的圆孔

35 将针线从花背面穿回连接处

36 拉紧线并反复行针将花配件固定得更加牢固

37 将线打结并使用剪刀剪掉多余的线

38 重复步骤 32 至步骤 37，将三瓣花配件也固定在镂空金属花片上

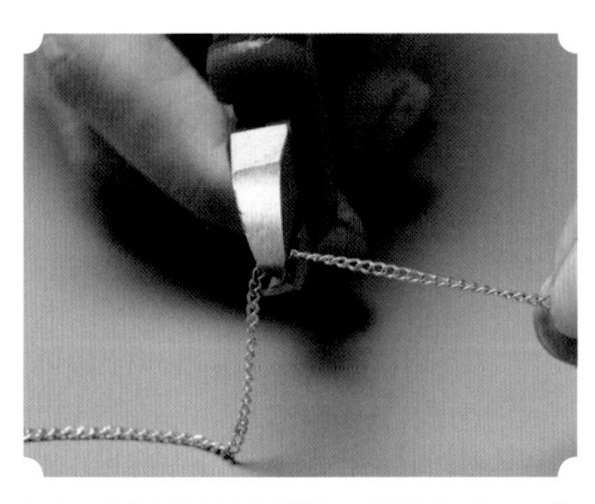

39 使用切线钳修剪一段长约 5cm 的金属链

40 使用尖嘴钳掰开一个连接圈

41 将金属链穿上连接圈

42 将连接圈与镂空金属花片的圆孔相连接

43 使用尖嘴钳闭合连接圈

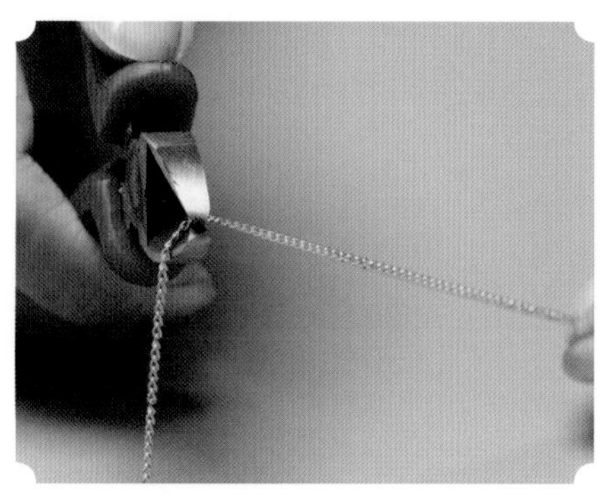

44 使用切线钳修剪一段长约 7cm 的金属链

45 重复步骤 40 至步骤 43，将长约 7cm 的金属链也固定在镂空金属花片上

46 将球形针穿上一个水滴形珍珠

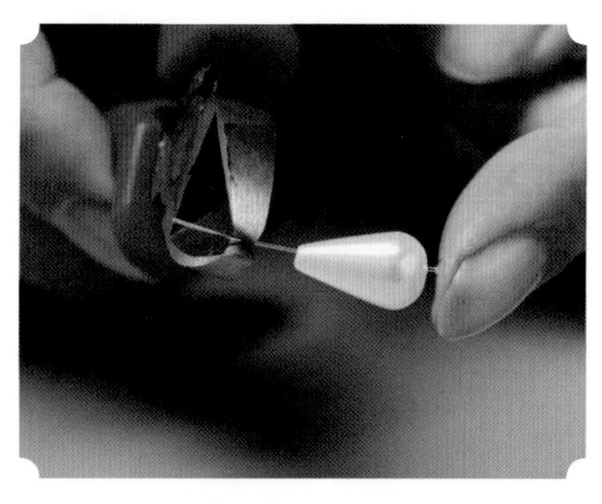

47 为球形针尾端预留约 1cm 的长度，使用切线钳剪切多余的部分

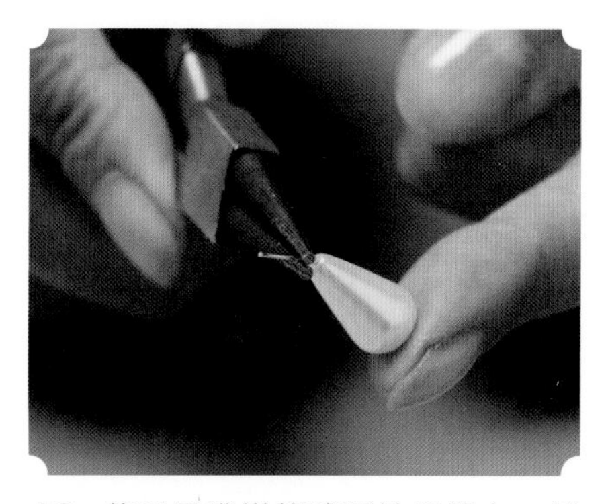

48 使用圆嘴钳将球形针尾端向一侧弯曲

49 使用圆嘴钳将球形针尾端向反方向弯曲，使其形成圆环

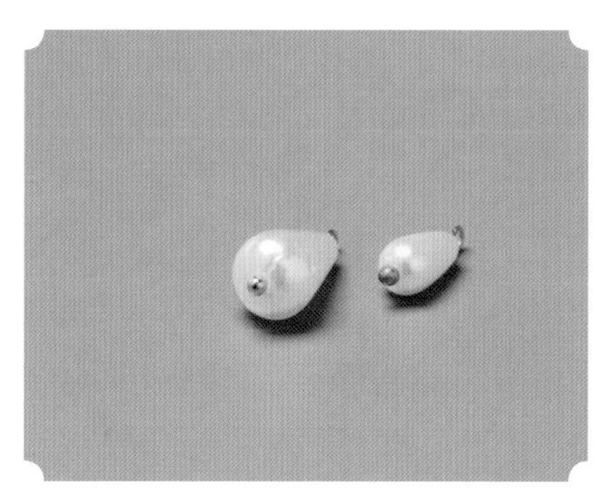

50 重复步骤 46 至步骤 49，制作一个小号的水滴形珍珠配件

51 使用尖嘴钳掰开连接圈并穿上水滴形珍珠配件

52 将穿有水滴形珍珠配件的连接圈穿上长约 5cm 的金属链的尾端

53 使用尖嘴钳将连接圈闭合

54 重复步骤 51 至步骤 53，将另一个水滴形珍珠配件与长约 7cm 的金属链尾端衔接

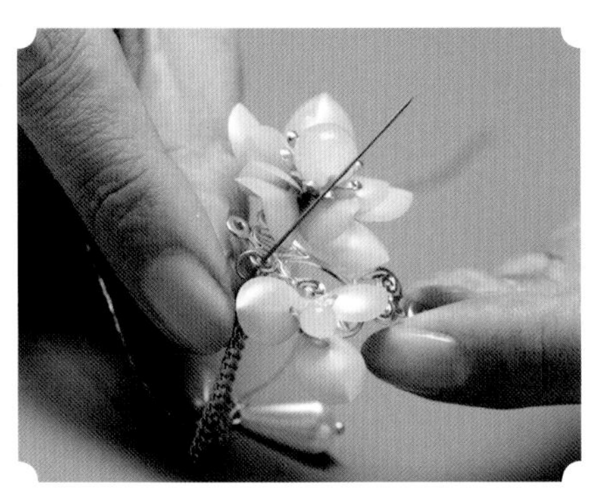

55 将穿着金线的针由后至前穿出

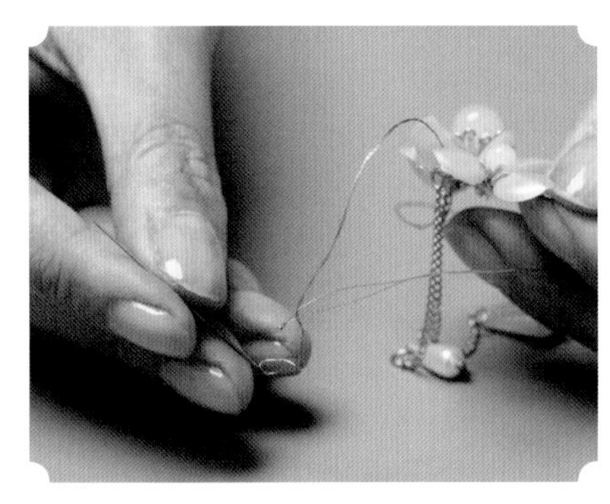

56 将针从两线中间穿出，并拉紧

57 将针由镂空金属花片后至前穿出，并穿上一颗直径为 10mm 的珍珠

58 将线拉紧，将珍珠固定在镂空金属花片上

59 反复行针，将直径为 10mm 的珍珠固定得更加牢固

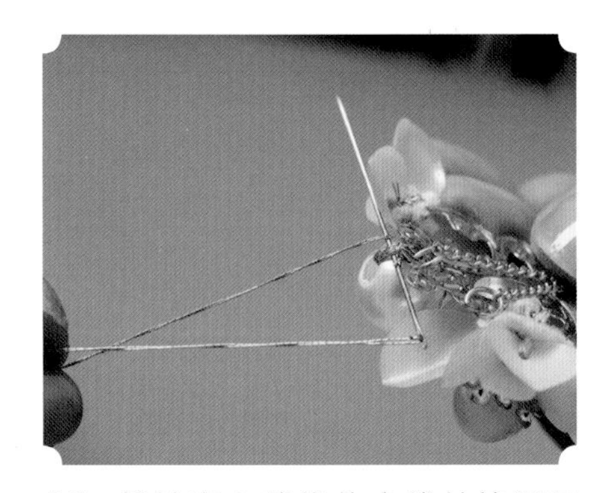

60 将针穿上缠绕的金线并按图示打结

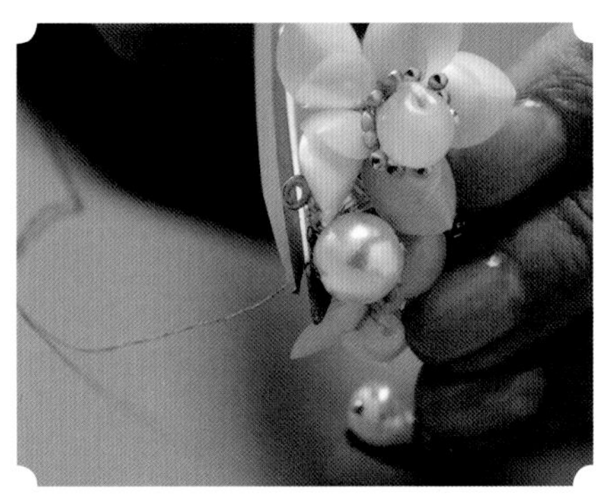

61 使用剪刀剪掉多余的线

62 重复步骤 55 至步骤 61，再分别固定一颗直径为 8mm 和 6mm 的珍珠

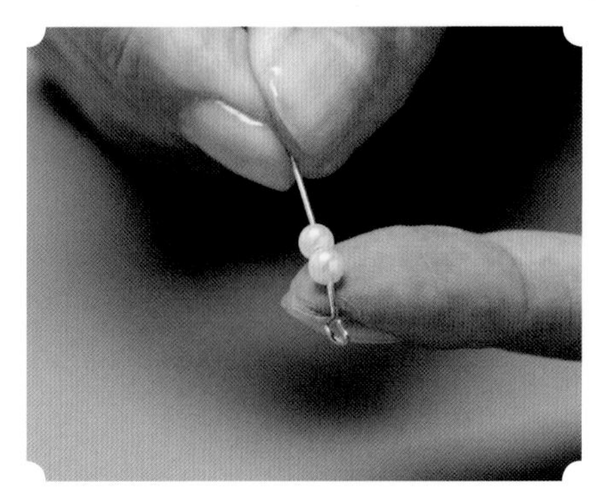

63　用“9”字针穿上两颗直径为 4mm 的珍珠

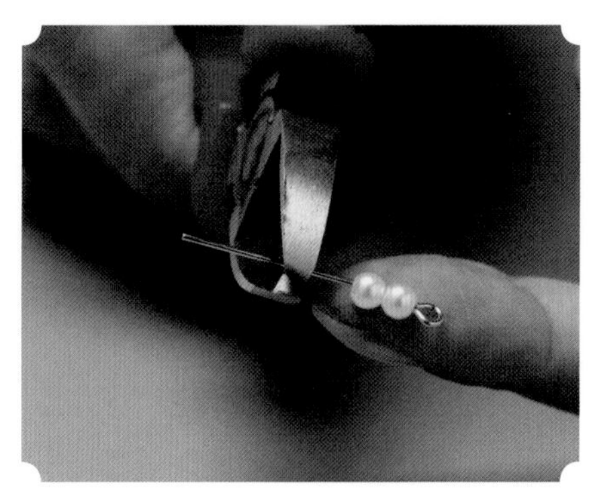

64　为“9”字针尾端预留约 1cm 的长度，使用切线钳切掉多余的部分

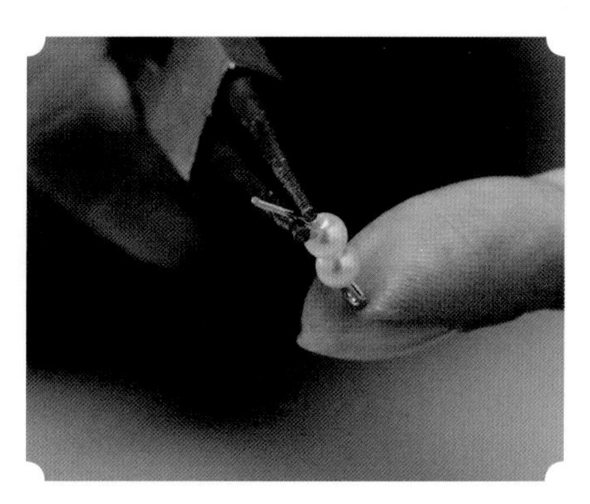

65　使用圆嘴钳将“9”字针尾端向一侧弯曲

66　使用圆嘴钳将“9”字针尾端向反方向弯曲，使其形成圆环

67　重复步骤 63 至步骤 66，共制作 3 个有不同数量的直径为 4mm 的珍珠的配件，如图

68　使用切线钳将制作好的长约 5cm 的金属链从中心切开

69　使用连接圈将制作好的带有两颗直径为 4mm 的珍珠的配件连接在切断的金属链上

70　使用连接圈连接另一段切断的金属链

71　使用尖嘴钳闭合两个连接圈

72　使用切线钳将长约 7cm 的金属链裁切成 3 段

73 每一段要有大致相同的长度

74 重复步骤 69 至步骤 71，将只有一颗直径为 4mm 的珍珠的配件衔接在尾段与中间段之间

75 重复步骤 69 至步骤 71，将有 3 颗直径为 4mm 的珍珠的配件衔接在中间段与上段之间

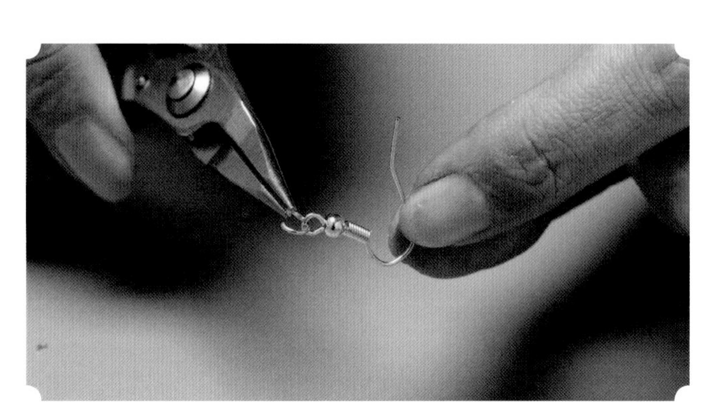

76 将连接圈穿上耳钩

77 将连接圈与镂空金属花片上端的圆孔相连接

78 使用尖嘴钳闭合连接圈

79 制作完成

第五章

长亭醉

古风淡雅系饰品制作

本章主要讲授古风淡雅系手工饰品的制作方法，包括发簪、耳坠和发冠的制作。与上一章相比，增加了立体金属片，在本章中的娴雅上加了一分闲趣。适合搭配颜色素雅的服装。

5.1 发簪

工具

切线钳
尖嘴钳
打孔钳
圆嘴钳
直尺

材料

直径为 0.4mm 的铜丝

亭子金属立体花片

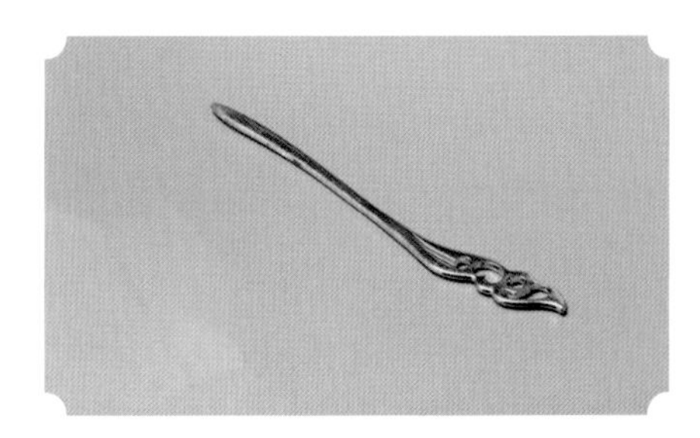
发簪

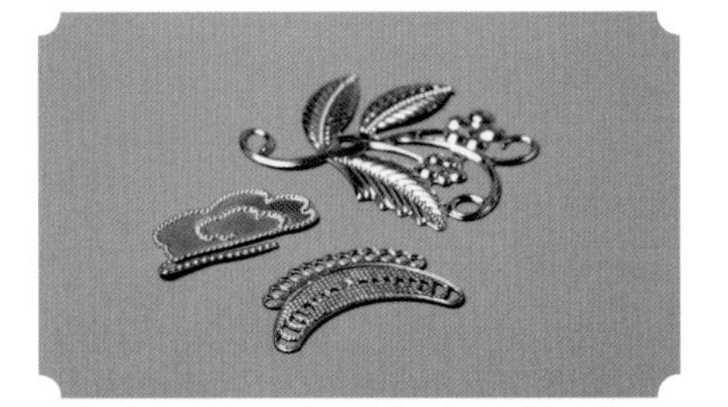
金属花片

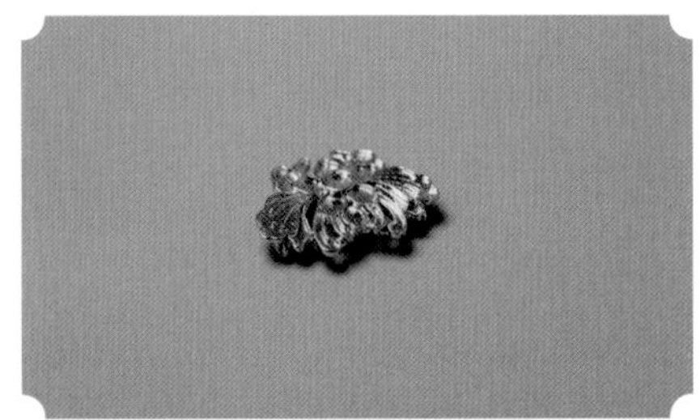
金属立体花片

蛋白玉石珠

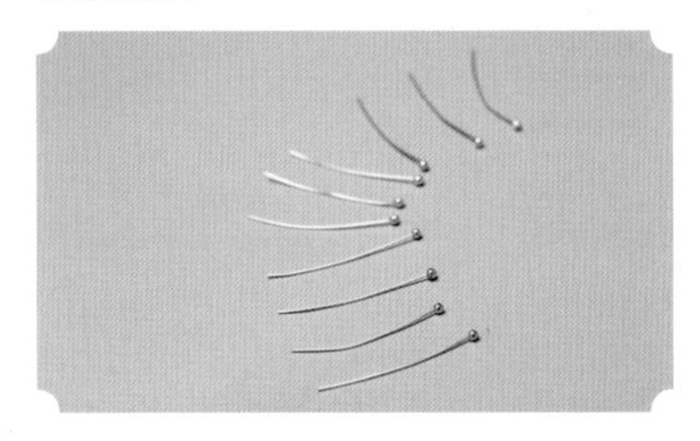
球形针

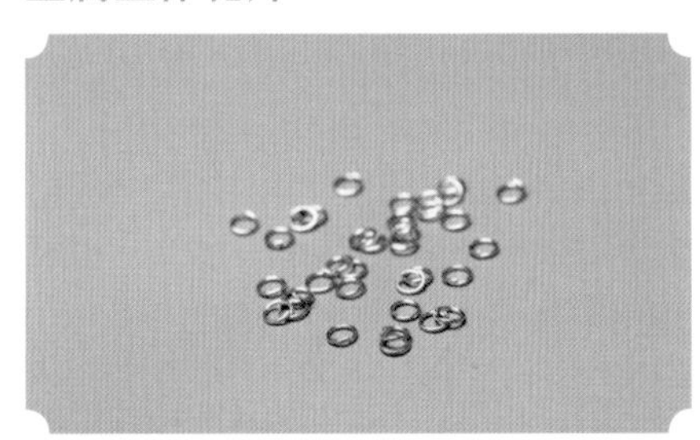
连接圈

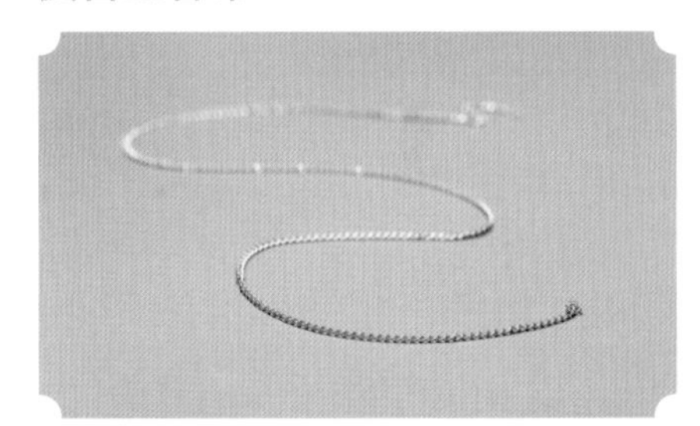
金属链

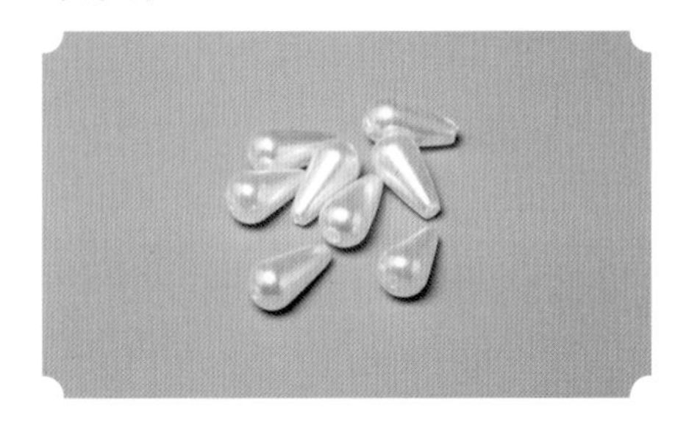
水滴形珍珠

直径为 6mm 和 8mm 的珍珠

立体花

制作步骤

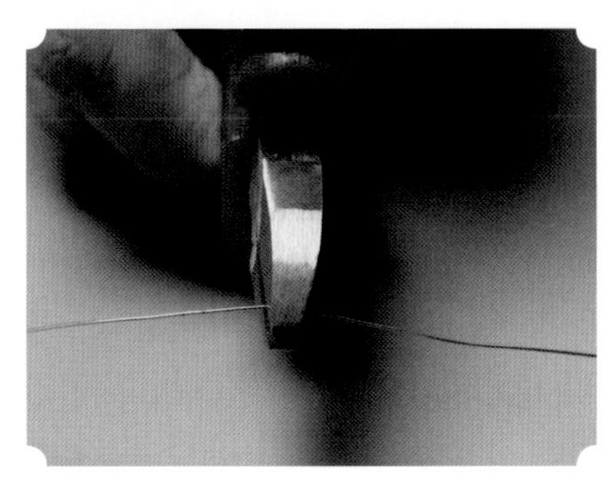
1 使用切线钳截取一段长度约为 8cm 的铜丝

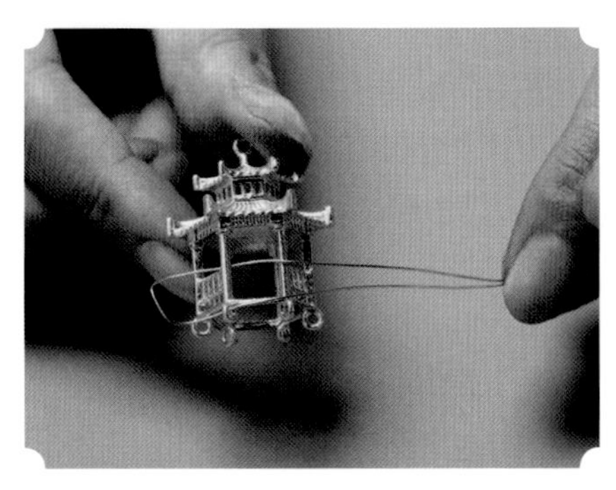
2 将截取好的铜丝对折并按图示插入亭子金属立体花片

3 用尖嘴钳将铜丝的尾端反复缠绕在发簪上

4 检查是否捆绑牢固

5 截取一段长约 6cm 的铜丝，将铜丝对折并插入花卉金属花片

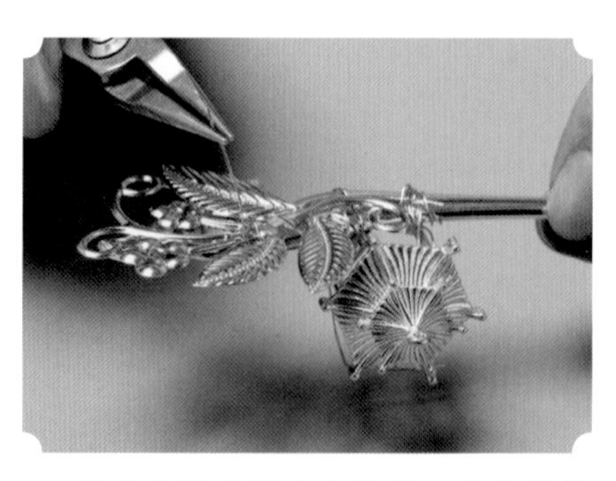

6 用尖嘴钳将花卉金属花片上的铜丝插入发簪，并将铜丝尾端反复缠绕在发簪上

7 使花卉金属花片固定在发簪上

8 使用切线钳截取一段长约 6cm 的铜丝，将铜丝轻轻对折成“U”形后插入多孔金属花片

9 用尖嘴钳将多孔金属花片上的铜丝插入发簪，并将铜丝尾端反复缠绕在发簪上

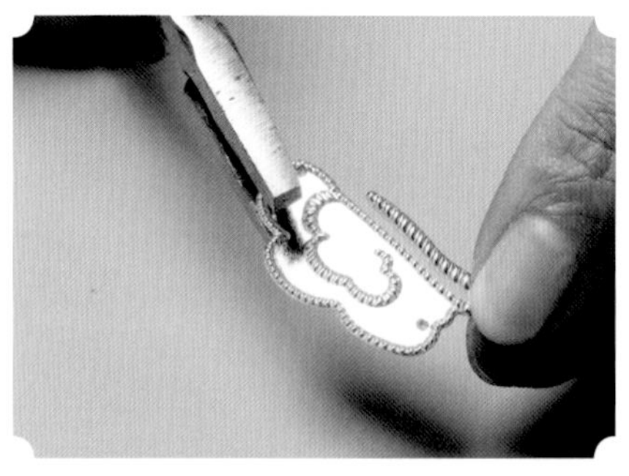

10 使用打孔钳在云形金属花片上打3 个孔

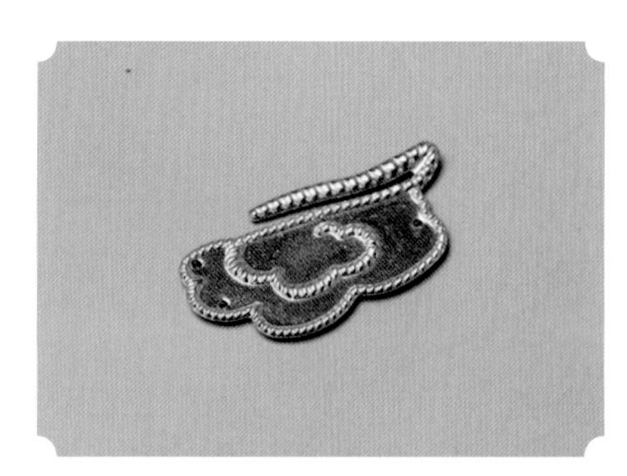

11 打孔的位置如图

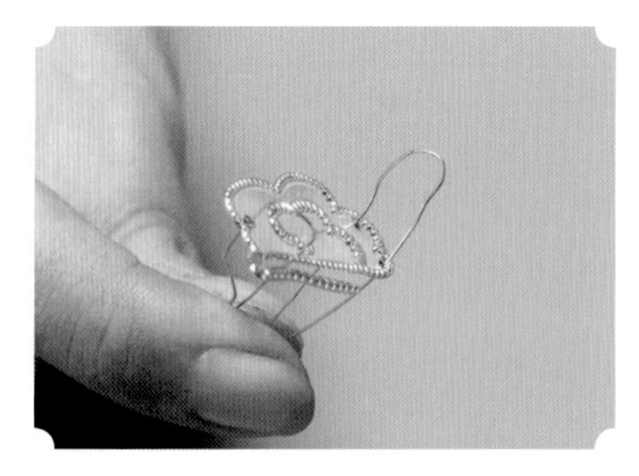

12 使用切线钳截取两段长约 6cm 的铜丝，将铜丝对折成“U”形并插入云形金属花片打孔处

13 将云形金属花片上的铜丝穿过多孔金属花片的孔，再将铜丝尾端反复缠绕在发簪上

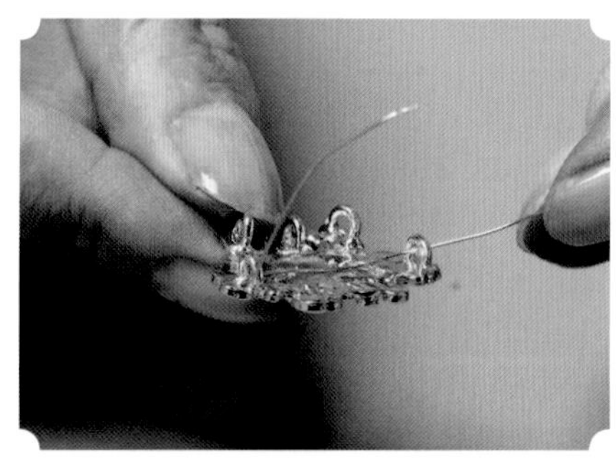

14 使用切线钳截取一段长约 6cm 的铜丝，将铜丝插入金属立体花片背面的圆孔并将铜丝对折成“U”形

15 将金属立体花片的铜丝插入发簪并将铜丝尾端反复缠绕在发簪上

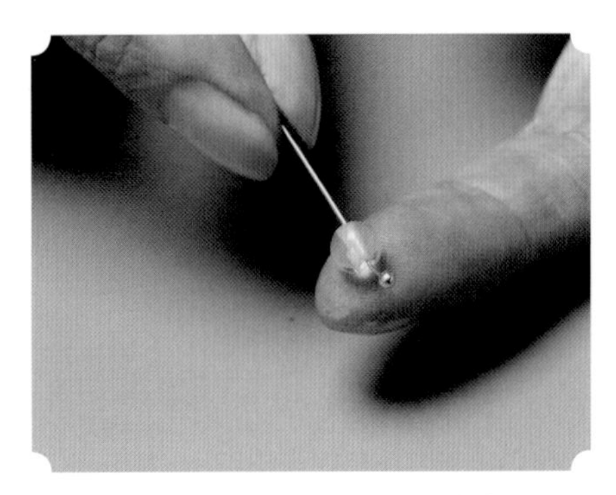

16 将球形针穿入蛋白玉石珠内

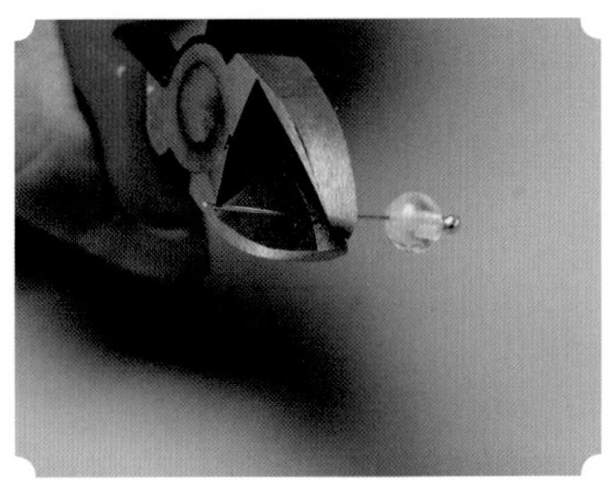

17 为球形针尾端预留约 1cm 的长度，使用切线钳将多余的部分剪切

18 使用圆嘴钳将球形针尾端向一侧弯曲

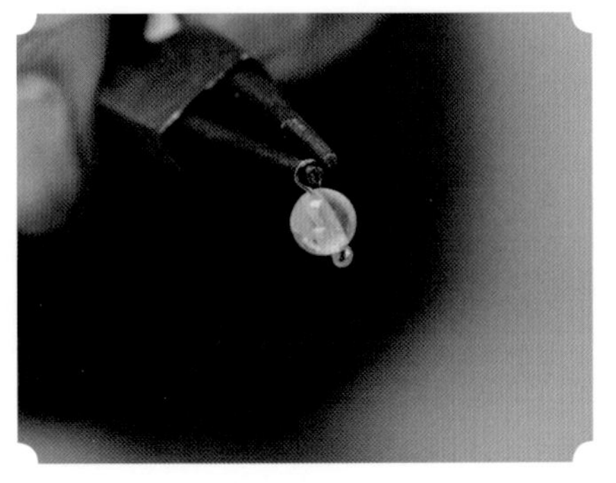

19 使用圆嘴钳将球形针尾端向反方向弯曲，使其形成圆环

20 重复步骤 16 至步骤 19，再另制作 12 个蛋白玉石珠配件

21 使用尖嘴钳掰开连接圈，将蛋白玉石珠配件穿上连接圈

22 将连接圈穿上多孔金属花片圆孔并闭合连接圈

23 重复步骤 21 至步骤 22，将所有的蛋白玉石珠配件衔接在多孔金属花片上

24 使用切线钳截取一段长度约为 10cm 的金属链

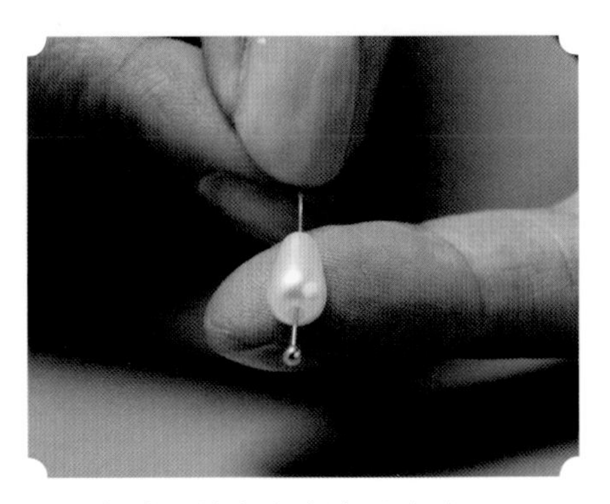

25 将球形针穿上水滴形珍珠

26 为球形针尾端预留约 1cm 的长度，使用切线钳将多余的部分剪切

27 使用圆嘴钳将球形针尾端向一侧弯曲

28　使用圆嘴钳将球形针尾端向反方向弯曲，使其形成圆环

29　使用尖嘴钳掰开连接圈，将水滴形珍珠配件和金属链衔接，并闭合连接圈

30　重复步骤 24 至步骤 29，制作 3 对长度不一的金属链配件：两根长约 10cm；两根长约 5cm；两根长约 4cm

31　使用尖嘴钳掰开连接圈，将两根长约 10cm 的金属链配件衔接在亭子金属立体花片下方背面的两个圆孔

32　检查位置是否正确，衔接是否牢固

33　重复步骤 31 至步骤 32，将两根长约 5cm 的金属链配件衔接到亭子金属立体花片下方中间的两个圆孔

34　重复步骤 31 至步骤 32，将两根长约 4cm 的金属链配件衔接到亭子金属立体花片下方前面的两个圆孔

35　使用打孔钳在多孔金属花片上打一个孔

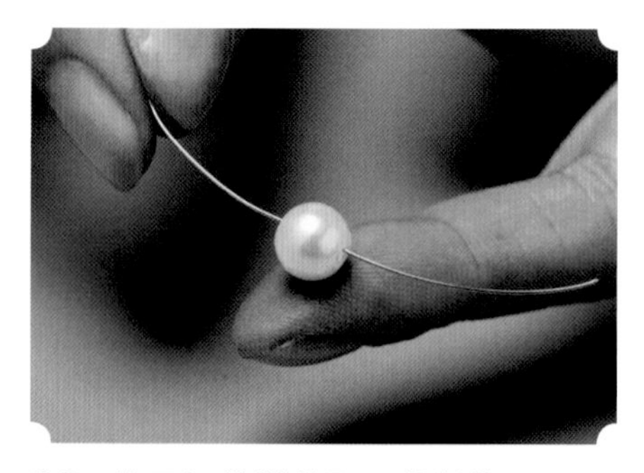

36　使用切线钳截取一段长约 7cm、直径为 0.4mm 的铜丝，并将铜丝穿上直径为 8mm 的珍珠，将珍珠放置在铜丝的中间

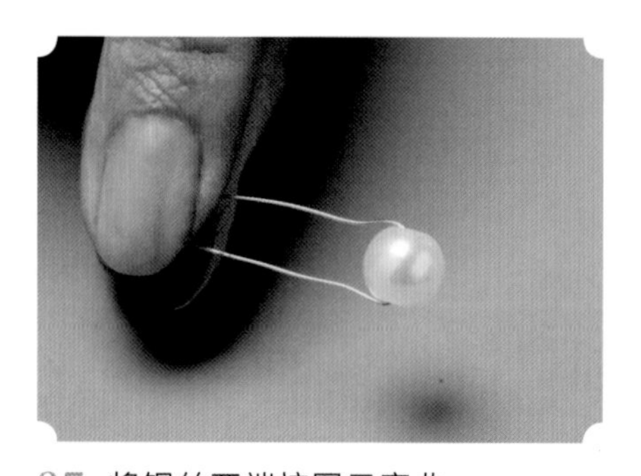

37　将铜丝两端按图示弯曲

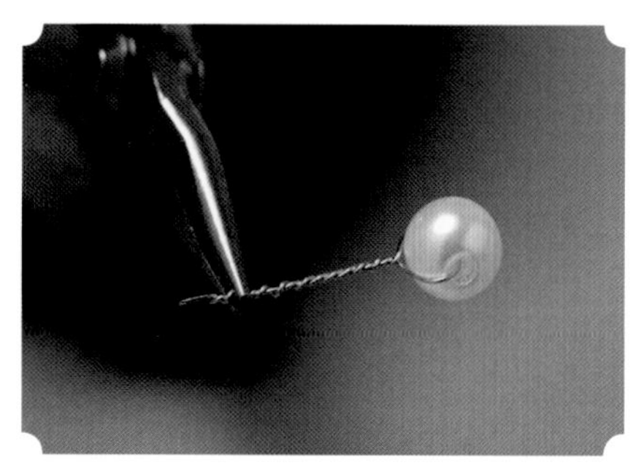

38　借助尖嘴钳将铜丝尾端按图示拧转至紧实

39　将拧转好的铜丝插入多孔金属花片之前打好的孔

40 使用尖嘴钳将背面拧转的铜丝尾端弯曲至固定

41 使用打孔钳在花卉金属花片中心打一个孔

42 使用打孔钳在花卉金属花片的树叶上打一个孔

43 重复步骤 36 至步骤 40，再制作两个珍珠配件（使用直径分别为 6mm 和 8mm 的珍珠），并将制作好的珍珠配件分别固定在打孔处

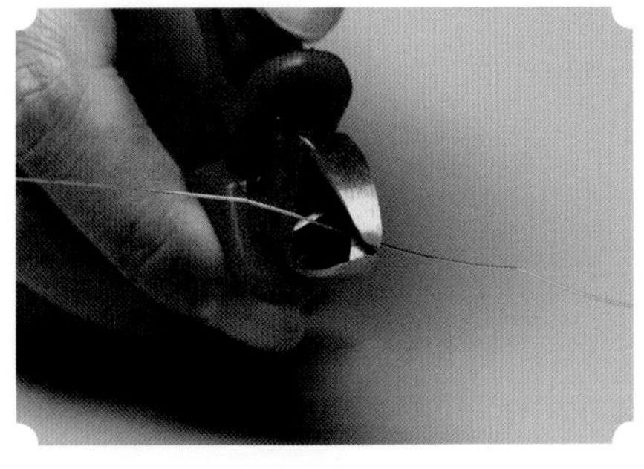

44 使用切线钳截取两段长约 8cm、直径为 0.4mm 的铜丝

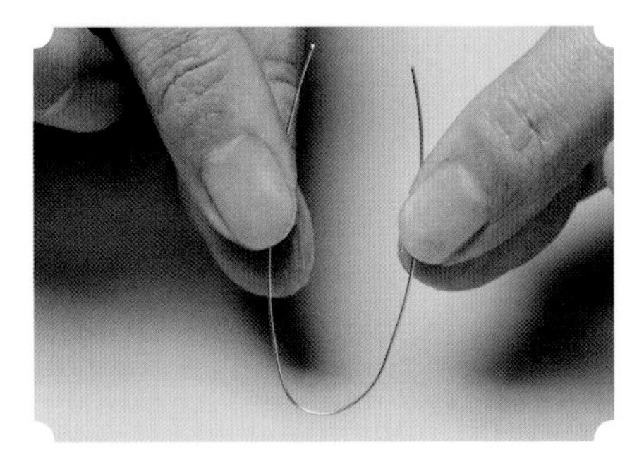

45 将两段铜丝对折成“U”形

46 将两段铜丝分别插入立体花背面的圆形底盘孔

47 将立体花上的铜丝插入发簪

48 用手轻轻调整好立体花的位置

49 将立体花背面的铜丝反复拧转至固定

50 制作完成

5.2 耳坠

工具

切线钳
圆嘴钳
尖嘴钳
直尺

材料

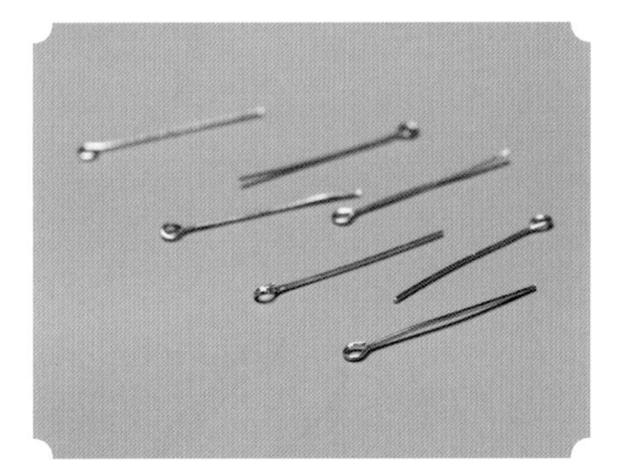

“9”字针

蛋白玉石珠

亭子金属立体花片

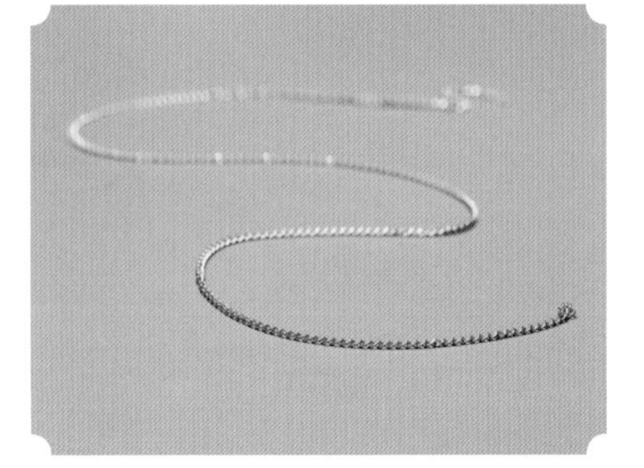

金属链

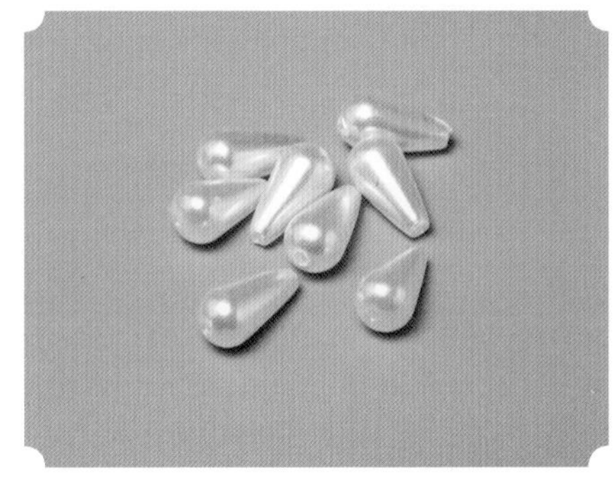

水滴形珍珠

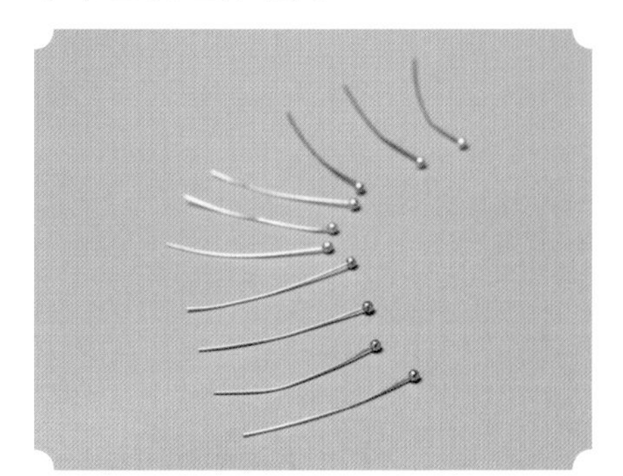

球形针

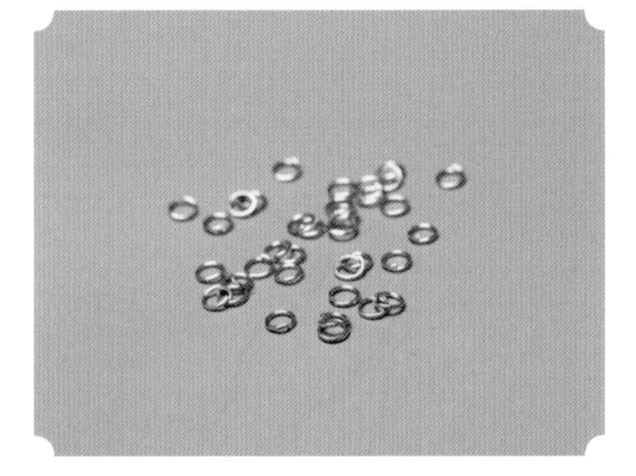

连接圈

直径为 6mm 的珍珠

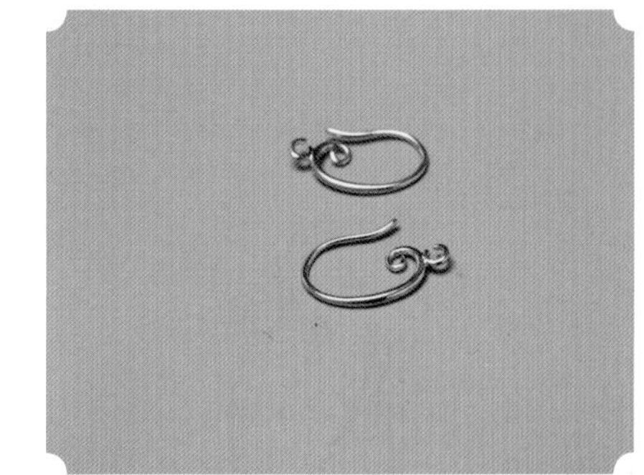

耳钩

制作步骤

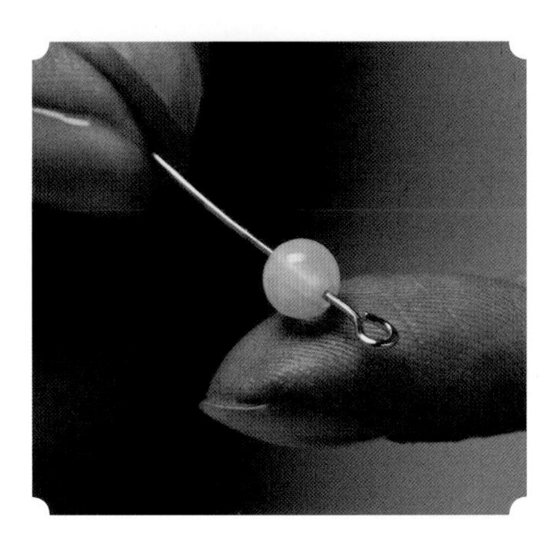

1 将“9”字针穿入蛋白玉石珠

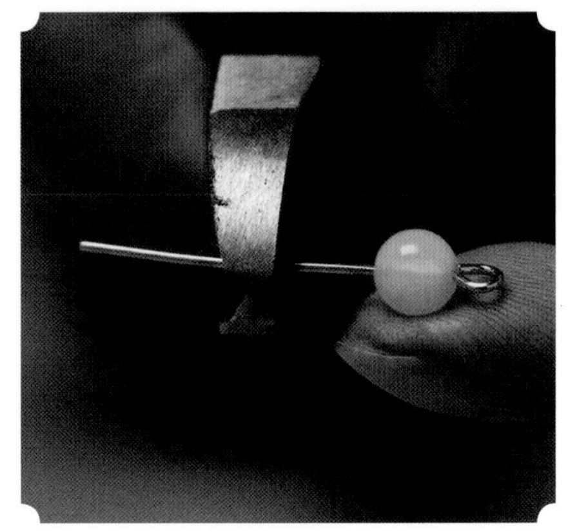

2 为“9”字针尾端预留约 1cm 的长度，将其余部分用切线钳修剪掉

3 使用圆嘴钳将“9”字针尾端向一侧弯曲

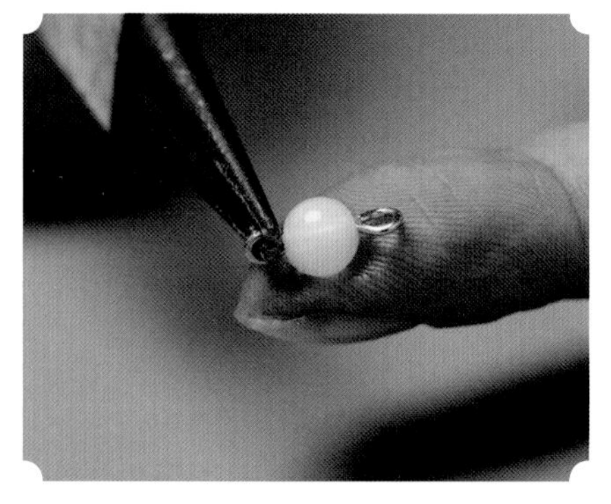

4 使用圆嘴钳将“9”字针尾端向反方向弯曲，使其形成圆环

5 重复步骤 1 至步骤 4，再另制作 5 个蛋白玉石珠配件

6 使用尖嘴钳掰开制作好的蛋白玉石珠配件的一端

7 将蛋白玉石珠配件与亭子金属立体花片下端的圆环衔接环相衔接

8 使用尖嘴钳将蛋白玉石珠配件一端闭合

9 重复步骤 6 至步骤 8，将所有的蛋白玉石珠配件依次与亭子金属立体花片下端的圆环衔接环相衔接

10 使用切线钳剪一段长约 2.5cm 的金属链

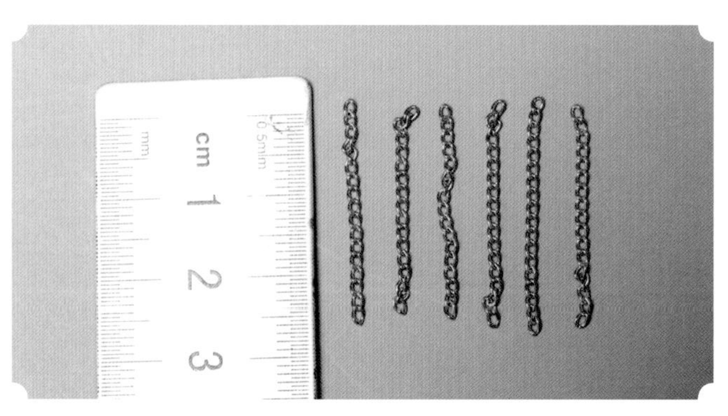

11 重复步骤 10，再另制作 5 条同样长度的金属链

12 使用尖嘴钳掰开蛋白玉石珠配件另一端，并将剪切好的金属链与蛋白玉石珠配件相连接

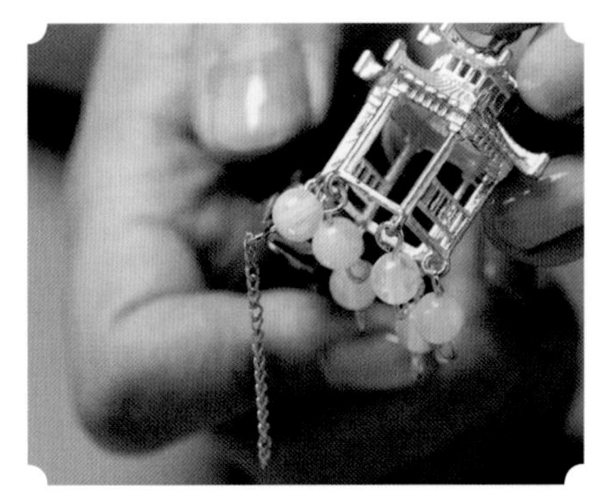

13　使用尖嘴钳闭合蛋白玉石珠配件一端

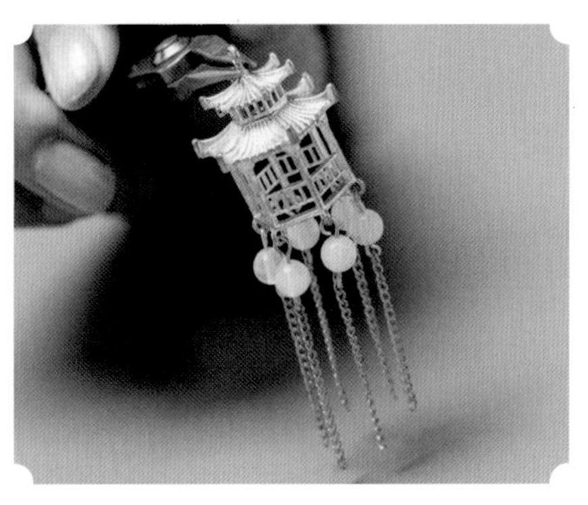

14　重复步骤 12 至步骤 13，将所有剪切的金属链依次衔接在蛋白玉石珠配件上

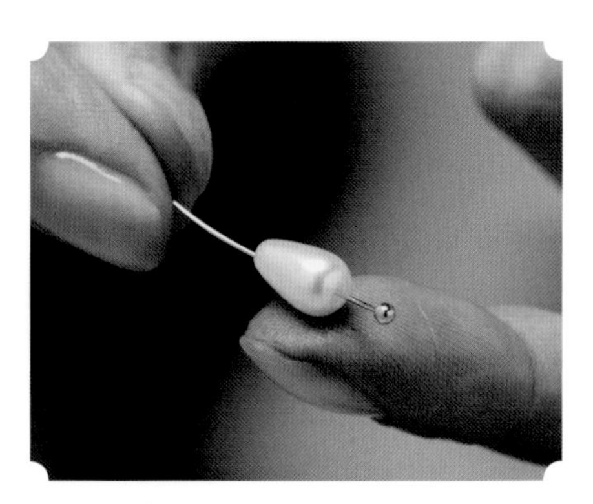

15　将球形针穿上水滴形珍珠

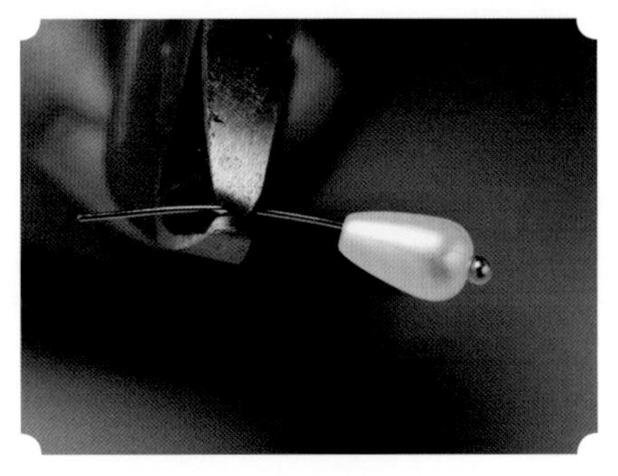

16　为球形针的尾端预留约 1cm 的长度，用切线钳将其余部分剪掉

17　使用圆嘴钳将“9”字针尾端向一侧弯曲

18　使用圆嘴钳将球形针尾端向反方向弯曲，使其形成圆环

19　重复步骤 15 至步骤 18，再另制作 5 个水滴形珍珠配件

20　使用尖嘴钳掰开连接圈

21　将连接圈穿上金属链底端

22　将制作好的水滴形珍珠配件穿入金属链下方的连接圈

23　使用尖嘴钳闭合连接圈

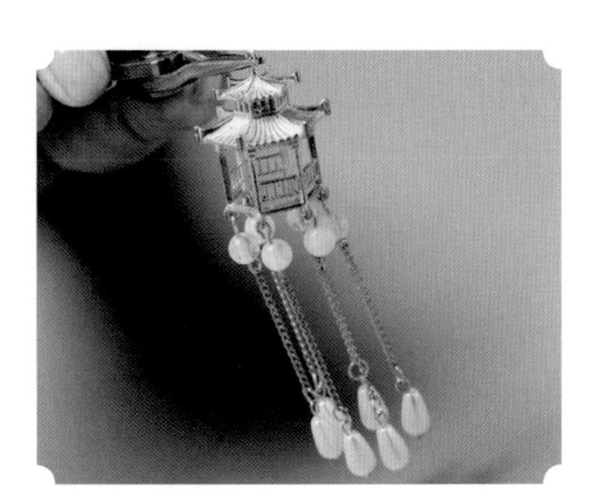

24　重复步骤 20 至步骤 23，将所有的水滴形珍珠配件衔接

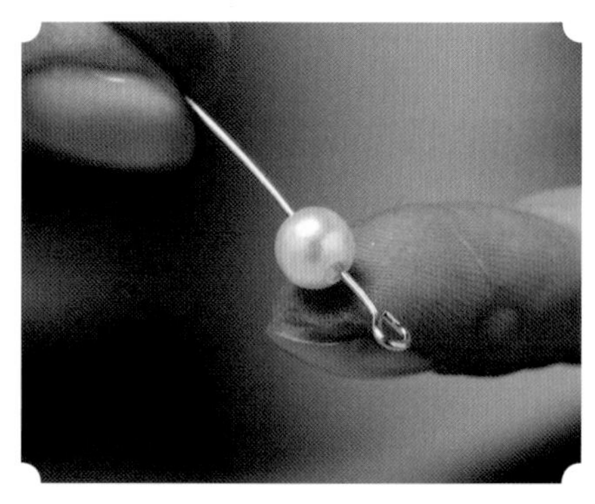

25 将“9”字针穿上直径为6mm的珍珠

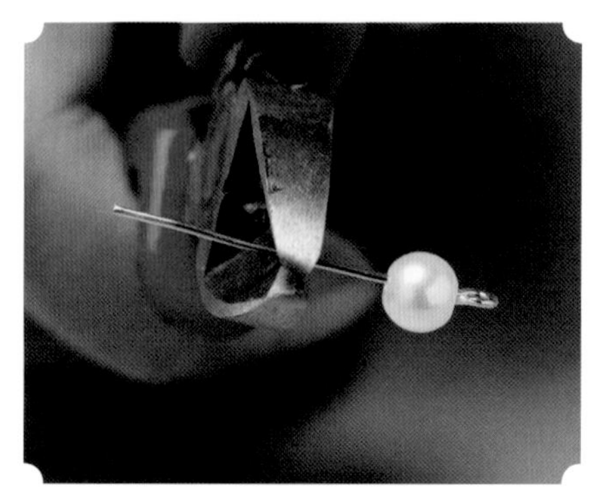

26 为“9”字针尾端预留约1cm的长度，使用切线钳将多余的部分切断

27 使用圆嘴钳将“9”字针尾端向一侧弯曲

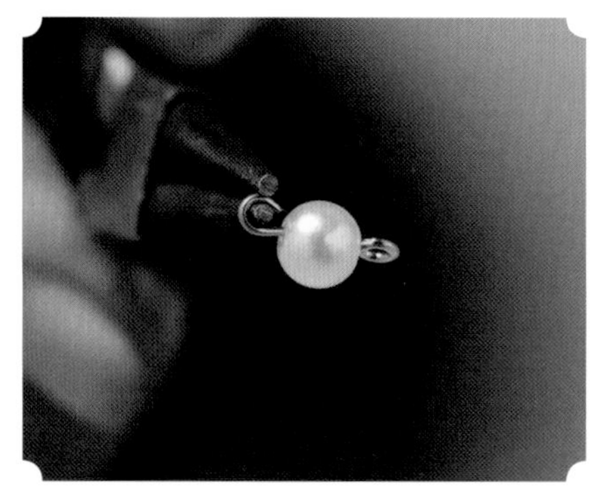

28 使用圆嘴钳将“9”字针尾端向反方向弯曲，使其形成圆环

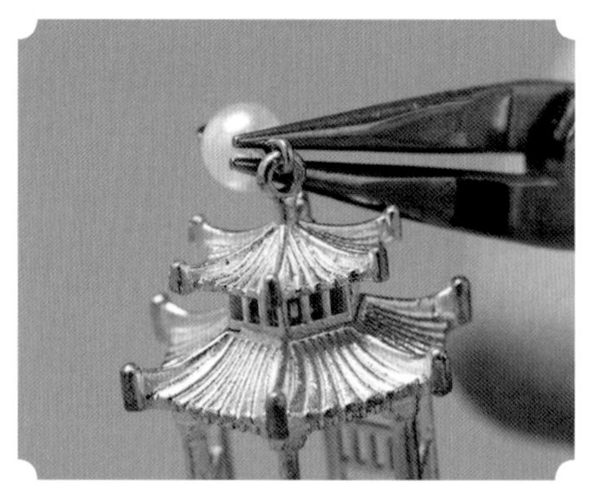

29 使用尖嘴钳将珍珠配件的一端掰开并穿上亭子金属立体花片顶端的圆环衔接环，并闭合

30 使用尖嘴钳掰开珍珠配件的另一端

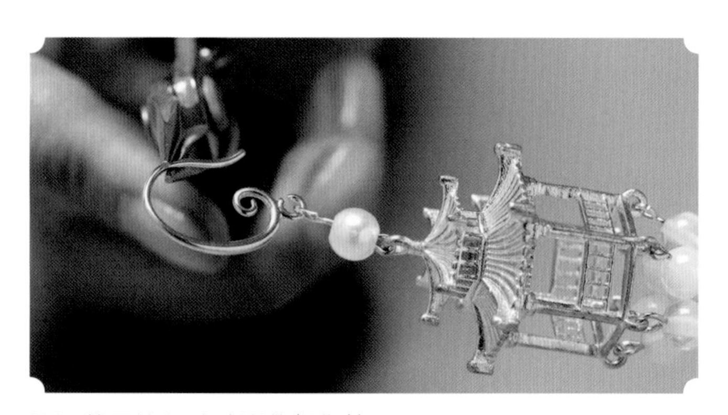

31 将耳钩与珍珠配件相衔接

32 使用尖嘴钳将珍珠配件一端闭合

33 制作完成

5.3 发冠

切线钳

尖嘴钳

圆嘴钳

打孔钳

焊锡工具

金色油漆笔

直尺

材料

直径为 0.4mm 的铜丝

亭子金属立体花片

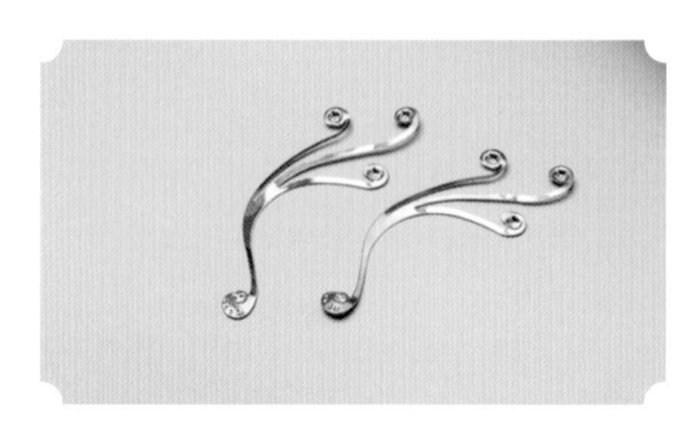

凤尾形金属花片

树叶形金属花片

直径为 6mm、8mm 和 10mm 的珍珠

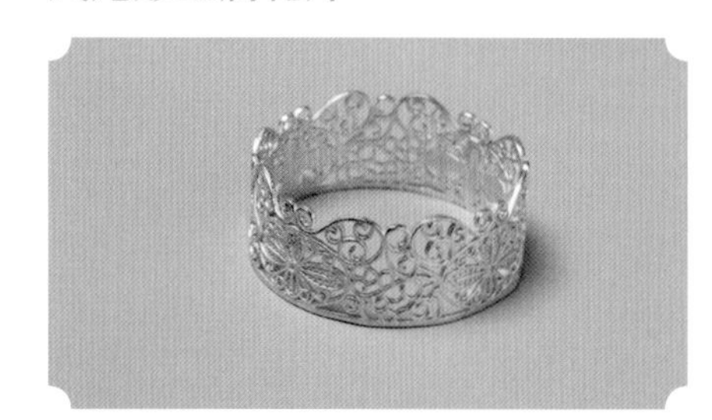

发冠金属底托

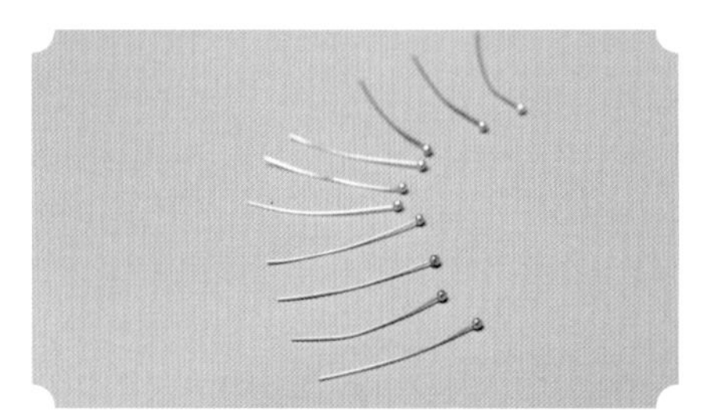

球形针

蛋白玉石珠

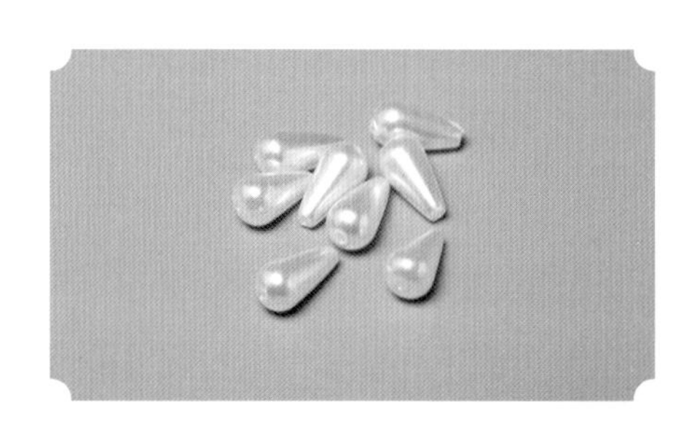

水滴形珍珠

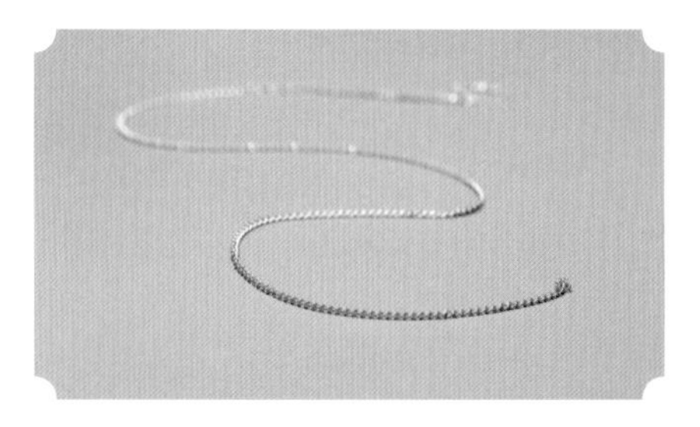

金属链

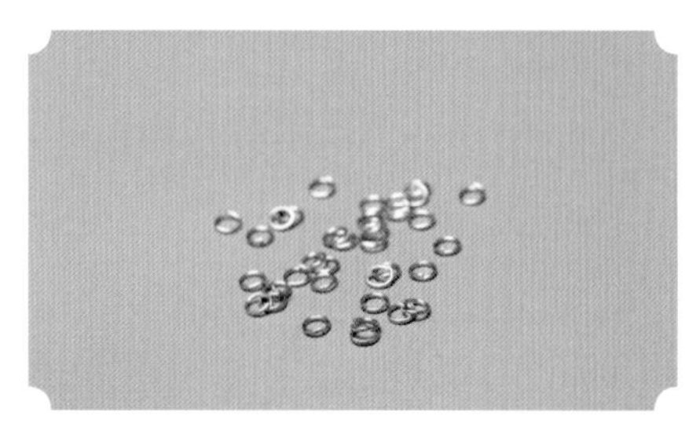

连接圈

立体花

制作步骤

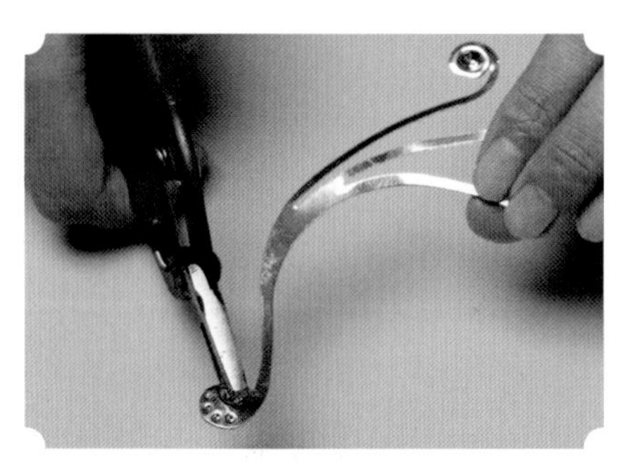

1 使用打孔钳在凤尾形金属花片底端中心位置打一个孔

2 重复步骤 1，制作另一个凤尾形金属花片

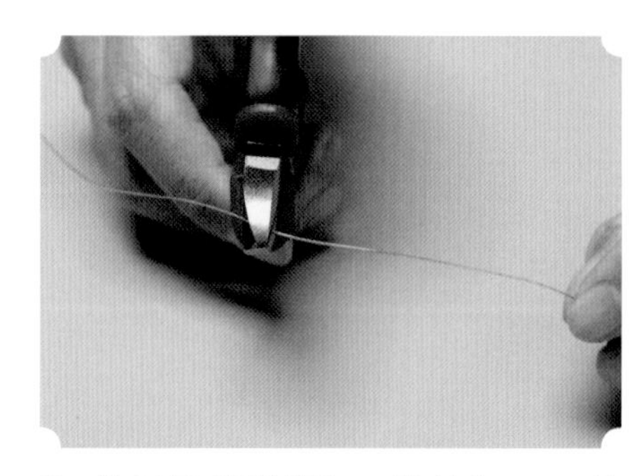

3 使用切线钳截取一段长约 6cm 的铜丝

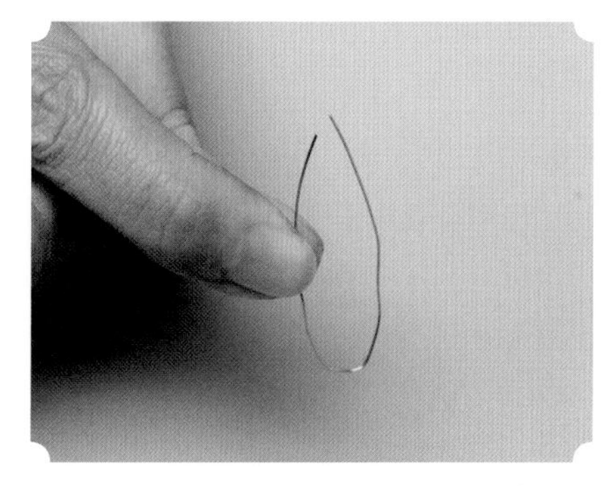

4 用手轻轻将铜丝对折成“U”形

5 将凤尾形金属花片放置在发冠金属底托边缘

6 将截取好的铜丝依次穿上凤尾形金属花片和发冠金属底托

7 使用尖嘴钳将铜丝拧转固定

8 预留长约 5mm 的铜丝尾部，使用切线钳切掉多余的铜丝

9 使用焊锡工具将固定好的铜丝尾端焊锡固定

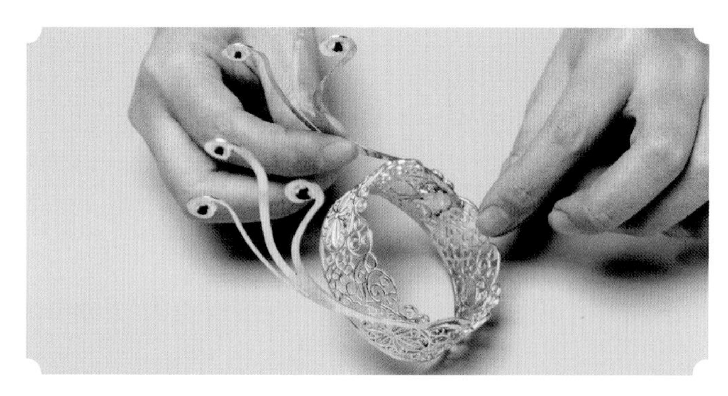

10 重复步骤 3 至步骤 9，将另一侧的凤尾形金属花片固定好

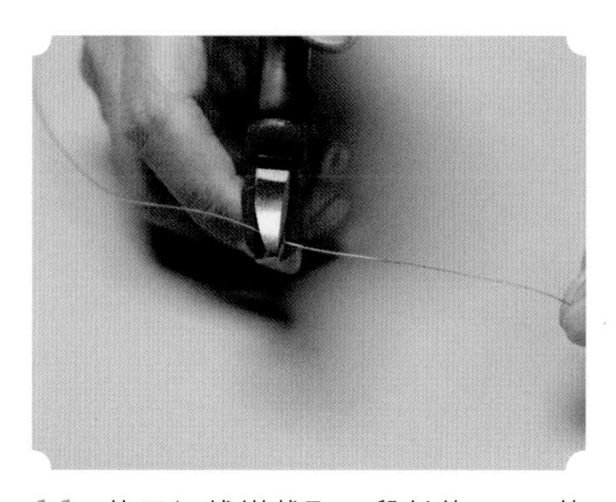

11 使用切线钳截取一段长约 6cm 的铜丝

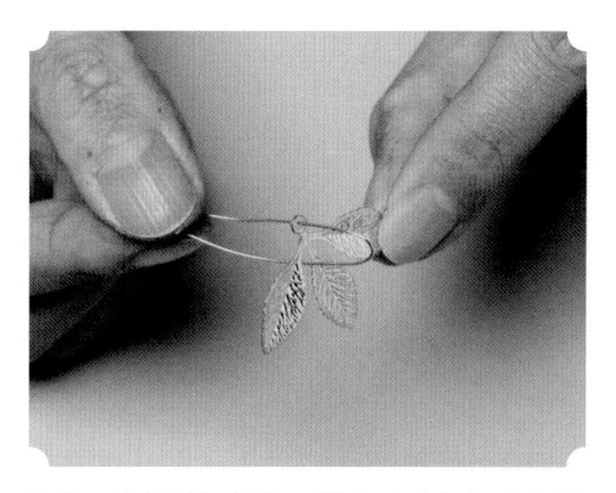

12 将铜丝对折，并穿上树叶形金属花片

13 将穿上树叶形金属花片的铜丝穿上发冠金属底托，位于凤尾形金属花片底端

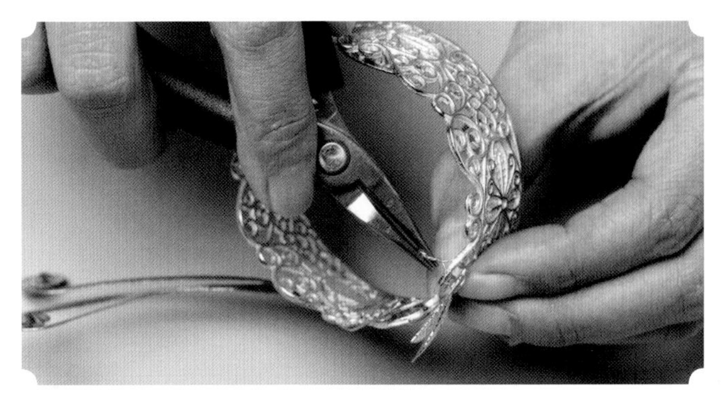

14 使用尖嘴钳将铜丝拧转固定

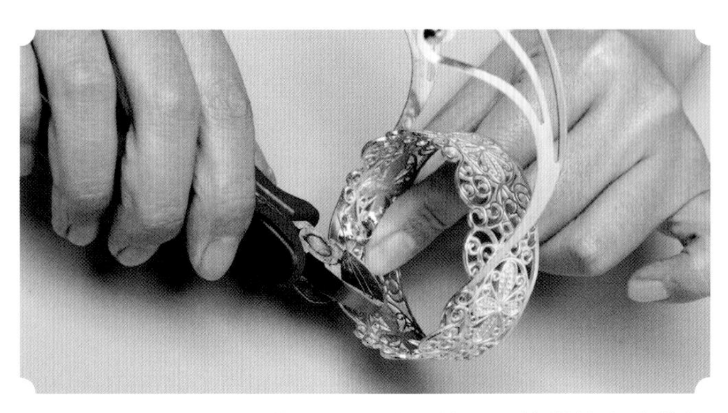

15 预留长约 5mm 的铜丝尾端，使用切线钳将多余的铜丝切掉

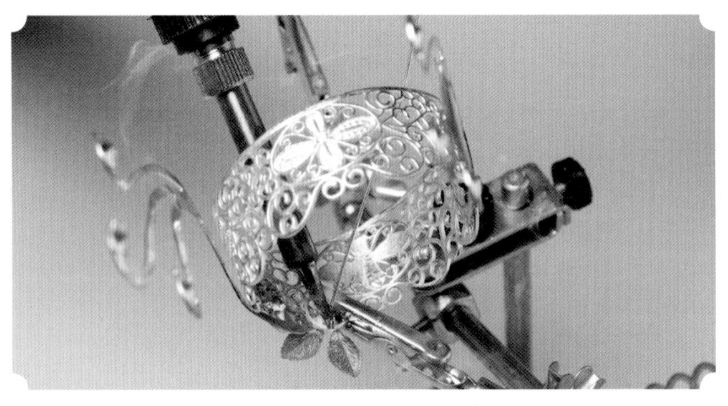

16 使用焊锡工具将固定好的铜丝尾端焊锡固定

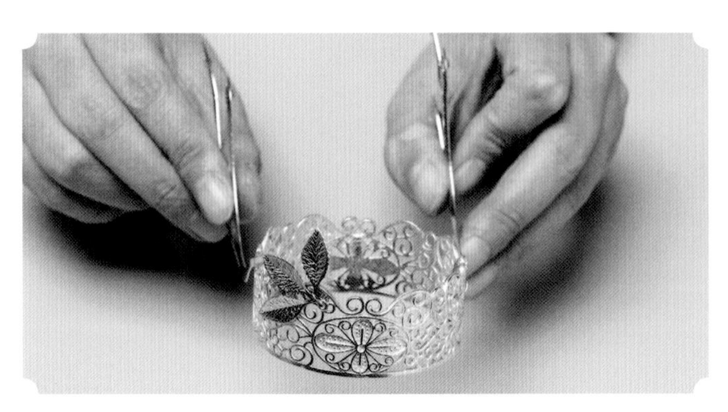

17 检查衔接是否牢固

18 重复步骤 11 至步骤 17，在发冠金属底托上再固定 3 个树叶形金属花片

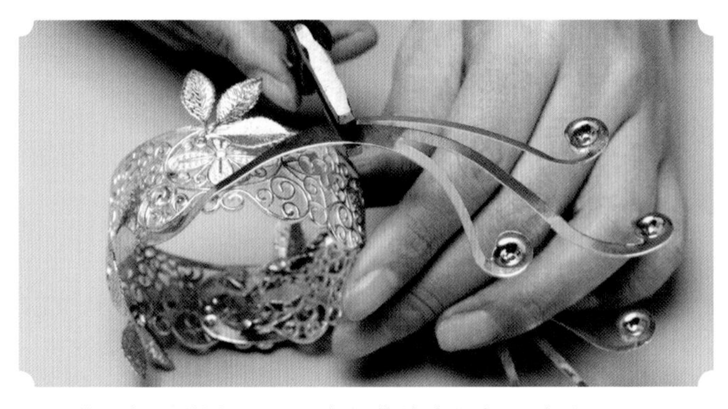

19 使用打孔钳在凤尾形金属花片中间打一个孔

20 重复步骤 11 至步骤 12，将穿有树叶形金属花片的铜丝穿进打好的孔中

21 使用尖嘴钳将铜丝拧转固定

22 预留长约 5mm 的铜丝尾端，使用切线钳将多余的铜丝切掉

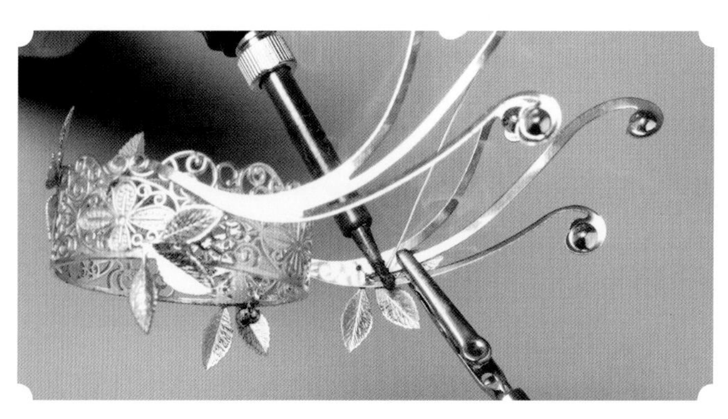

23 使用焊锡工具将固定好的铜丝尾端焊锡固定

24 重复步骤 19 至步骤 23，在另一侧凤尾形金属花片上固定一个树叶形金属花片

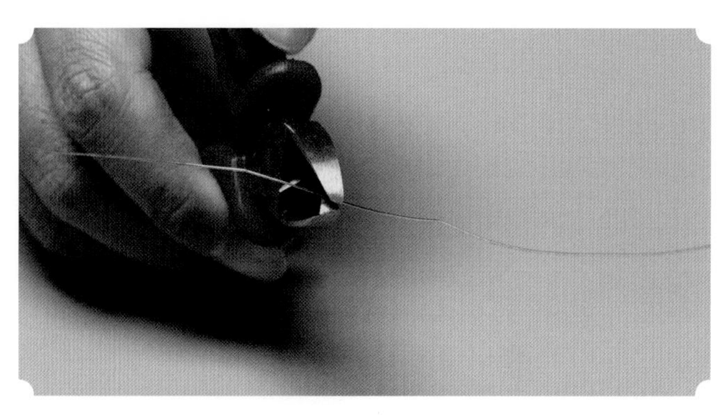

25 使用切线钳截取两段长约 8cm 的铜丝

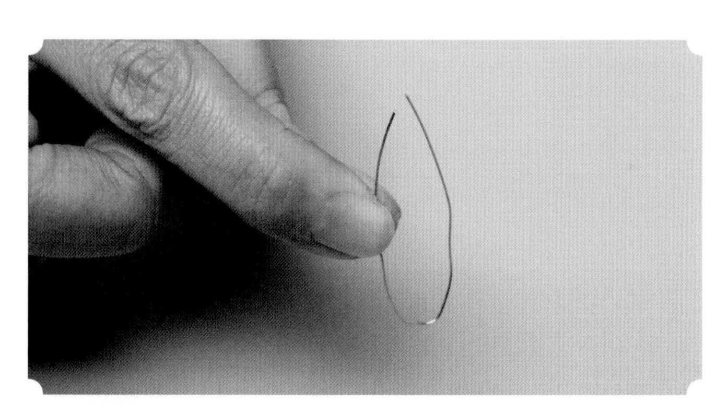

26 用手轻轻将铜丝分别对折成“U”形

27 将两段铜丝分别插入立体花背面的圆形底盘孔

28 将立体花上的铜丝插入发冠金属底托

29 使用尖嘴钳将铜丝拧转固定

30 预留长约 5mm 的铜丝尾端，使用切线钳将多余的铜丝切掉

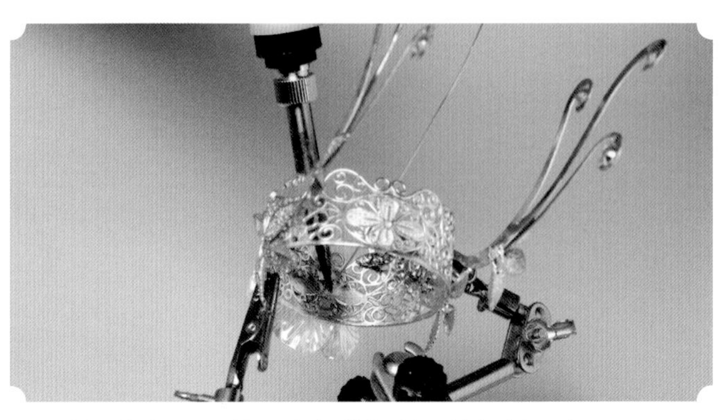

31 使用焊锡工具将固定好的铜丝尾端焊锡固定

32 检查衔接是否牢固

33 重复步骤 25 至步骤 32，在发冠金属底托上再固定两朵立体花

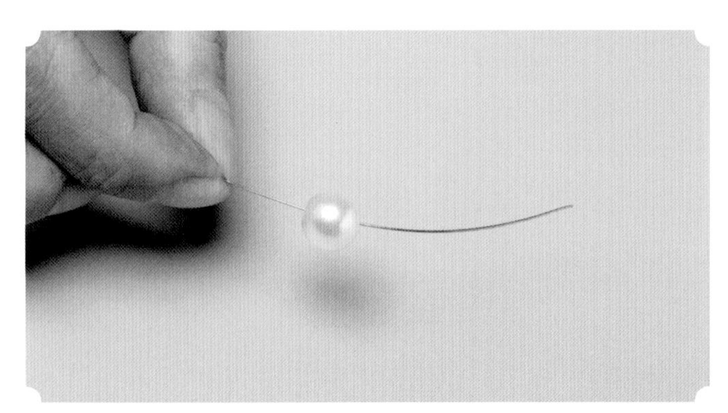

34 截取一截长约 8cm 的铜丝，将其穿上一颗直径为 10mm 的珍珠

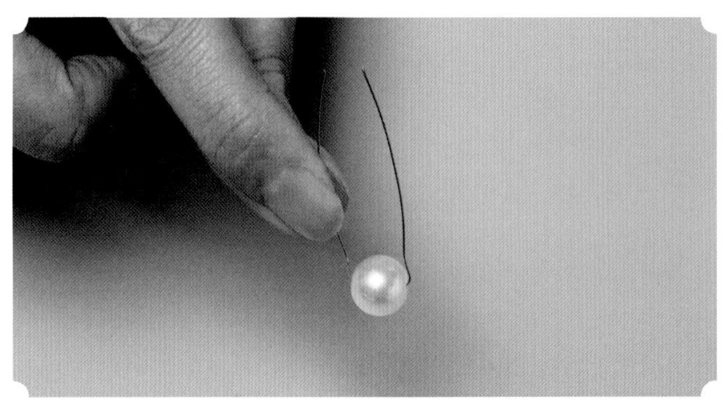

35 将珍珠置于铜丝中间并用手把铜丝对折成“U”形

36 将穿有珍珠的铜丝穿上树叶形金属花片

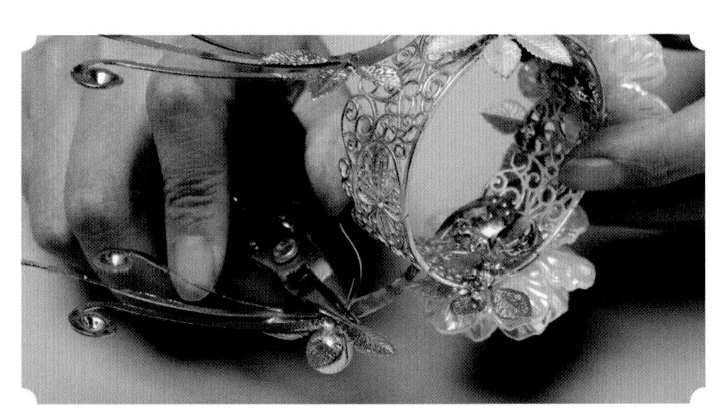

37 使用尖嘴钳将铜丝拧转固定

38 预留长约 5mm 的铜丝尾端，使用切线钳将多余的铜丝切掉

39 使用焊锡工具将固定好的铜丝尾端焊锡固定

40 检查衔接是否牢固

41 重复步骤 34 至步骤 40，在另一侧也固定一颗珍珠

42 重复步骤 34 至步骤 40，在发冠金属底托上装饰更多的直径为 8mm 和 6mm 的珍珠

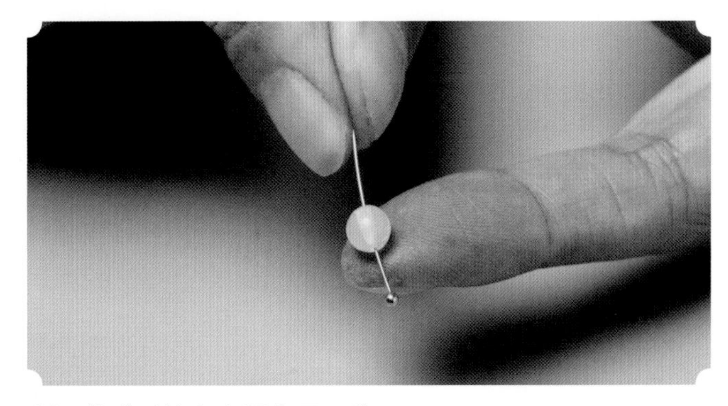

43 将球形针穿上蛋白玉石珠

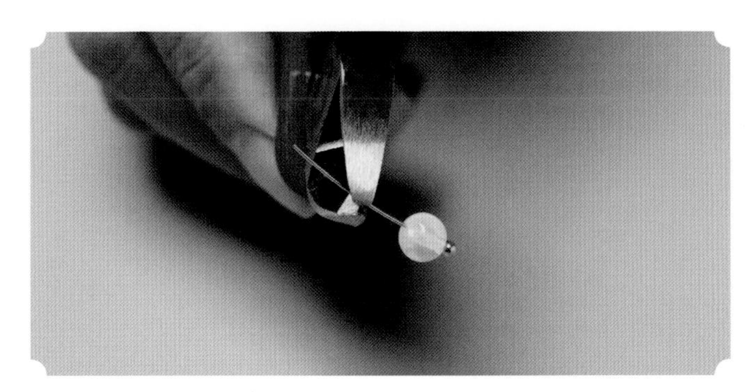

44 为球形针尾端预留约 1cm 的长度，使用切线钳将多余的部分切断

45 使用圆嘴钳将球形针尾端向一侧弯曲

46 使用圆嘴钳将球形针尾端向反方向弯曲，使其形成圆环

47 重复步骤 43 至步骤 46，再制作 11 个同样的蛋白玉石珠配件

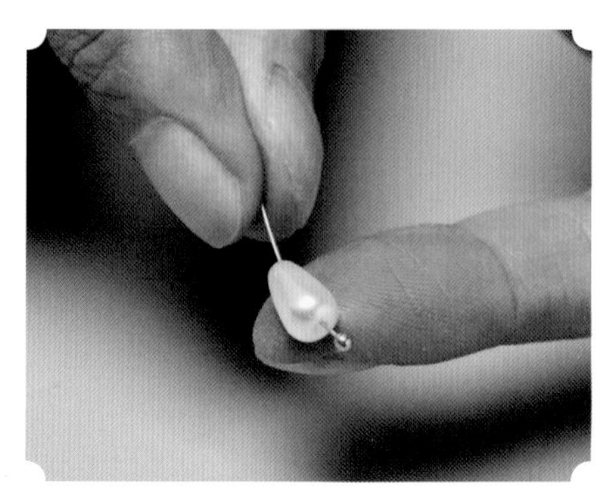

48 将球形针穿上水滴形珍珠

49 为球形针尾部预留约 1cm 的长度，使用切线钳将多余的部分切掉

50 使用圆嘴钳将球形针尾端向一侧弯曲

51 使用圆嘴钳将球形针尾端向反方向弯曲，使其形成圆环

52 使用尖嘴钳掰开连接圈

53 将蛋白玉石珠配件穿上连接圈

54 将连接圈穿入亭子金属立体花片下端的圆环衔接环

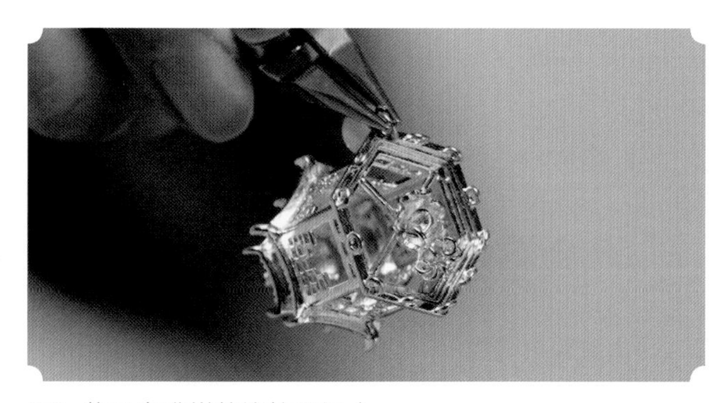

55 使用尖嘴钳将连接圈闭合

56 重复步骤 52 至步骤 55，将所有的蛋白玉石珠配件依次与亭子金属立体花片下端的圆环衔接环相衔接

57 使用切线钳剪一段长约 5cm 的金属链

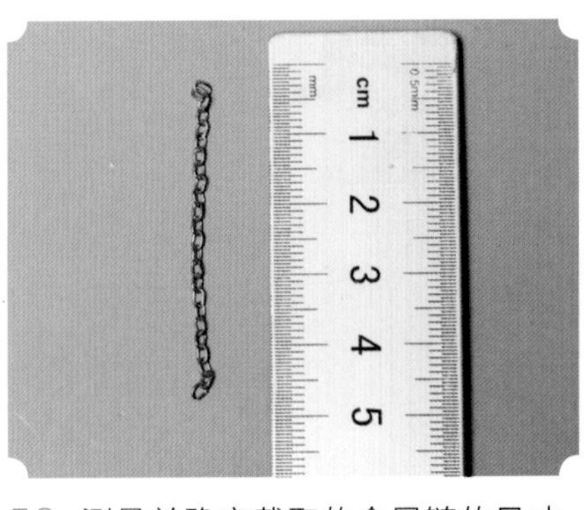

58 测量并确定截取的金属链的尺寸

59 使用尖嘴钳掰开连接圈，并将剪切好的金属链穿入连接圈

60 将制作好的水滴形珍珠配件穿入连接圈

61 使用尖嘴钳闭合连接圈

62 使用尖嘴钳掰开连接圈，并穿上金属链的另一端

63 用尖嘴钳夹住连接圈

64 将制作好的金属链配件穿入亭子金属立体花片底部中心的圆环衔接环，使用尖嘴钳闭合连接圈并检查衔接是否牢固

65 使用切线钳剪一段长约 1.5cm 的金属链

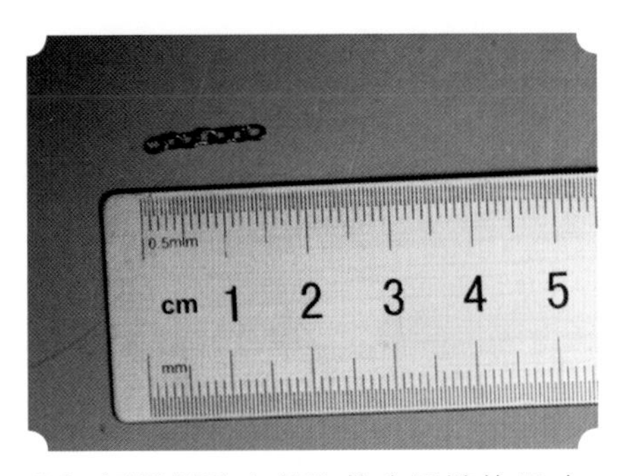

66 测量并确定截取的金属链的尺寸

67 使用尖嘴钳掰开连接圈，并将剪切好的金属链穿入连接圈

68 使用尖嘴钳将连接圈穿入亭子金属立体花片顶部的圆环衔接环

69 使用尖嘴钳闭合连接圈

70 使用尖嘴钳掰开连接圈，并穿上金属链的另一端

71 使用打孔钳在凤尾形金属花片最下端分支的圆形凹槽处打一个孔

72 将亭子金属立体花片通过连接圈衔接在凤尾形金属花片上

73 使用尖嘴钳闭合连接圈并检查衔接是否牢固

74 重复步骤 71 至步骤 73，在另一侧衔接固定一个亭子金属立体花片

75 使用金色油漆笔将背面焊锡部分涂上颜色，以隐藏衔接点

76 制作完成

第六章 豆蔻芳

古风可爱系饰品制作

本章主要讲授古风可爱系手工饰品的制作方法，包括耳坠、发钗和小钗的制作。本章案例作品较为甜美，适合搭配甜美可爱的服装。

6.1 耳饰

工具

切线钳
尖嘴钳
圆嘴钳

材料

直径为 0.4mm 的铜丝

直径为 4mm、6mm 和 8mm 的珍珠

金属花蕊

树脂花瓣

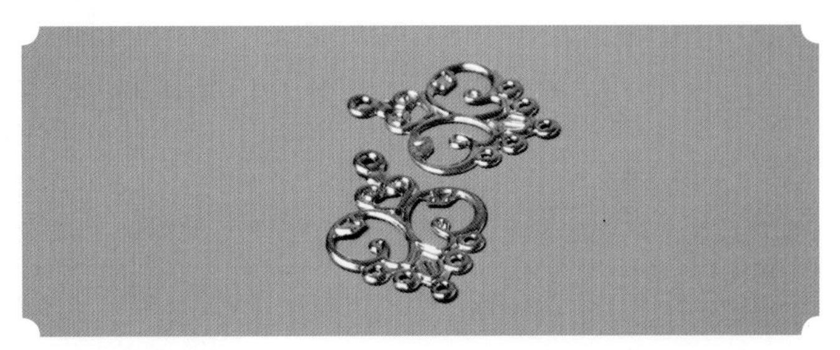

镂空金属花片

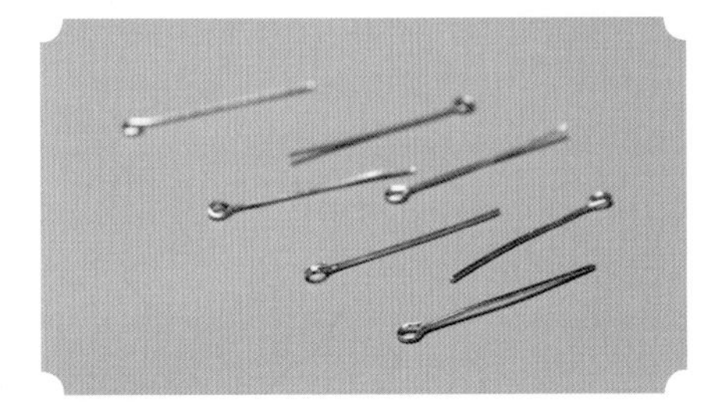

“9”字针

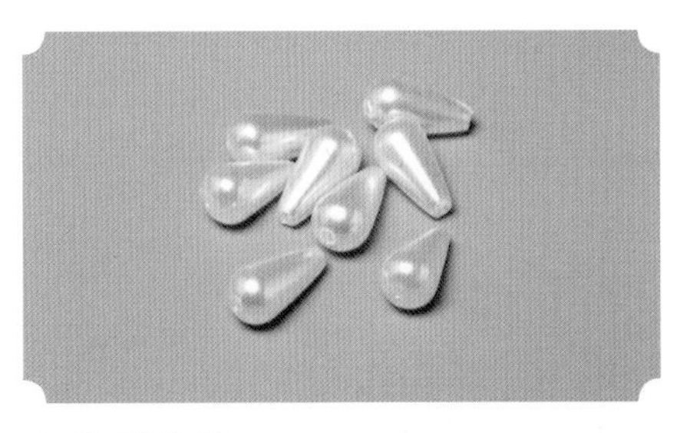

水滴形珍珠

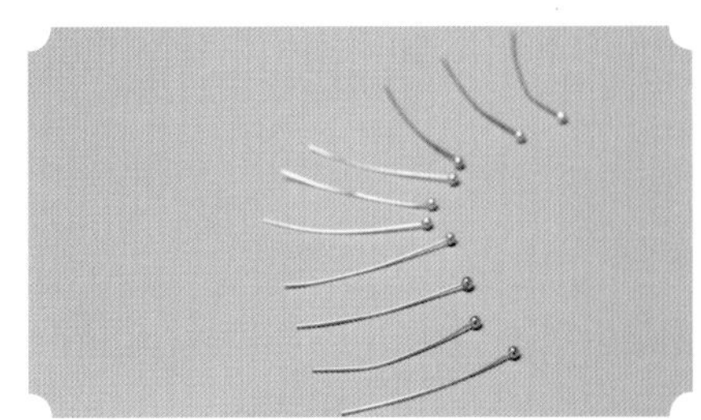

球形针

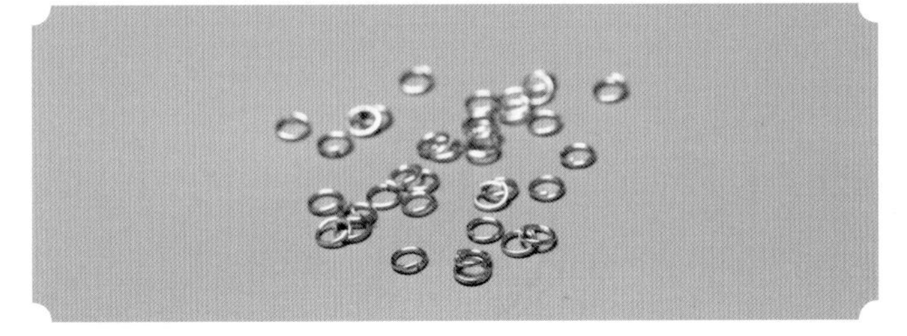

连接圈

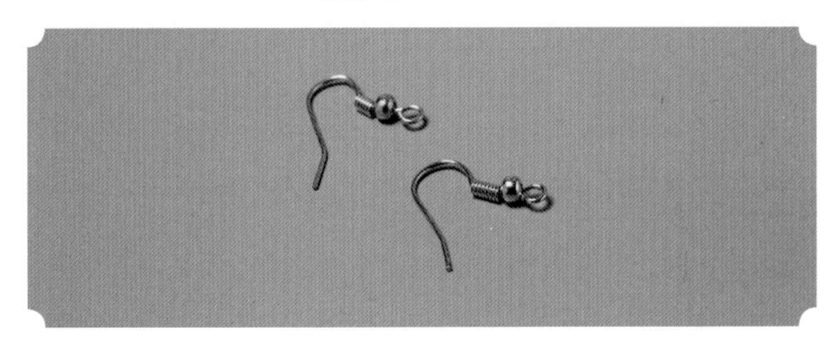

耳钩

制作步骤

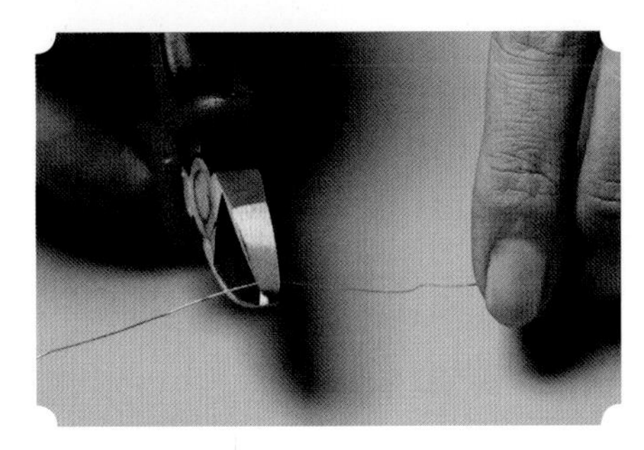

1 使用切线钳裁切长约 14cm、直径为 0.4mm 的铜丝

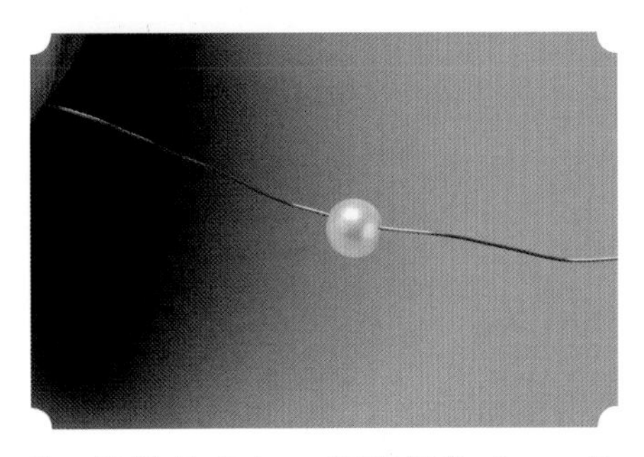

2 将铜丝穿上一颗直径为 6mm 的珍珠

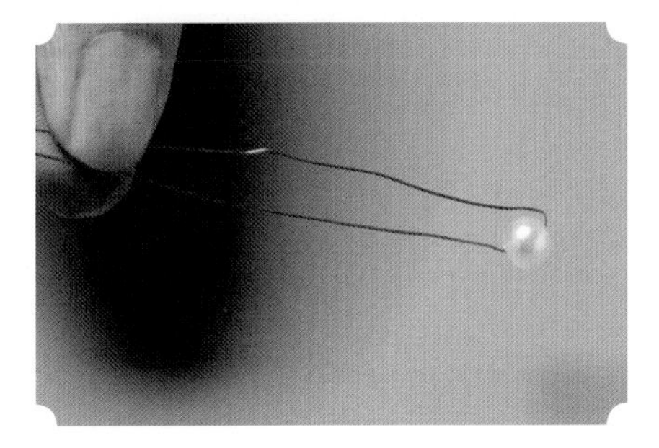

3 将铜丝按图示弯曲

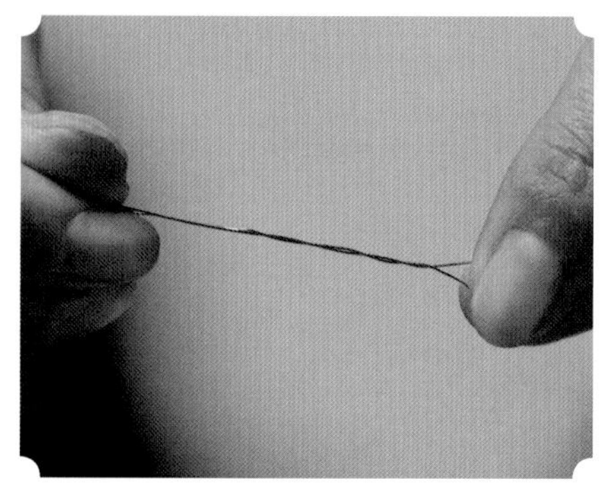

4 将铜丝拧转以固定珍珠

5 预留约 6cm 的铜丝尾部，使用切线钳切断多余的部分

6 将铜丝穿上金属花蕊

7 使花蕊包裹珍珠

8 按照从小到大的顺序依次将树脂花瓣穿上铜丝

9 将所有的树脂花瓣推至花蕊后面包裹花蕊

10 将铜丝穿上镂空金属花片的中间

11 使用尖嘴钳将铜丝缠绕在镂空金属花片上

12 通过多次不同角度的缠绕来固定镂空金属花片和花朵配件

13 将所有的铜丝全部缠绕在镂空金属花片上

14 检查固定是否牢固

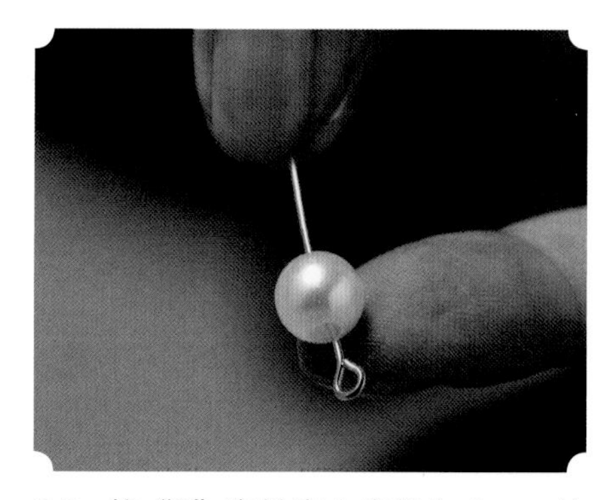

15 将“9”字针穿上直径为 8mm 的珍珠

16　为“9”字针的尾部预留约 1cm 的长度，使用切线钳剪掉“9”字针多余的部分

17　使用圆嘴钳将“9”字针尾部向一侧弯曲

18　使用圆嘴钳将“9”字针尾部向反方向弯曲，使其形成圆环

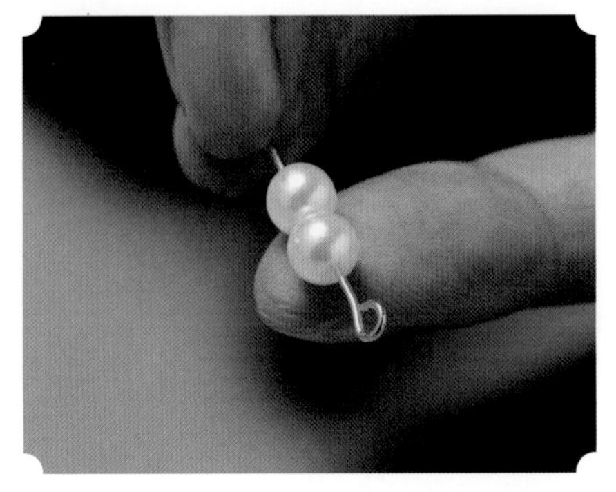

19　将“9”字针穿上两颗直径为 6mm 的珍珠

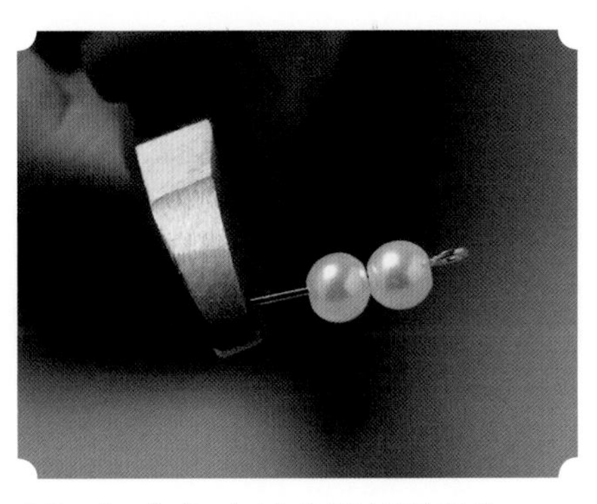

20　为“9”字针的尾部预留约 1cm 的长度，使用切线钳剪掉“9”字针多余的部分

21　使用圆嘴钳将“9”字针尾部向一侧弯曲

22　使用圆嘴钳将“9”字针尾部向反方向弯曲，使其形成圆环

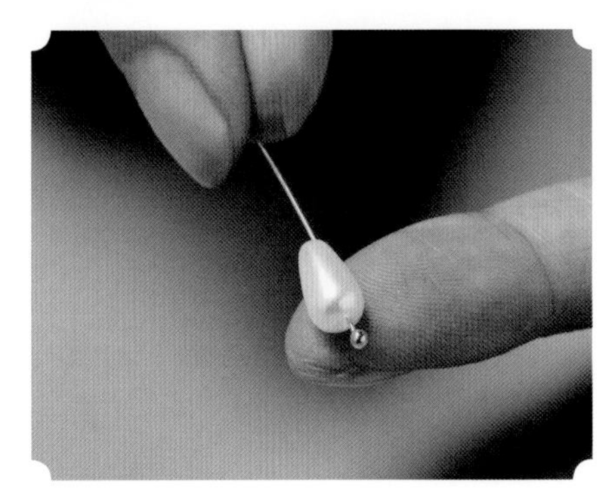

23　将球形针穿上一颗水滴形珍珠

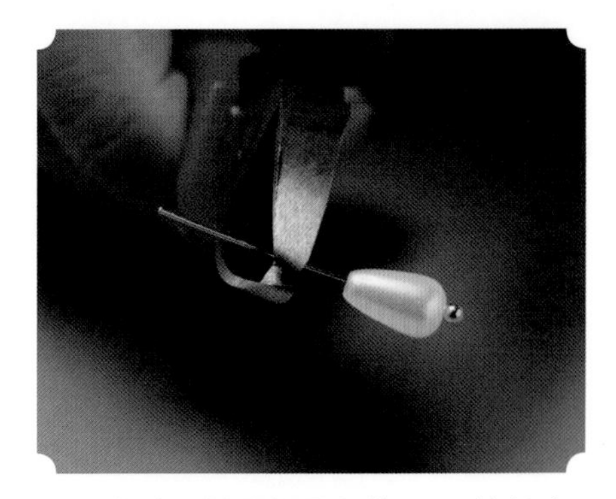

24　为球形针尾部预留约 1cm 的长度，使用切线钳剪掉球形针多余的部分

25　使用圆嘴钳将球形针尾部向一侧弯曲

26　使用圆嘴钳将球形针尾部向反方向弯曲，使其形成圆环

27　使用连接圈将制作好的 3 个珍珠配件衔接，并另制作一组

28 使用连接圈将组合好的珍珠配件衔接在镂空金属花片底部偏右

29 使用尖嘴钳将连接圈闭合

30 在镂空金属花片另一侧衔接另一个组合好的珍珠配件

31 将“9”字针穿上 5 颗直径为 4mm 的珍珠

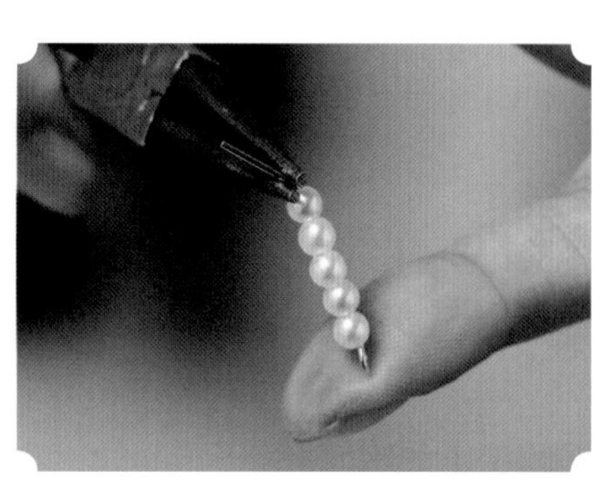

32 使用圆嘴钳将“9”字针的尾部向一侧弯曲

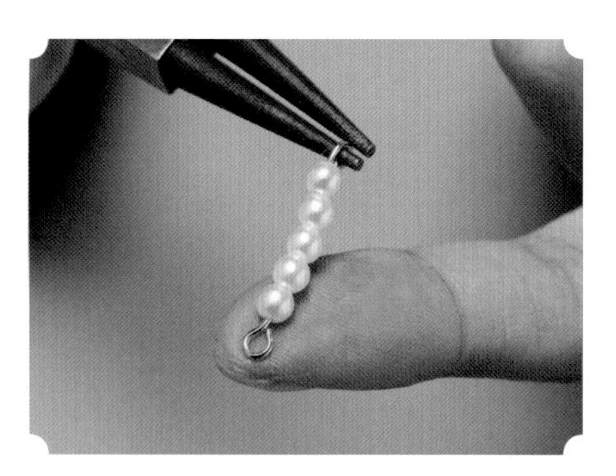

33 使用圆嘴钳将“9”字针的尾部向反方向弯曲，使其形成圆环

34 重复步骤 15 至步骤 27，再制作一个珍珠配件组合以及一个有一颗直径为 8mm 的珍珠的配件，并将所有配件按图示组合

35 将制作好的较长的珍珠配件组合通过连接圈固定在镂空金属花片最下端

36 使用连接圈将耳钩固定在镂空金属花片最上端

37 制作完成

6.2 发钗

工具

焊锡工具
剪刀
直尺
针线
打火机
圆嘴钳
切线钳
尖嘴钳
金色油漆笔

材料

金属花片

发梳

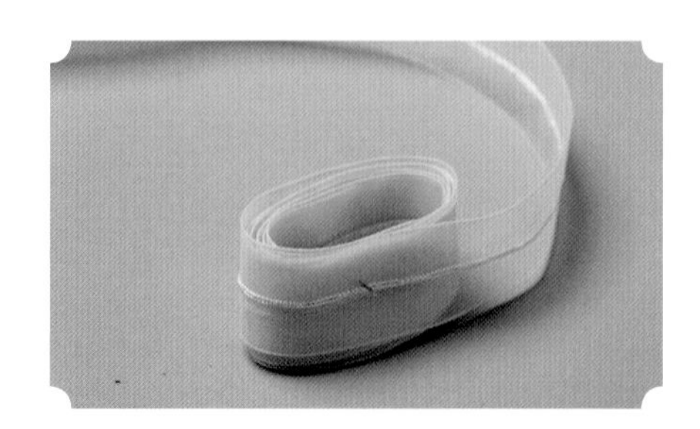

宽纱丝带

窄丝带

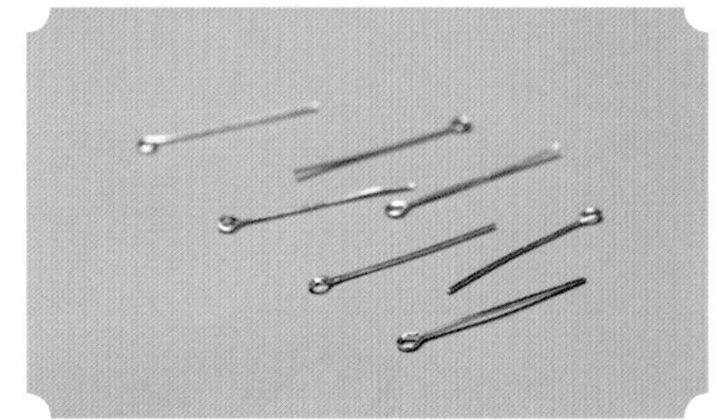

“9”字针

直径为 4mm、6mm、8mm、10mm 和 12mm 的珍珠

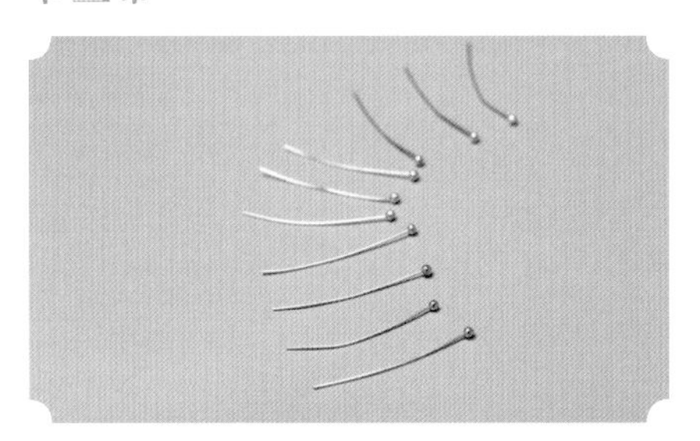

球形针

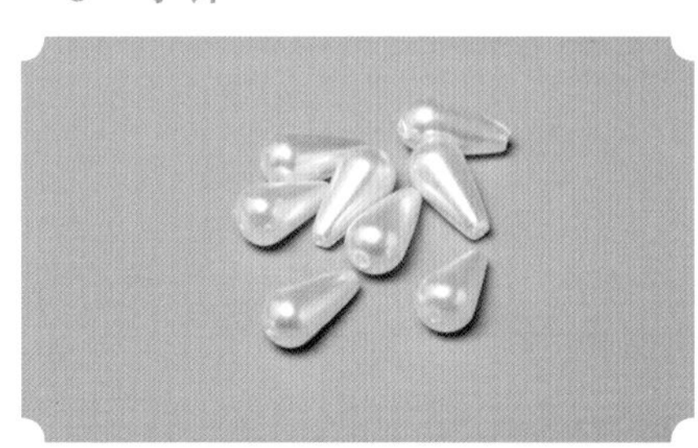

水滴形珍珠

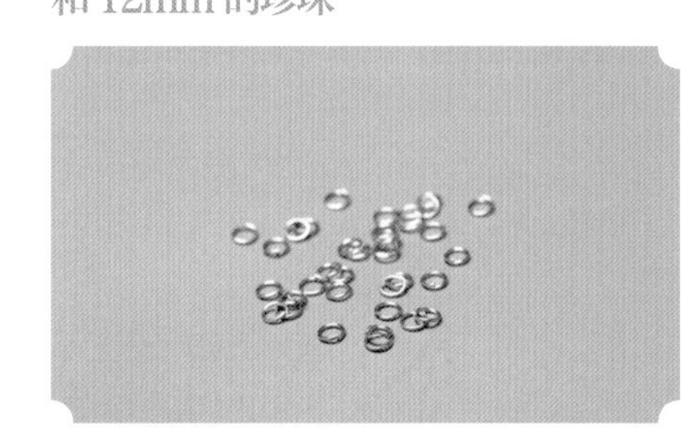

连接圈

金属花蕊

树脂花瓣

制作步骤

1 将金属花片与发梳重叠

2 使用焊锡工具将两个材料焊锡固定

3 检查固定是否牢固

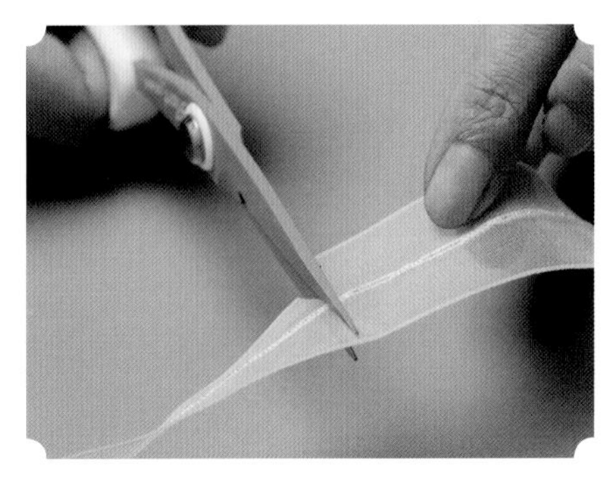

4 使用剪刀裁剪宽纱丝带

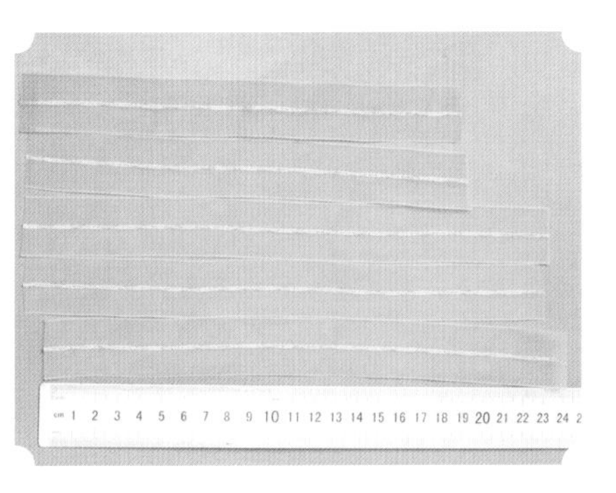

5 重复步骤 4，共修剪 5 条宽纱丝带：3 条长约 24cm，两条长约 20cm

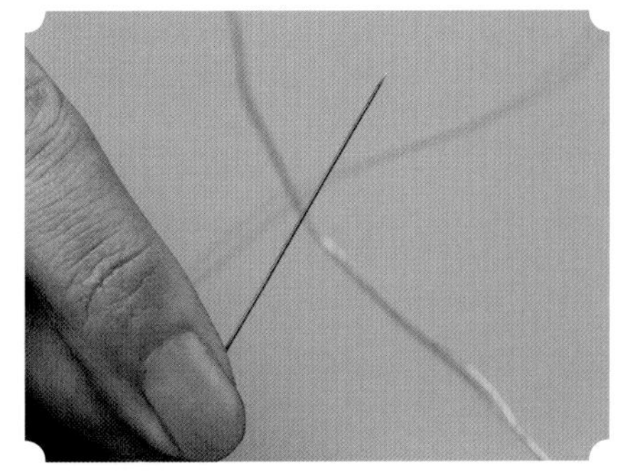

6 使用金线穿针并打结

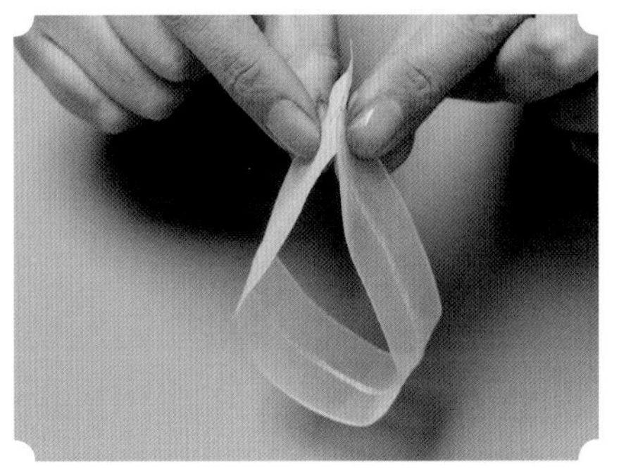

7 将剪好的长约 24cm 的宽纱丝带对折

8 从图示位置入针

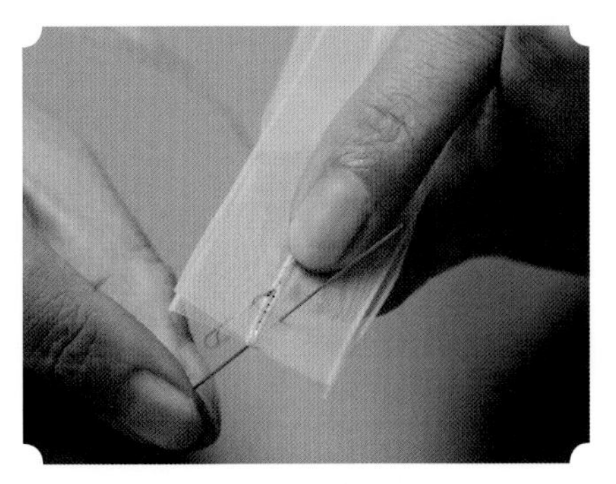

9 从宽纱丝带背面出针

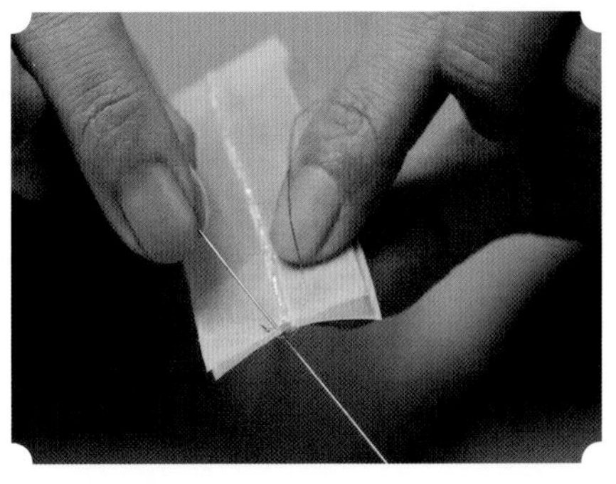

10 重复步骤 8 至步骤 9，反复缝制几针

11 将宽纱丝带放置在金属花片背面，将针线从金属花片的中心偏右穿入

12 将针线从金属花片中心偏左对称点穿出，同时穿过宽纱丝带

13 重复步骤 11 至步骤 12，反复多行几针使宽纱丝带和金属花片衔接牢固，在尾端打结固定并使用剪刀剪去多余的金线

14 重复步骤 6 至步骤 13，裁剪 3 条长约 24cm 的宽纱丝带，并将宽纱丝带按照图中的位置全部固定在金属花片上

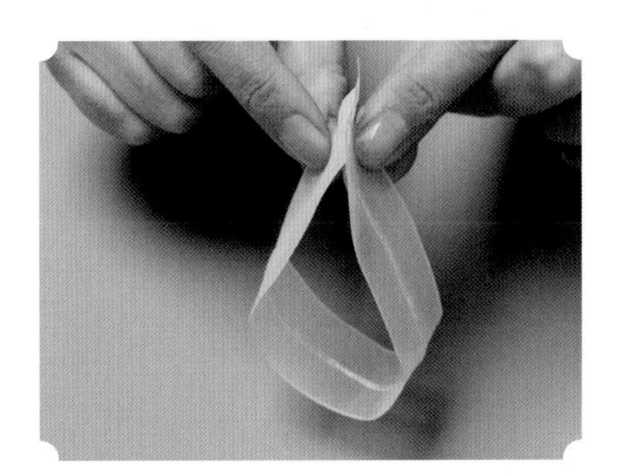

15 将剪好的长约 20cm 的宽纱丝带对折

16　将对折好的宽纱丝带用针线分别固定在两条长约 24cm 的宽纱丝带之间

17　重复步骤 16，再固定另一条长约 20cm 的宽纱丝带

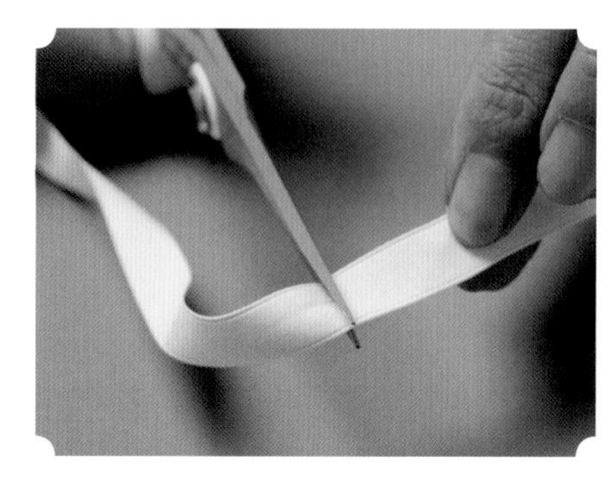

18　使用剪刀裁剪窄丝带

19　共修剪 5 条窄丝带：3 条长约 17cm，两条长约 14cm

20　将长约 17cm 的窄丝带对折

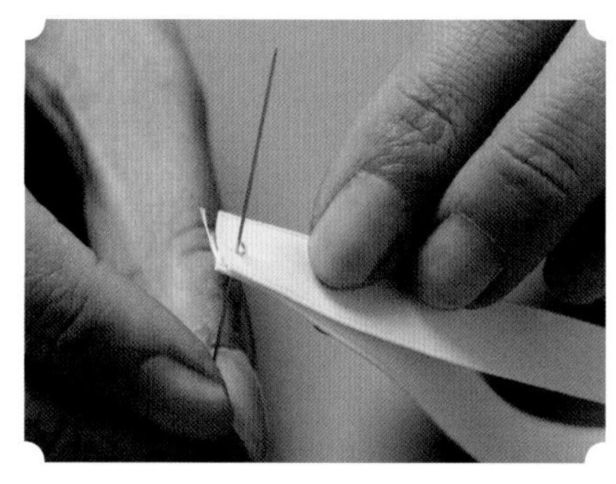

21　用金线穿针并打结，从窄丝带两端的重叠部分的中部入针出针，可反复缝制几针以固定

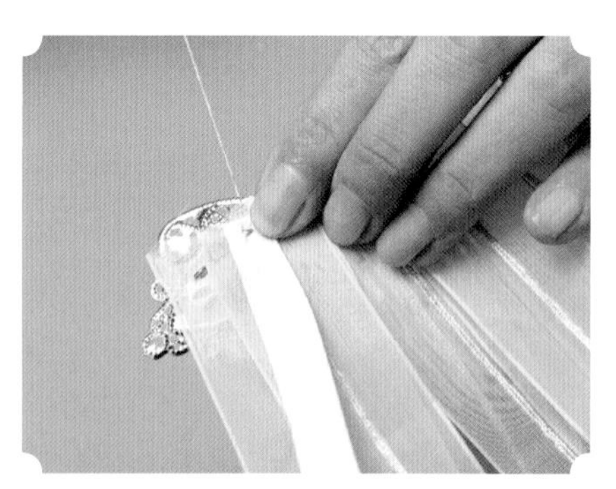

22　将窄丝带固定在金属花片上，且位于长约 20cm 的宽纱丝带的上方

23　将 3 条长约 17cm 的窄丝带均匀地固定在金属花片上

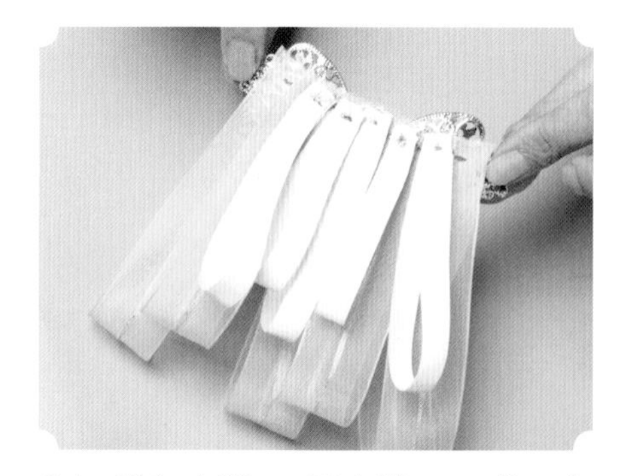

24　重复步骤 20 至步骤 23，将两条长约 14cm 的窄丝带分别固定在两条长约 17cm 的窄丝带之间

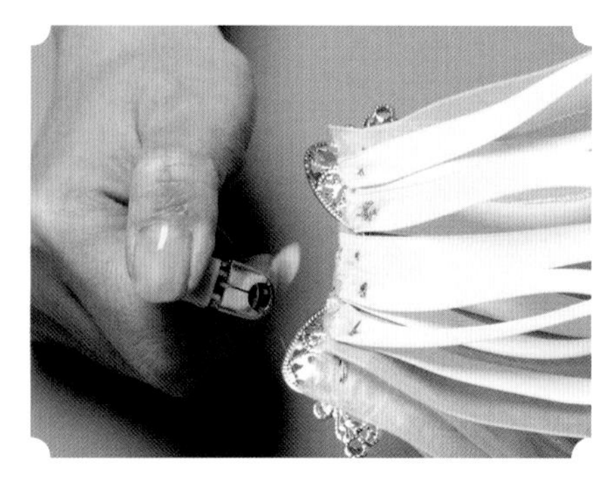

25　使用打火机熏烤丝带的上边缘，防止脱丝

26　将“9”字针穿上 5 颗直径为 4mm 的珍珠

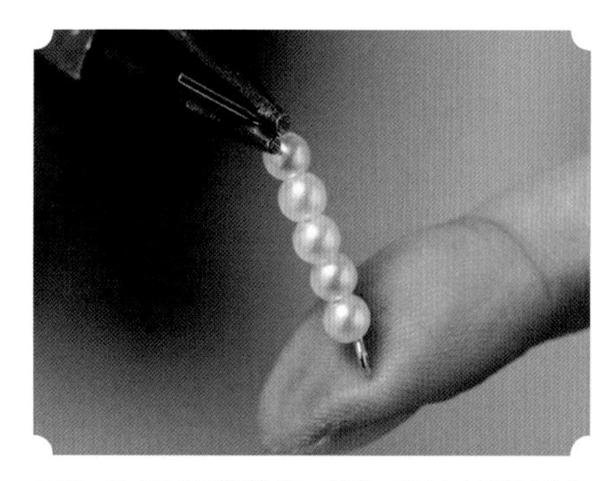

27　使用圆嘴钳将“9”字针的尾部向一侧弯曲

28 使用圆嘴钳将“9”字针的尾部向反方向弯曲，使其形成圆环

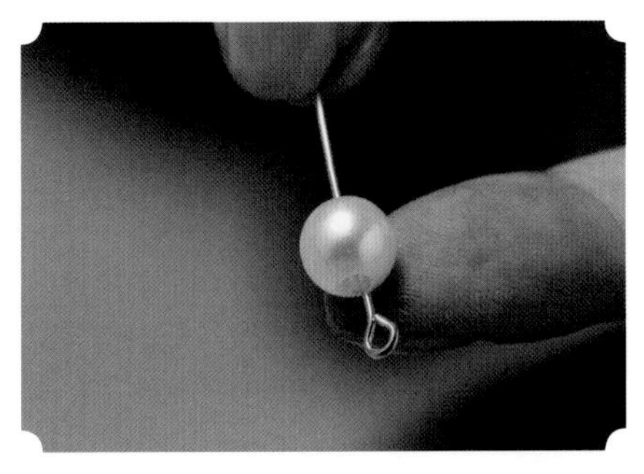

29 将“9”字针穿上直径为 8mm 的珍珠

30 为“9”字针尾部预留约 1cm 的长度，使用切线钳剪掉“9”字针多余的部分

31 使用圆嘴钳将“9”字针尾部向一侧弯曲

32 使用圆嘴钳将“9”字针尾部向反方向弯曲，使其形成圆环

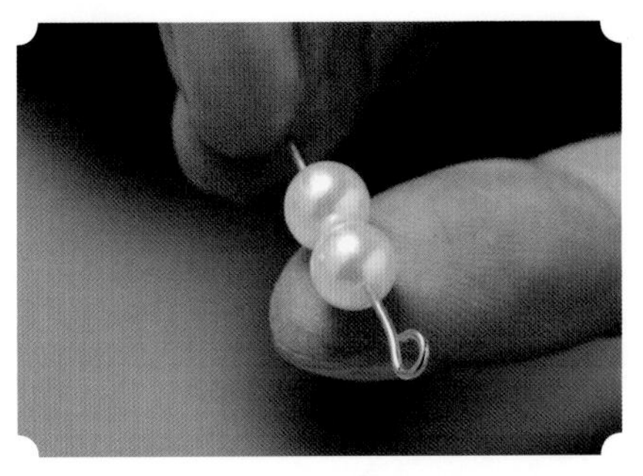

33 将“9”字针穿上两颗直径为 6mm 的珍珠

34 为“9”字针尾部预留约 1cm 的长度，使用切线钳剪掉“9”字针多余的部分

35 使用圆嘴钳将“9”字针尾部向一侧弯曲

36 使用圆嘴钳将“9”字针尾部向反方向弯曲，使其形成圆环

37 重复步骤 26 至步骤 36，共制作 3 个有一颗直径为 8mm 的珍珠的配件，两个有两颗直径为 6mm 的珍珠的配件和两个有 5 颗直径为 4mm 的珍珠的配件

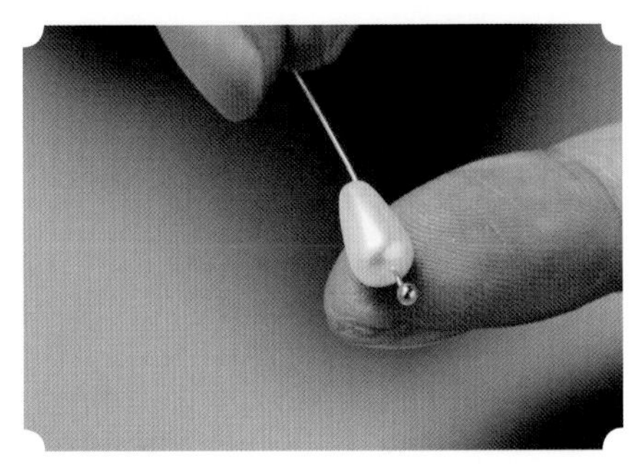

38 将球形针穿上一颗水滴形珍珠

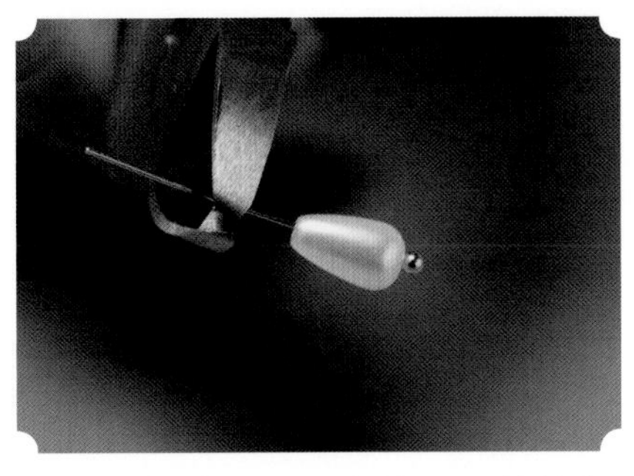

39 为球形针尾部预留约 1cm 的长度，使用切线钳剪掉球形针多余的部分

40 使用圆嘴钳将球形针尾部向一侧弯曲

41 使用圆嘴钳将球形针尾部向反方向弯曲，使其形成圆环

42 使用尖嘴钳掰开连接圈

43 使用连接圈将两个珍珠配件按图示组合

44 通过连接圈将制作好的珍珠配件按照图中的顺序衔接

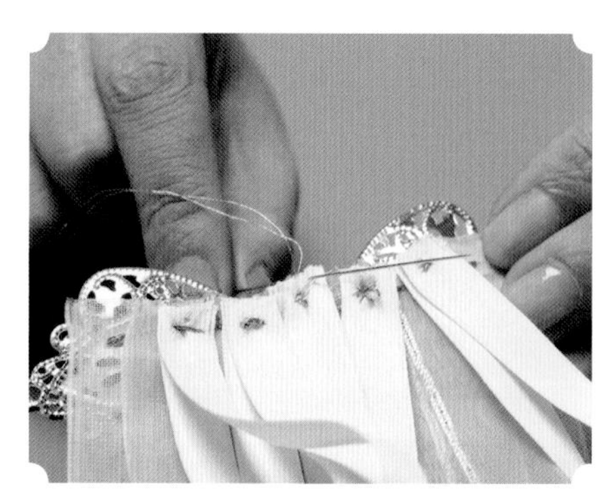

45 用金线穿针并打结，将制作好的珍珠配件组合并固定在金属花片居中位置

46 重复步骤 45，反复行针

47 将线打结固定，使用剪刀剪掉多余的线

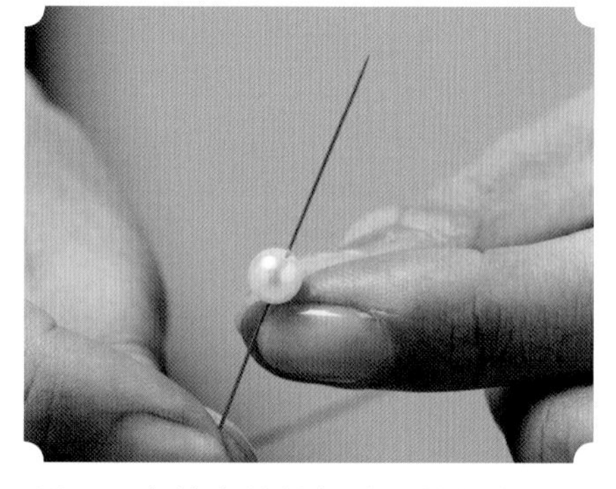

48 用金线穿针并打结，将针穿上直径为 6mm 的珍珠

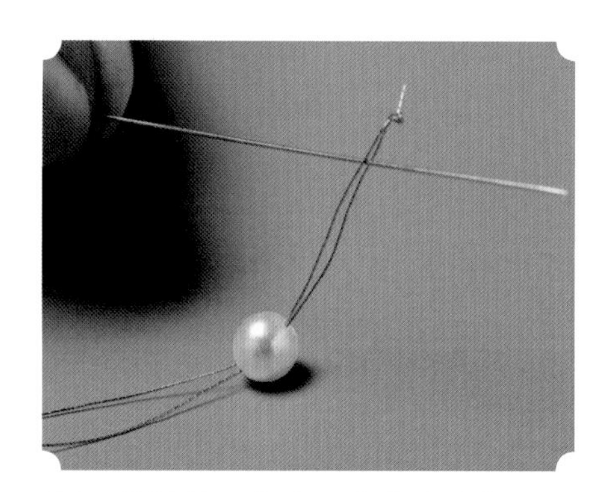

49 将针从两线中间穿出使线将珍珠固定

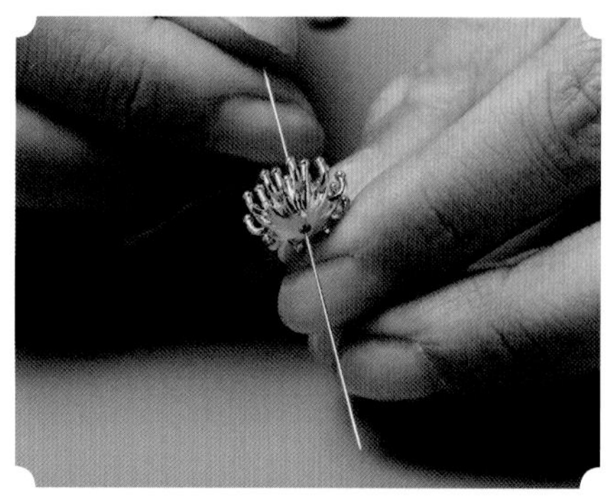

50 将固定好珍珠的针从金属花蕊正面穿入

51 拉紧线，将珍珠固定在金属花蕊内

52 按从小到大的顺序依次将树脂花瓣穿上

53 拉紧线使花瓣和花蕊紧密贴合，形成花朵配件

54 将带有花朵配件的针通过丝带穿过金属花片

55 拉紧线，使花朵配件牢固地放置在中心

56 反复行针，并打结剪去多余的线

57 检查衔接是否牢固

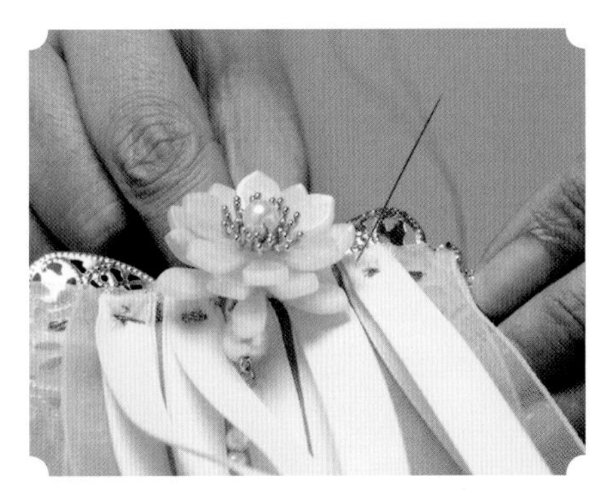

58 用金线穿针并打结，将针从金属花片背面穿出丝带

59 在针上穿上一颗直径为 12mm 的珍珠，反复行针，使珍珠固定

60 固定好珍珠后将线打结，并使用剪刀将多余的线剪掉

61 重复步骤 58 至步骤 60，在另一侧也固定一颗直径为 12mm 的珍珠

62 重复步骤 58 至步骤 60，在直径为 12mm 的珍珠旁分别固定一颗直径为 10mm 的珍珠

63　重复步骤 58 至步骤 60，在直径为 10mm 的珍珠旁分别固定一颗直径为 8mm 的珍珠

64　重复步骤 58 至步骤 60，在直径为 8mm 的珍珠旁分别固定一颗直径为 6mm 的珍珠

65　重复步骤 29 至步骤 41，制作两个珍珠组合配件，如图

66　使用尖嘴钳将制作好的珍珠组合配件通过连接圈固定在金属花片两侧

67　重复步骤 66，在另一侧固定另一个珍珠组合配件，并检查固定是否牢固

68　使用金色油漆笔将背面焊锡部分涂上颜色，以隐藏衔接点

69　制作完成

6.3 小钗

工具

剪刀
打火机
针线
切线钳
圆嘴钳
尖嘴钳

材料

宽纱丝带

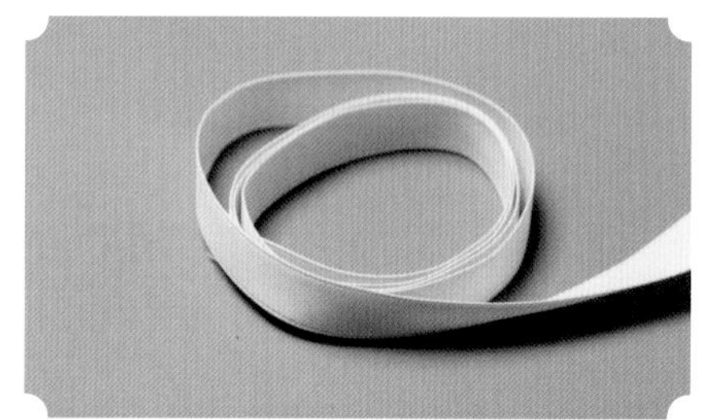
窄丝带

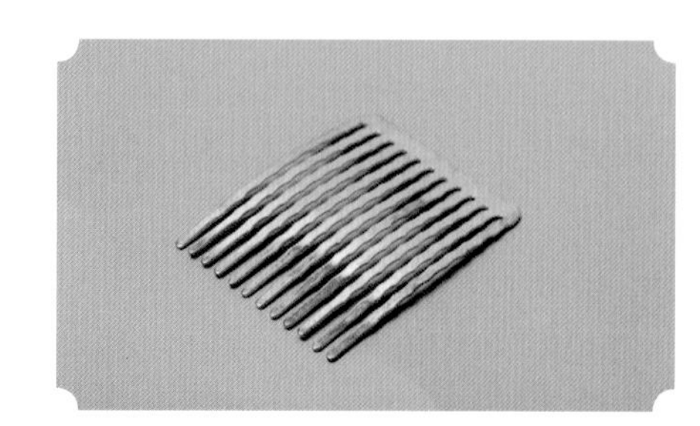
发梳

树脂花瓣

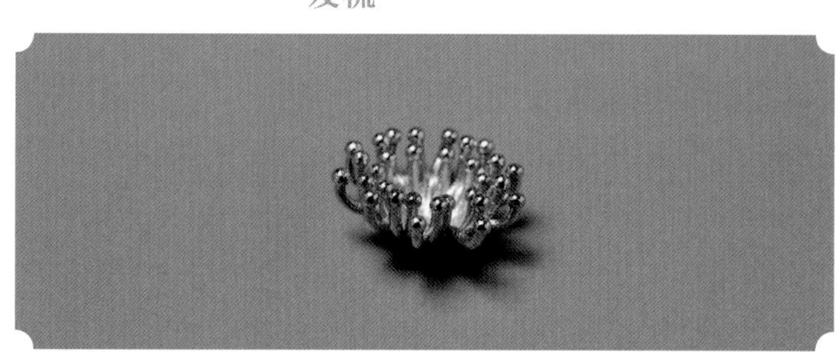
金属花蕊

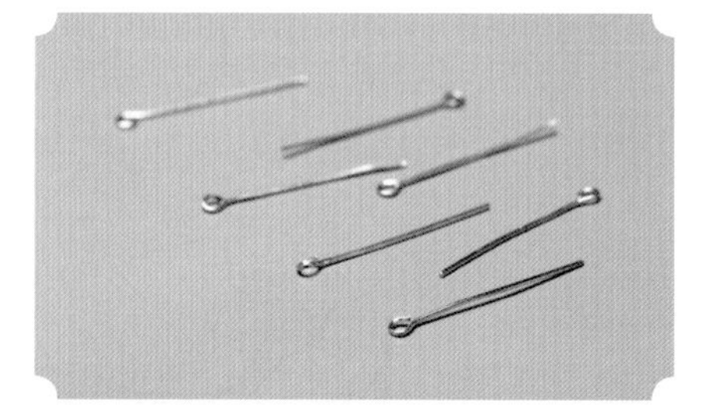
“9”字针

直径为 6mm 和 8mm 的珍珠

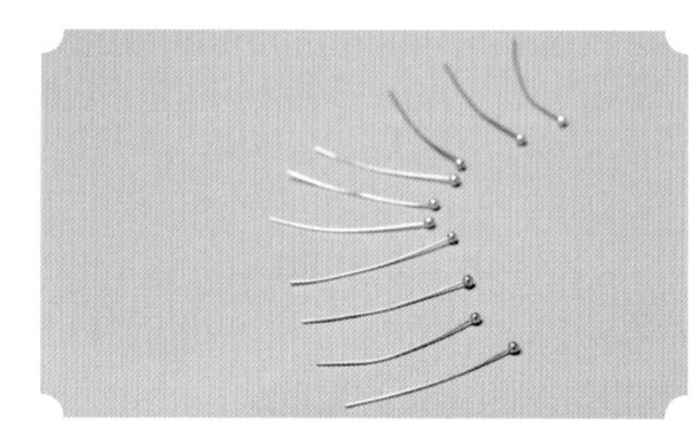
球形针

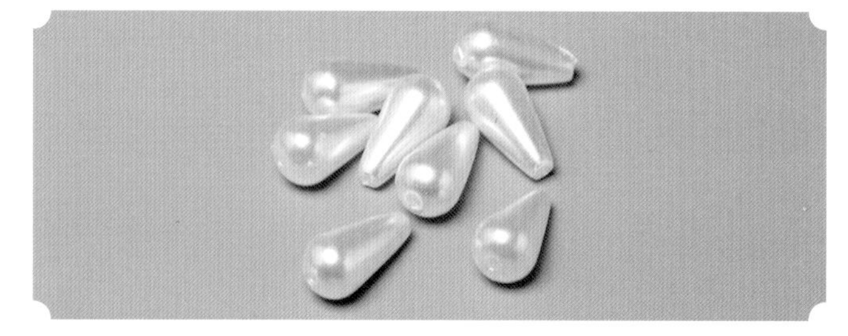
水滴形珍珠

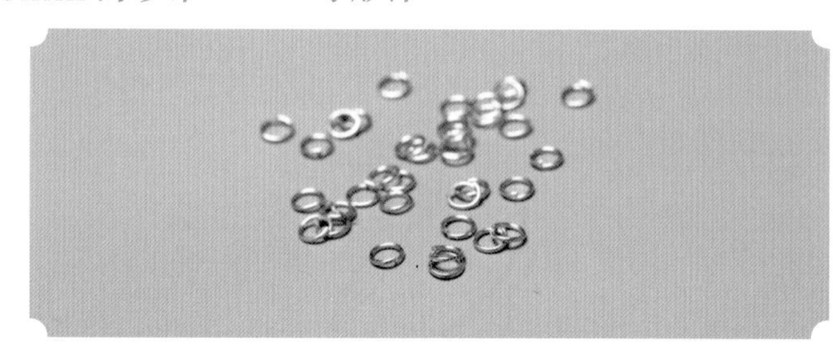
连接圈

制作步骤

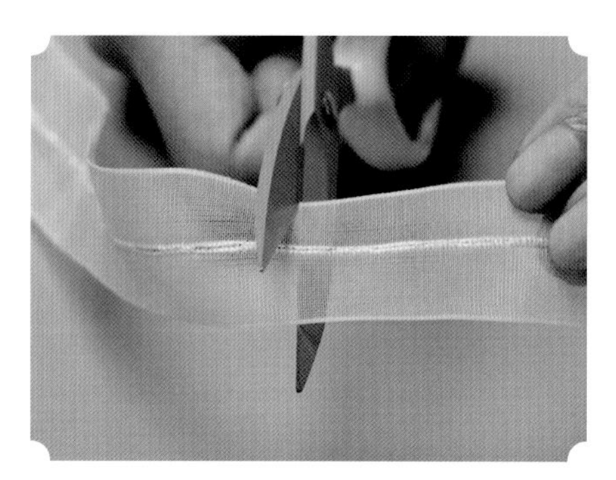
1 使用剪刀裁剪宽纱丝带，长约18cm

2 通过系扣的方式将宽纱丝带系成蝴蝶结

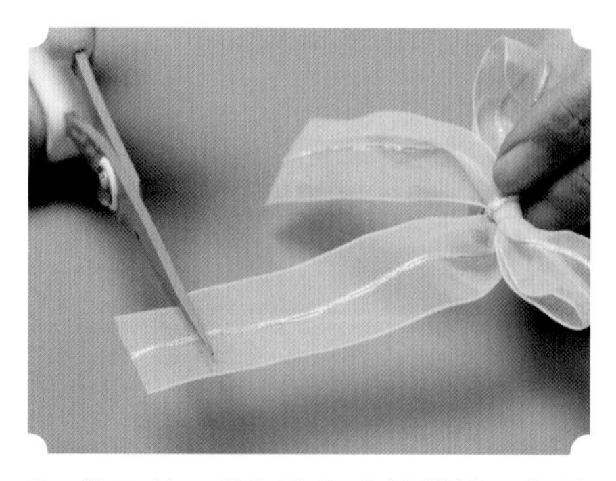
3 使用剪刀将制作好的蝴蝶结尾部修剪成一样的长度

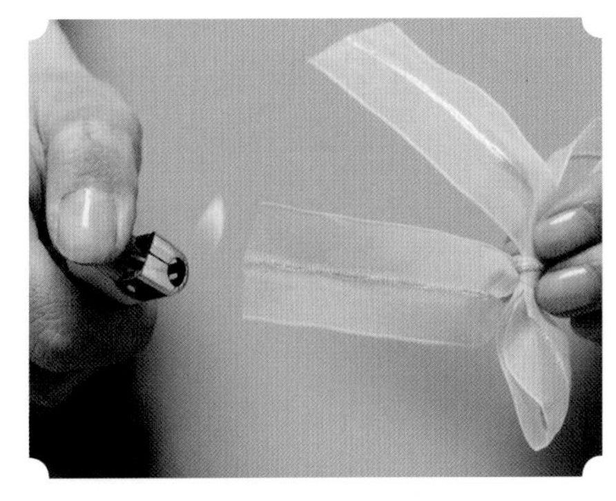

4 使用打火机熏烤宽纱丝带的下边缘，防止脱丝

5 使用剪刀裁剪窄丝带，长约 18cm

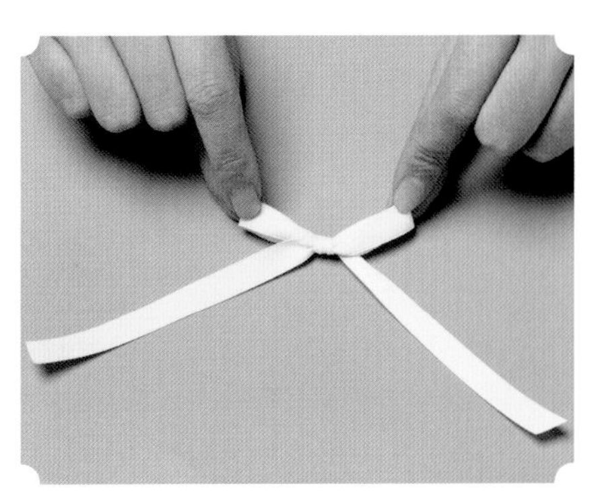

6 通过系扣的方式将窄丝带系成蝴蝶结

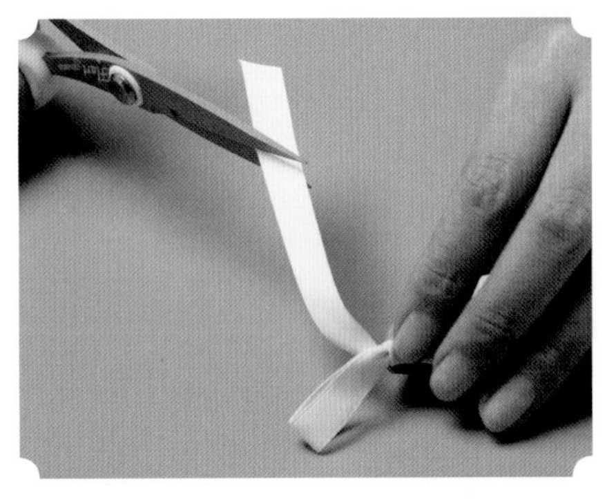

7 使用剪刀将制作好的蝴蝶结尾部修剪成一样的长度并使其成斜线状

8 使用打火机熏烤窄丝带的下边缘，防止脱丝

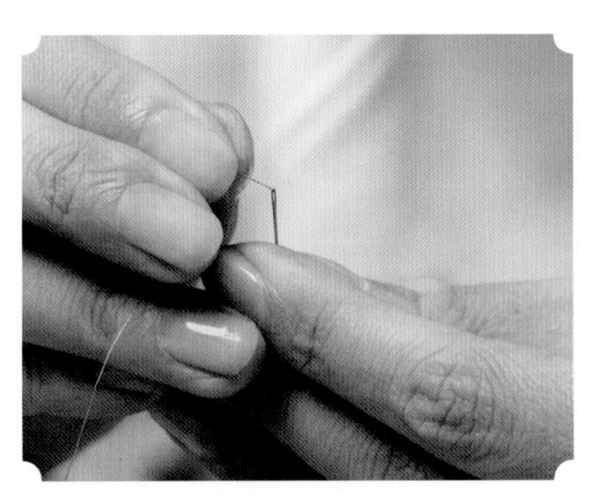

9 用金线穿针打结

10 将窄丝带蝴蝶结放在宽纱丝带蝴蝶结上，将针从下往上穿出

11 反复行针，使两个蝴蝶结固定得更加牢固

12 将发梳配件放置在蝴蝶结配件的下方

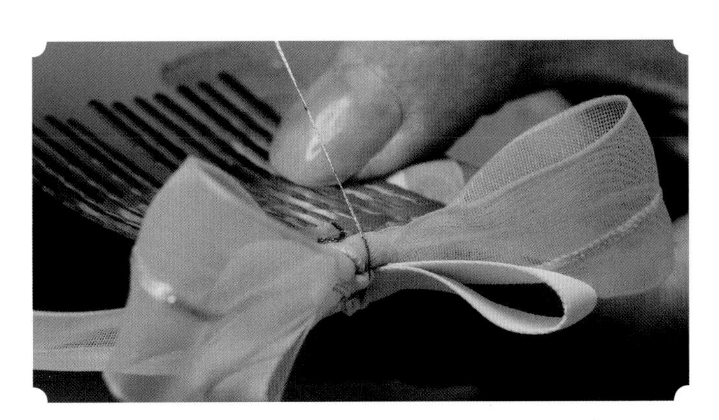

13 使用线缠绕的方法将蝴蝶结配件与发梳配件固定

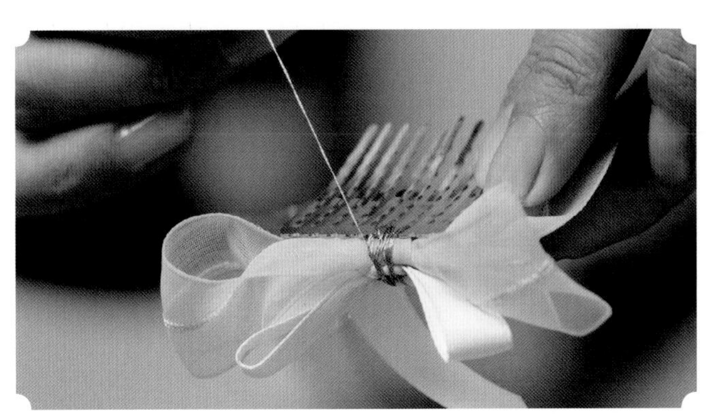

14 重复步骤 13，反复缠绕几圈，使发梳配件与蝴蝶结配件固定得更加牢固

15 在被缠绕线的根部打结并使用剪刀剪掉多余的线

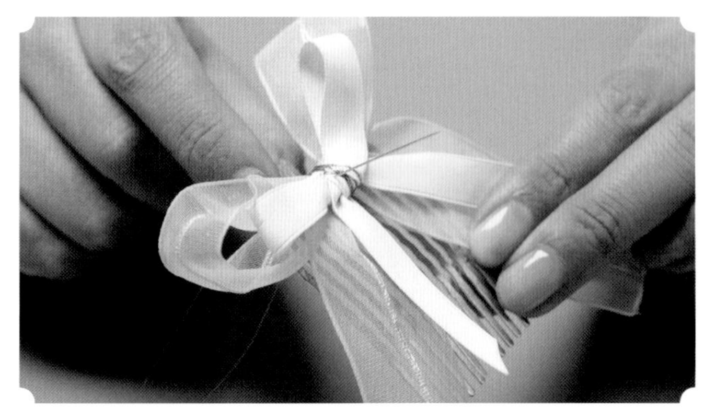

16 穿针引线打结，将针从蝴蝶结配件的背面穿出

17 将树脂花瓣按照从大到小的顺序依次穿上

18 穿上金属花蕊

19 穿上直径为 6mm 的珍珠

20 隔着珍珠将针线穿回蝴蝶结配件背面

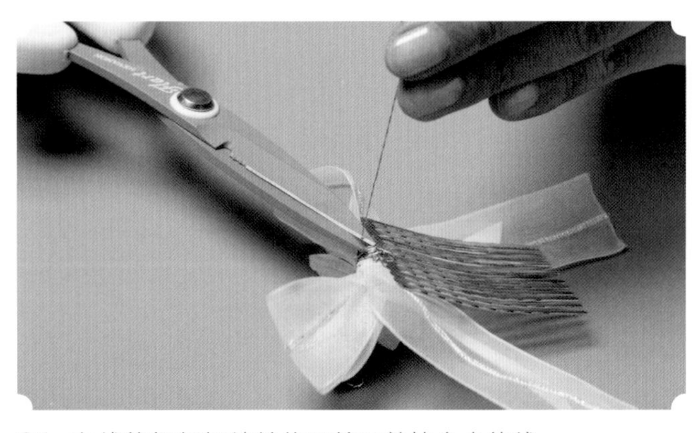

21 在线的根部打结并使用剪刀剪掉多余的线

22 将“9”字针穿上直径为 8mm 的珍珠

23 为“9”字针尾部预留约 1cm 的长度，使用切线钳剪掉多余的部分

24 使用圆嘴钳将“9”字针尾部向一侧弯曲

25 使用圆嘴钳将“9”字针尾部向反方向弯曲，使其形成圆环

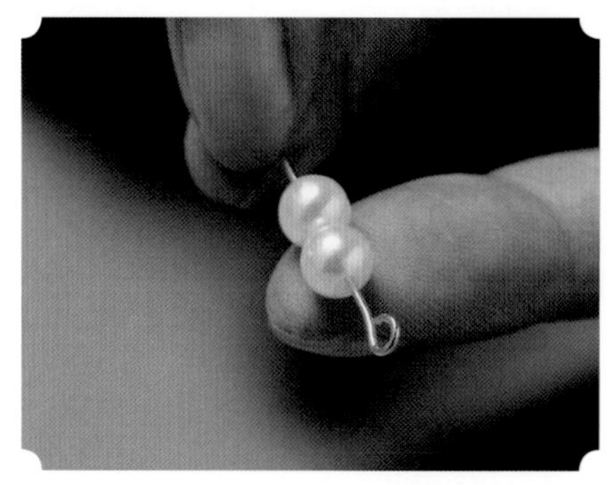

26 将“9”字针穿上两颗直径为 6mm 的珍珠

27 为“9”字针尾部预留约 1cm 的长度，使用切线钳剪掉多余的部分

28 使用圆嘴钳将“9”字针尾部向一侧弯曲

29 使用圆嘴钳将“9”字针尾部向反方向弯曲，使其形成圆环

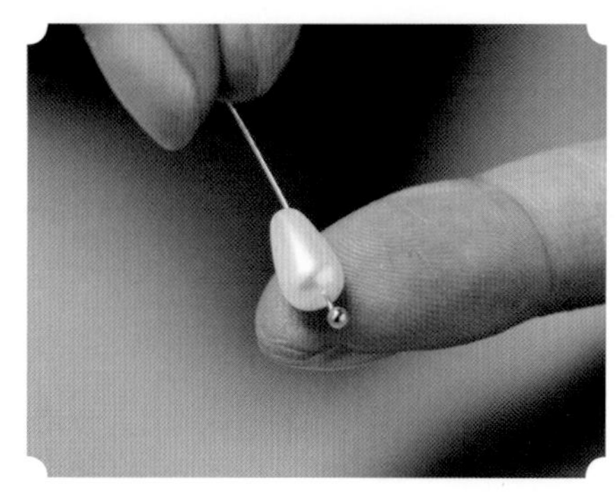

30 将球形针穿上一颗水滴形珍珠

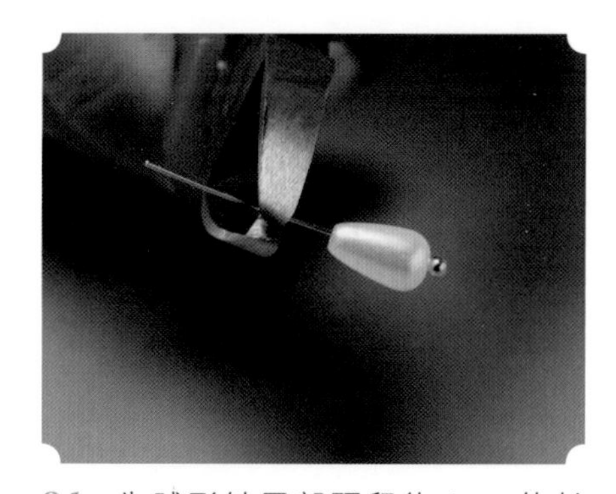

31 为球形针尾部预留约 1cm 的长度，使用切线钳剪掉多余的部分

32 使用圆嘴钳将球形针尾部向一侧弯曲

33 使用圆嘴钳将球形针尾部向反方向弯曲，使其形成圆环

34 使用尖嘴钳掰开连接圈

35 使用连接圈将两个珍珠配件按图示组合

36 通过连接圈将制作好的珍珠配件按照图中的顺序衔接

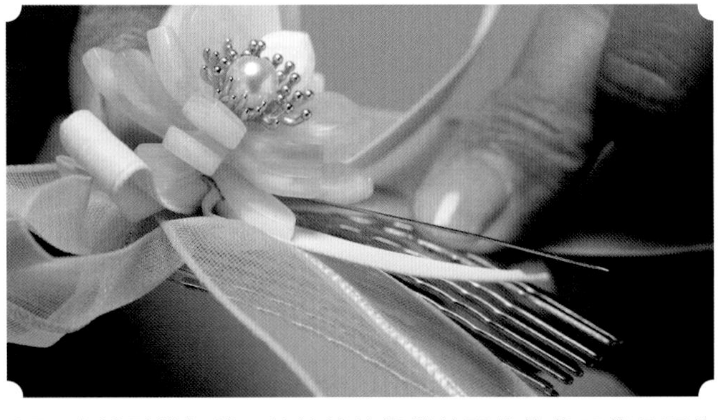

37 穿针引线打结，将针线从蝴蝶结配件的背面花朵配件下方穿出

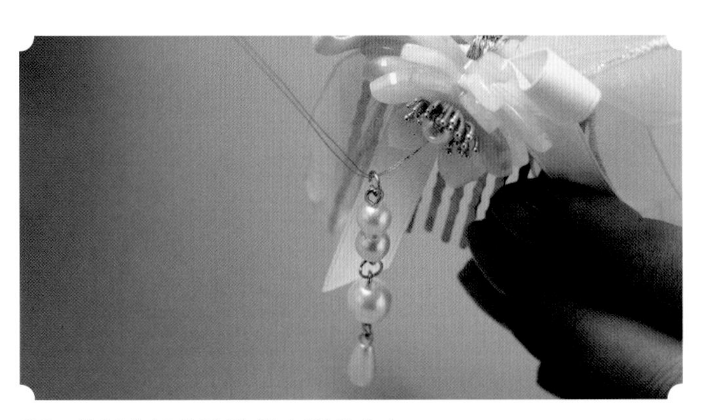

38 将制作好的珍珠组合配件穿入

39 将线反复缠绕，使珍珠组合配件固定

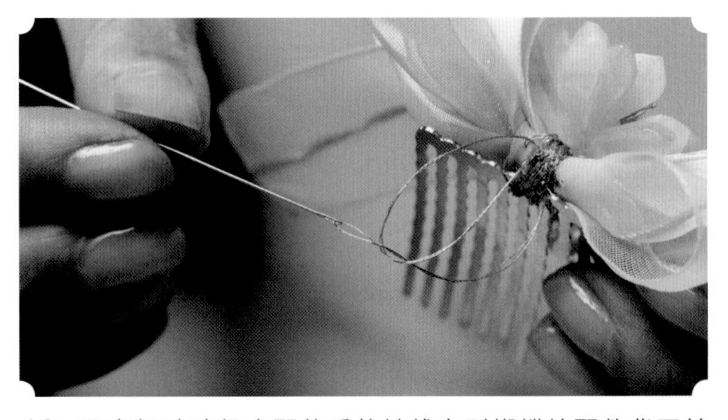

40 固定好珍珠组合配件后将针线穿到蝴蝶结配件背面并打结

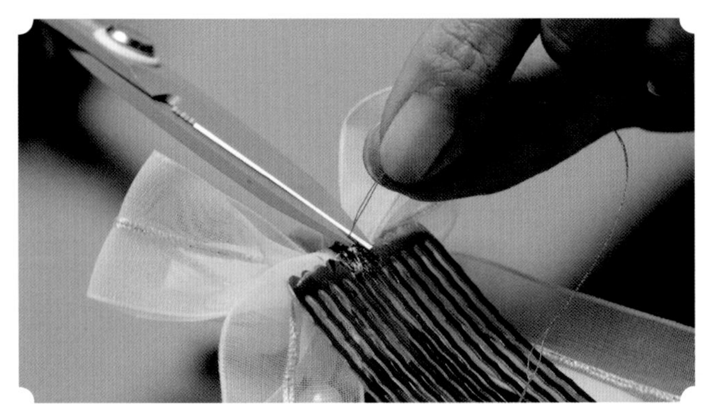

41 使用剪刀剪掉多余的线

42 制作完成

第七章

虞美人

古风可爱系饰品制作

本章主要讲授古风可爱系手工饰品的制作方法，包括发簪、耳坠和发梳的制作。本章案例活泼可爱，适合搭配较为活泼的服装。

7.1 发簪

工具

针线
切线钳
尖嘴钳
剪刀

材料

直径为 10mm、15mm 和 20mm 的毛球

小号金属花片

树脂花瓣

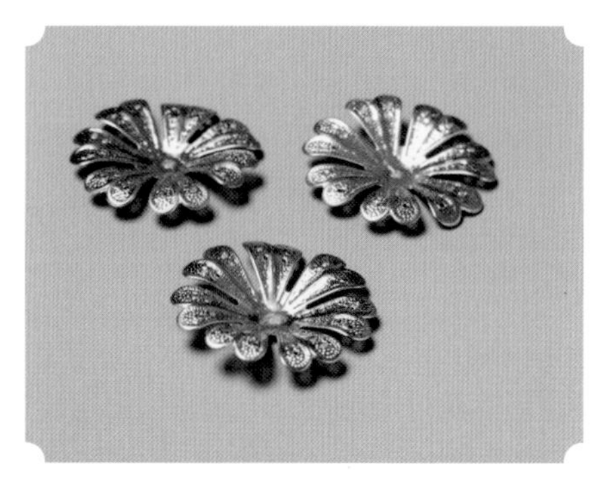

大号金属花片

直径为 0.4mm 的铜丝

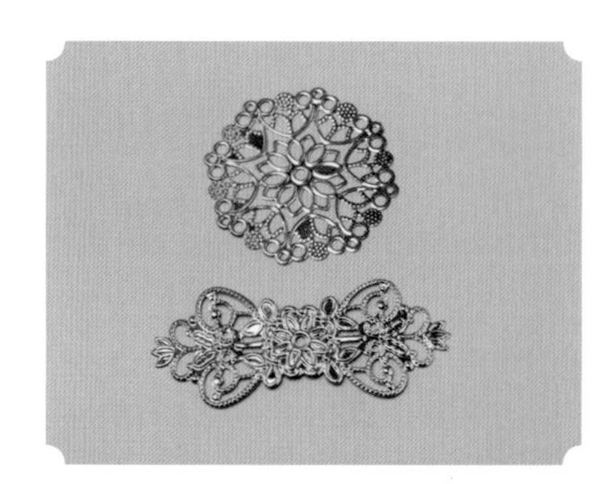

镂空金属花片

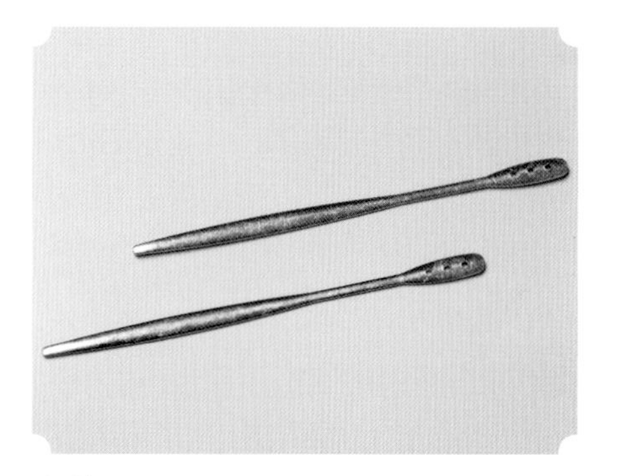

发簪

金属花蕊

制作步骤

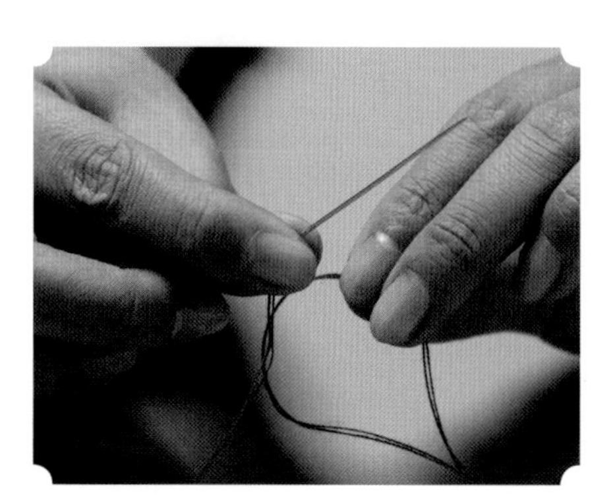

1 将针穿上红线并打结

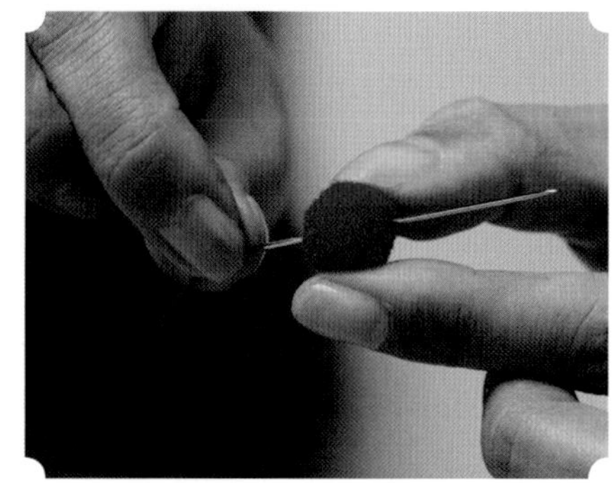

2 将针线从直径为 15mm 的红色毛球的中心穿出

3 将针从毛球中心穿回毛球的背面

4　穿上小号金属花片并将其推至毛球底部

5　用线将小号金属花片按图所示，隔一片花瓣缠绕一圈来固定

6　将针从毛球顶端穿出

7　将针从毛球顶端穿回小号金属花片底端

8　穿上树脂花瓣

9　重复步骤 5，缠绕固定树脂花瓣

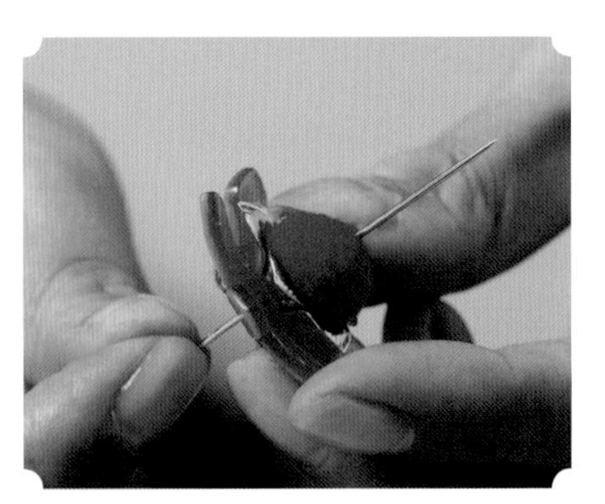

10　将针从中心穿出毛球顶端

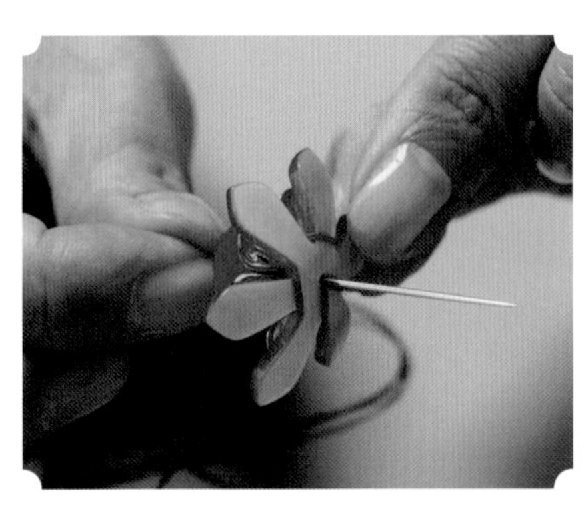

11　将针从顶端穿回树脂花瓣底部

12　穿上一个大号金属花片

13　重复步骤 5，缠绕固定大号金属花片

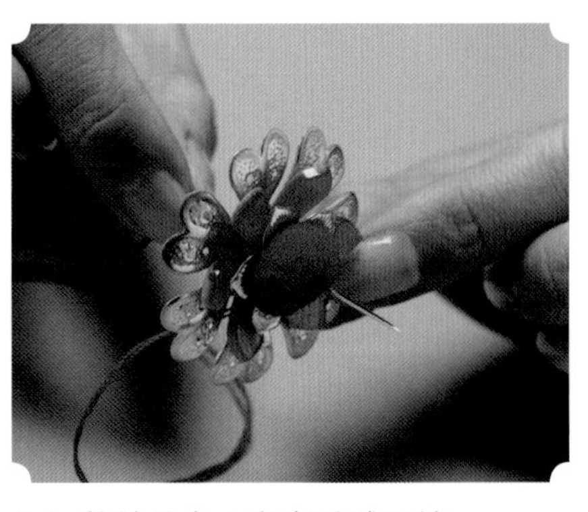

14　将针从中心穿出毛球顶端

15　将针从顶端穿回大号金属花片底部

16 毛球金属花瓣组合配件制作完成

17 使用切线钳截取一段长约 8cm、直径为 0.4mm 的铜丝

18 将截取好的铜丝用手弯曲成“U”形，将其穿上镂空金属花片

19 将铜丝穿上发簪

20 使用尖嘴钳将铜丝反复穿入并缠绕，使发簪和镂空金属花片更加贴合且衔接牢固

21 使用尖嘴钳将铜丝尾部拧转，使衔接更加牢固

22 用切线钳剪掉多余的铜丝

23 将带有毛球金属花瓣组合配件的针线穿入镂空金属花片

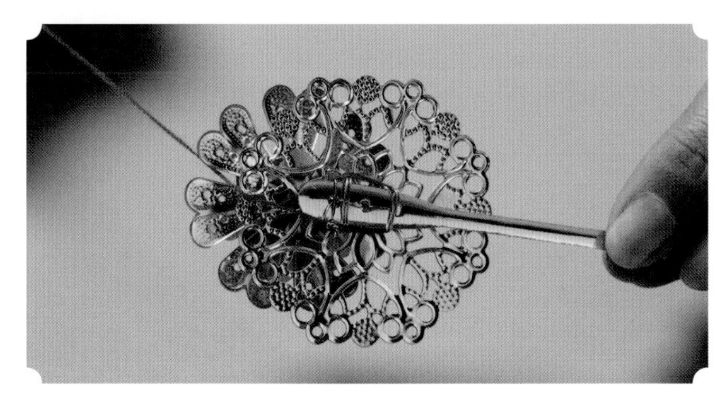

24 将线反复缠绕，以固定毛球金属花瓣组合配件

25 将线尾端打结并固定

26 使用剪刀剪掉多余的线

27 毛球金属花瓣组合配件就固定好了

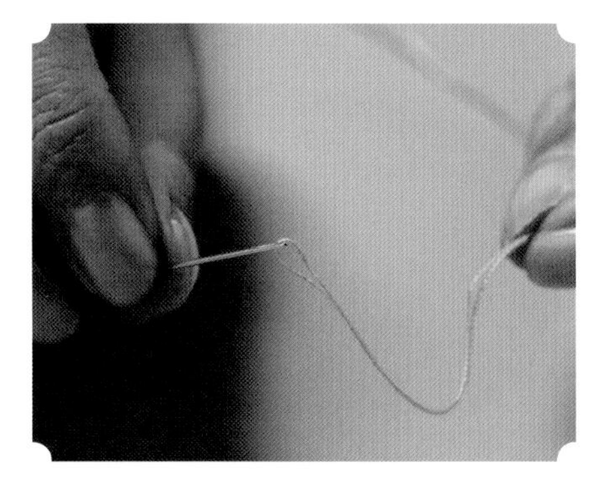

28 将针穿上粉线并打结

29 将针穿上直径为 20mm 的粉色毛球中心并穿出，将针从毛球中心穿回毛球背面

30 穿上小号金属花片并推至毛球底部

31 重复步骤 5 至步骤 7，将粉色毛球固定在小号金属花片上

32 重复步骤 8 至步骤 11，将树脂花瓣固定在毛球金属花瓣组合配件下方

33 重复步骤 12 至步骤 16，将大号金属花片固定在树脂花瓣下方

34 检查固定是否牢固

35 将粉色毛球金属花瓣组合配件固定在镂空金属花片上。将线的尾端打结，并使用剪刀剪掉多余的线

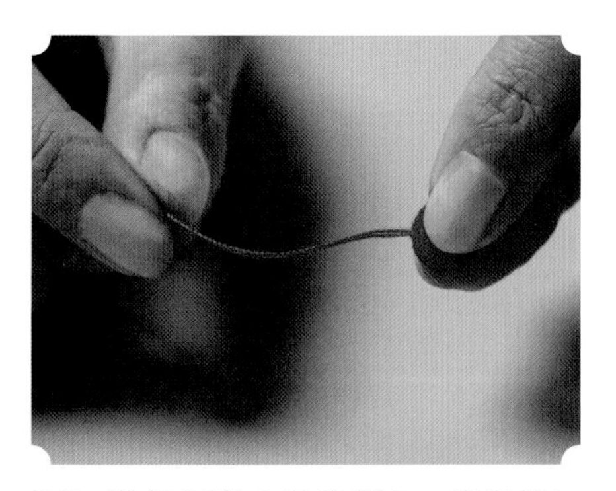

36 重复步骤 1 至步骤 3，将红线与直径为 10mm 的红色毛球组合

37 穿上金属花蕊并推至毛球底部

38 在金属花蕊下方穿上树脂花瓣

39 将穿有毛球金属花瓣组合配件的针线穿上镂空金属花片

40 反复缠绕几次，使毛球金属花瓣组合配件牢固固定并将线打结，使用剪刀剪去多余的线

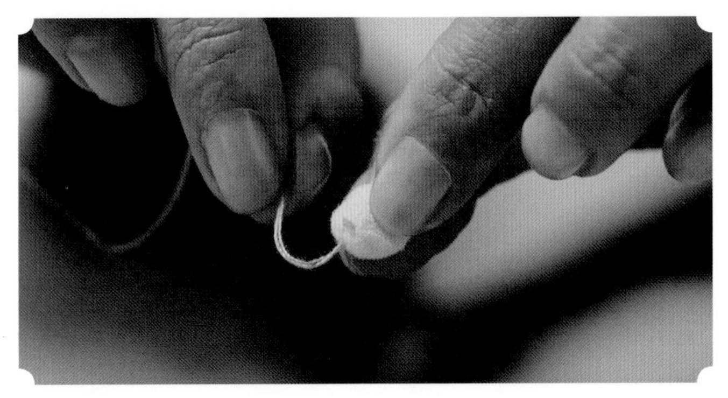

41 重复步骤 1 至步骤 3，将粉线与直径为 10mm 的粉色毛球组合

42 用针线将毛球固定在镂空金属花片上

43 反复缠绕使毛球固定并将线打结，使用剪刀剪去多余的线

44 可根据情况再固定几个毛球，制作完成

7.2 耳坠

工具

圆嘴钳

切线钳

尖嘴钳

材料

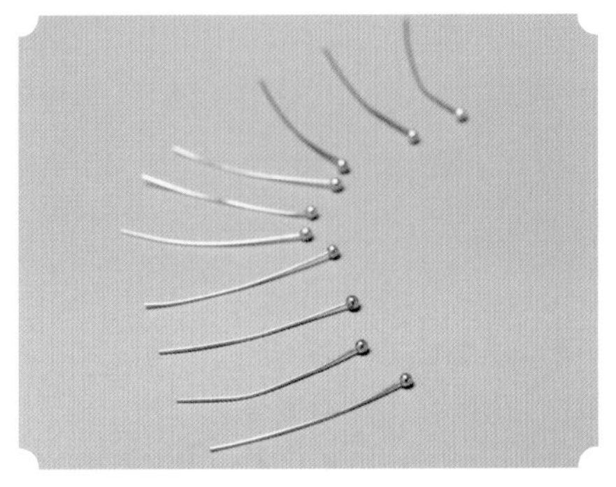

球形针

直径为 10mm 和 20mm 的毛球

直径为 10mm 和 16mm 的镂空金属珠

金属链

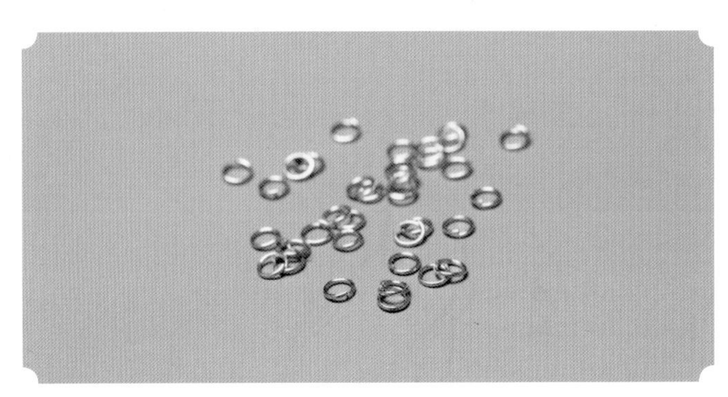

连接圈

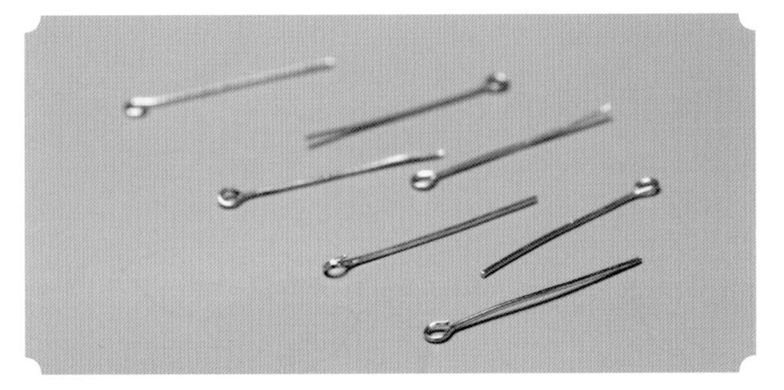

“9”字针

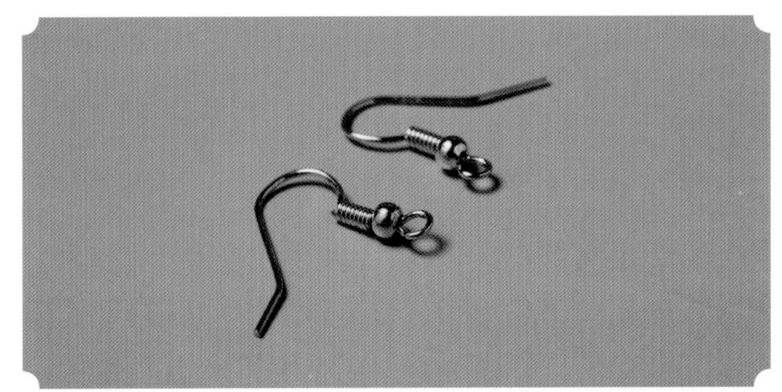

耳钩

制作步骤

1　将球形针穿上直径为 20mm 的毛球的中心

2　在球形针尾端穿上一颗直径为 16mm 的镂空金属珠

3　使用圆嘴钳将球形针尾端向一侧弯曲

4 使用圆嘴钳将球形针尾端向反方向弯曲，使其形成圆环

5 使用切线钳剪一段长约 2.5cm 的金属链

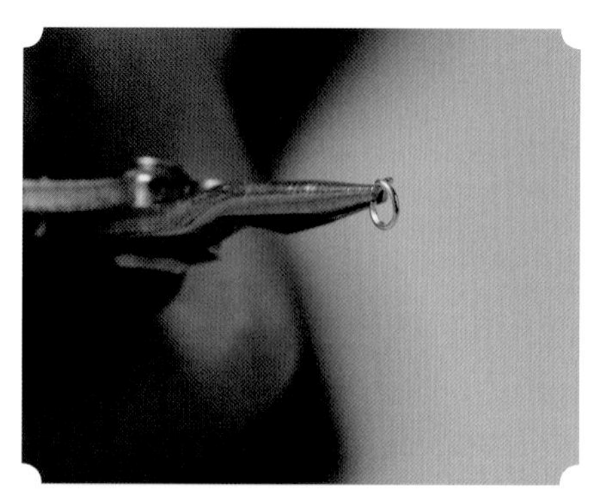

6 使用尖嘴钳掰开连接圈

7 将剪好的金属链穿入连接圈

8 将制作好的毛球镂空金属珠配件穿上连接圈

9 使用尖嘴钳闭合连接圈

10 在金属链的另一端穿上一个连接圈

11 将“9”字针穿上一个直径为 10mm 的毛球

12 为“9”字针尾部预留约 1cm 的长度，使用切线钳切掉多余的部分

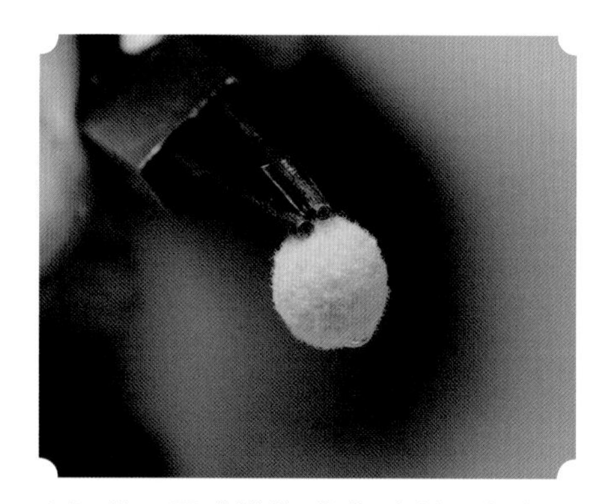

13 使用圆嘴钳将“9”字针尾部向一侧弯曲

14 使用圆嘴钳将“9”字针尾部向反方向弯曲，使其形成圆环

15 将制作好的直径为 10mm 的毛球配件穿上金属链尾端的连接圈

16 使用尖嘴钳闭合连接圈

17 使用切线钳剪一段长约 1.5cm 的金属链

18 通过连接圈将剪好的金属链衔接在直径为 10mm 的毛球配件的另一端

19 在金属链另一端穿上一个连接圈

20 将“9”字针穿上直径为 10mm 的镂空金属珠

21 为“9”字针尾部预留约 1cm 的长度，使用切线钳剪掉多余的部分

22 使用圆嘴钳将“9”字针尾部向一侧弯曲

23 使用圆嘴钳将“9”字针尾部向反方向弯曲，使其形成圆环

24 使用连接圈将制作好的镂空金属珠配件与金属链衔接固定

25 使用连接圈将耳钩与镂空金属珠衔接固定

26 使用尖嘴钳闭合连接圈

27 制作完成

7.3 发梳

工具

切线钳
尖嘴钳
针线
剪刀
焊锡工具
金色油漆笔

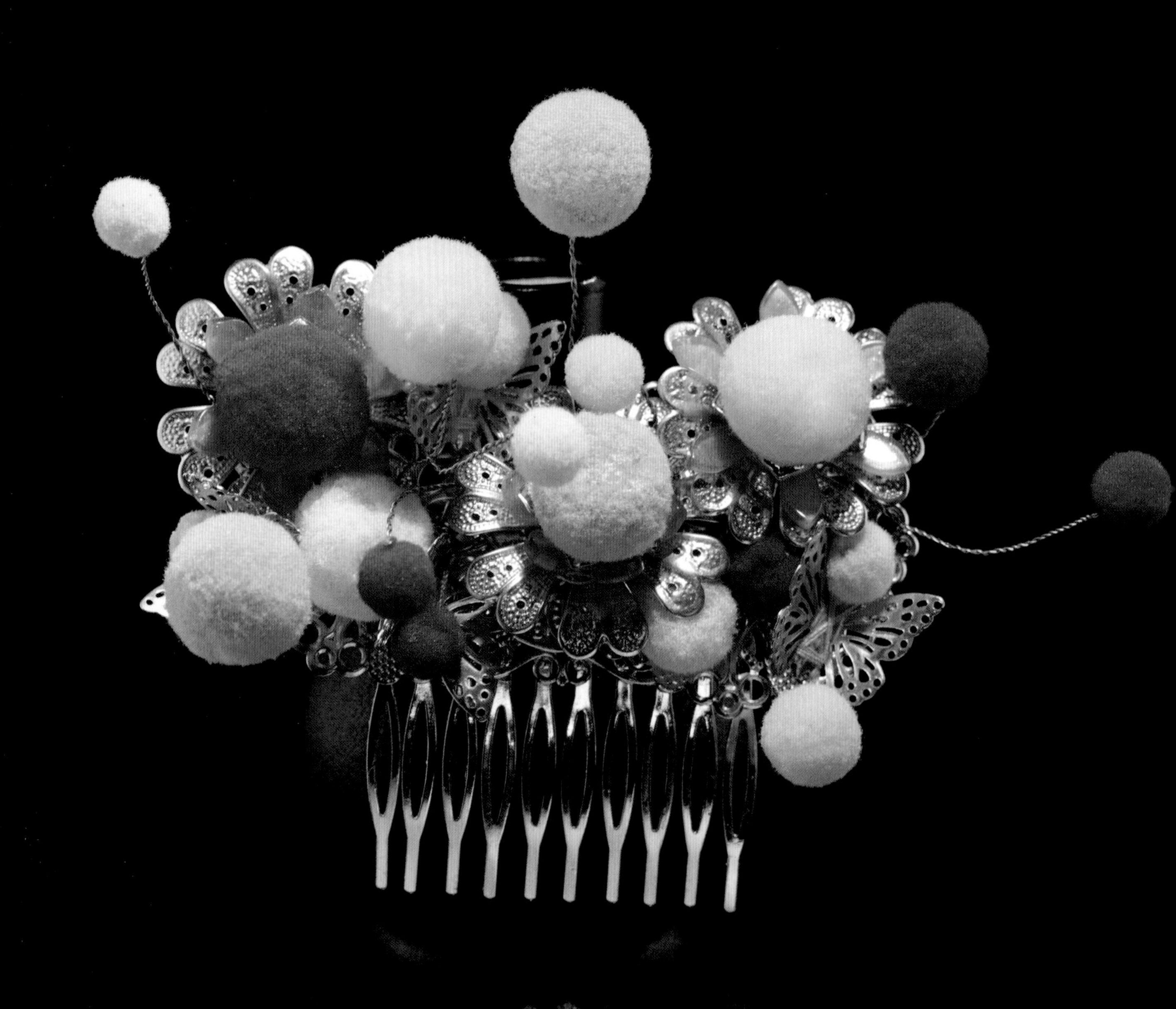

材料

直径为 0.4mm 的铜丝

镂空金属花片

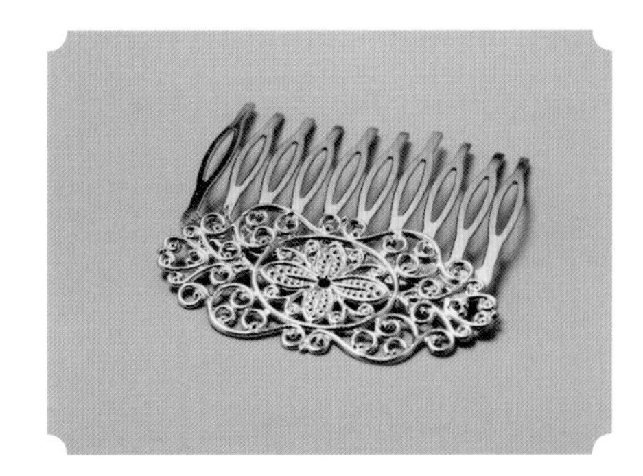

发梳

直径为 10mm、15mm 和 20mm 的毛球

小号金属花片

树脂花瓣

大号金属花片

蝴蝶金属花片

制作步骤

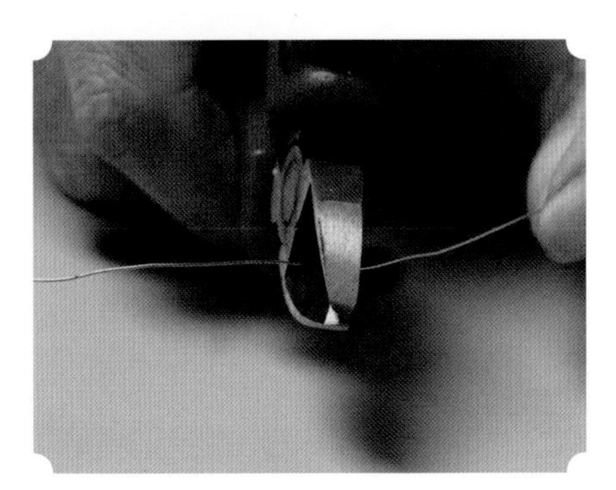

1　使用切线钳截取一段长约 8cm、直径为 0.4mm 的铜丝

2　将两个镂空金属花片和一个发梳按图示放置。将截取的铜丝弯曲并插入两个镂空金属花片和一个发梳，将三者固定

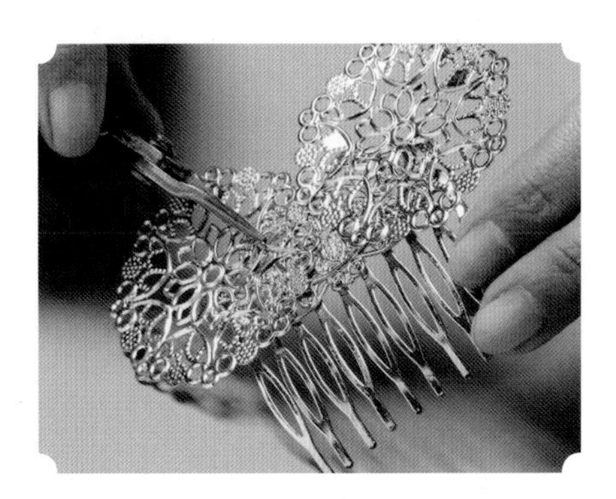

3　使用尖嘴钳将铜丝拧转，以固定

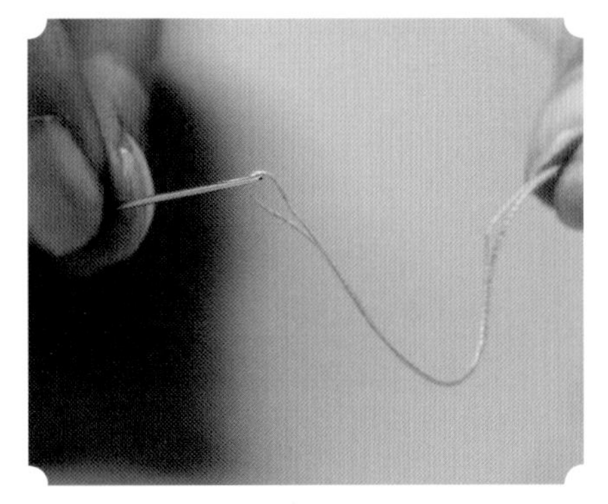

4 将针穿上粉线并打结

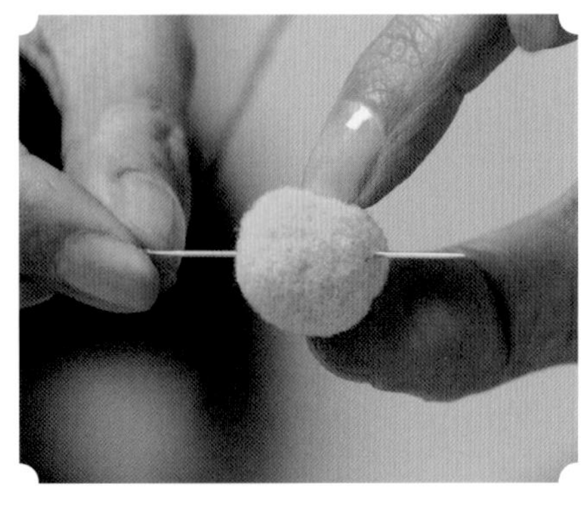

5 将准备好的针线穿出直径为 20mm 的粉色毛球的中心

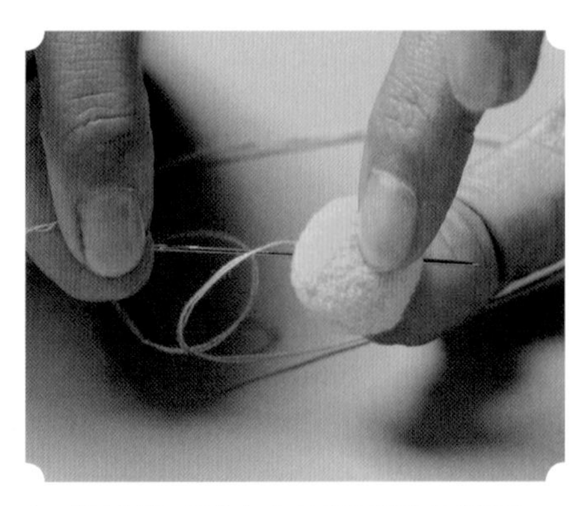

6 将针从毛球中心穿回毛球的背面

7 穿上小号金属花片并推至毛球底部

8 用粉线将小号金属花片按图示隔一片花瓣缠绕以固定

9 穿上树脂花瓣

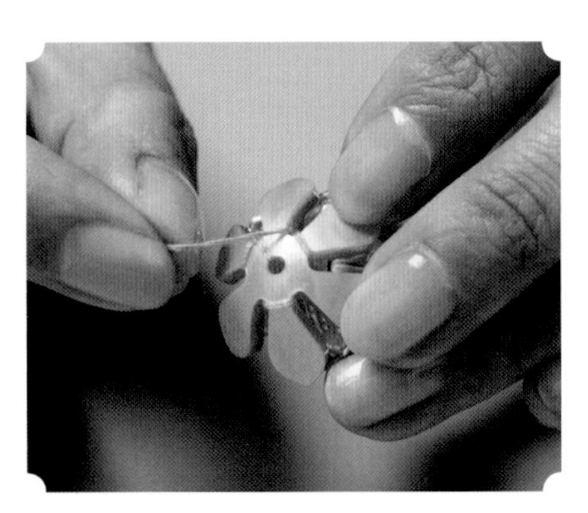

10 重复步骤 8，缠绕固定树脂花瓣

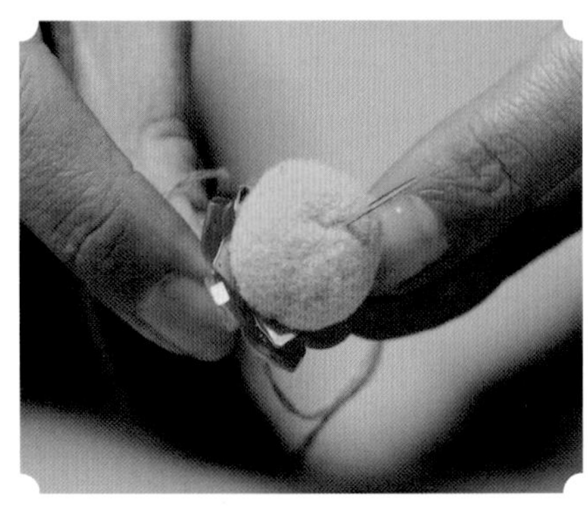

11 将针从中心穿入至毛球上方

12 将针穿回树脂花瓣底部

13 穿上一个大号金属花片

14 重复步骤 8，缠绕固定大号金属花片

15 重复步骤 11

16 将针线穿回大号金属花片底部

17 使用针线将制作好的毛球金属花瓣组合配件固定在制作好的发梳配件上

18 反复缠绕线，将毛球金属花瓣组合配件更加牢固地固定在发梳配件上

19 将线尾部打结，并使用剪刀剪掉多余的线

20 检查衔接是否牢固

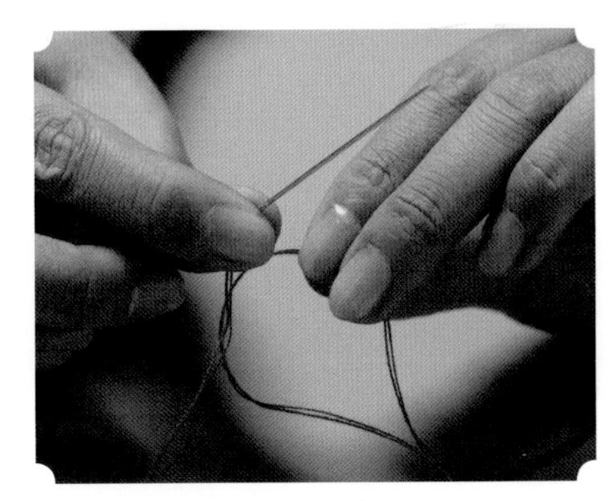

21 将针穿上红线并打结

22 将针线穿出直径为 20mm 的红色毛球的中心

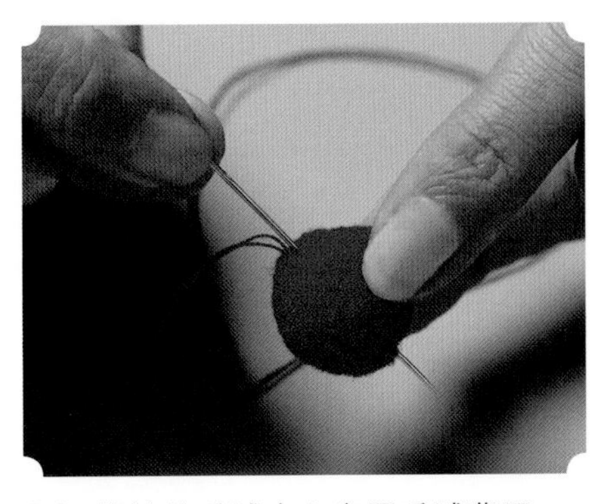

23 将针从毛球中心穿回毛球背面

24 重复步骤 7 至步骤 16，制作一个红色毛球金属花瓣组合配件

25 重复步骤 17 至步骤 20，将红色毛球金属花瓣组合配件固定在镂空金属花片上

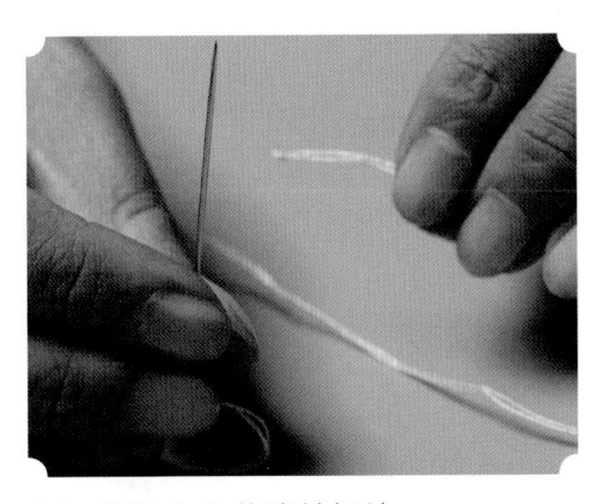

26 将针穿上黄线并打结

27 重复步骤 5 至步骤 20，将黄色毛球金属花瓣组合配件固定在镂空金属花片上

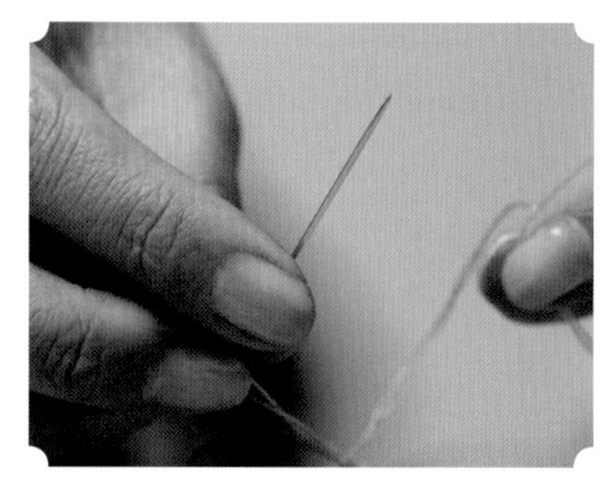

28 将针穿上粉线并打结

29 将准备好的针线穿出直径为 20mm 的粉色毛球的中心

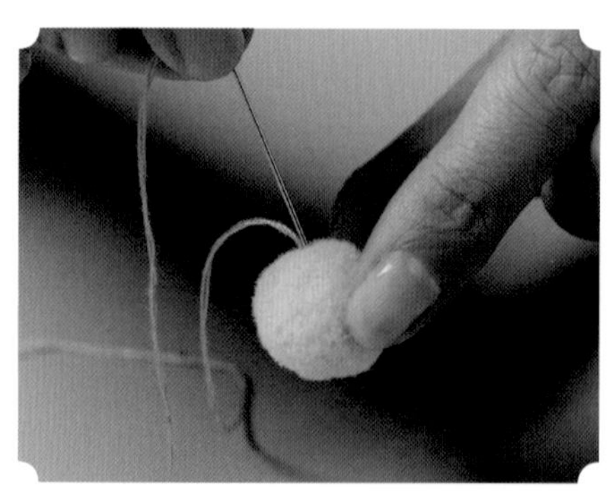

30 将针从毛球中心穿回毛球背面

31 将带有粉色毛球的针线穿入镂空金属花片

32 反复缠绕，使毛球固定

33 将线尾端打结固定

34 使用剪刀剪去多余的线

35 重复步骤 28 至步骤 34，将多个直径为 20mm 和 15mm 的毛球固定在镂空金属花片上

36 用手将蝴蝶金属花片按图示轻轻弯曲

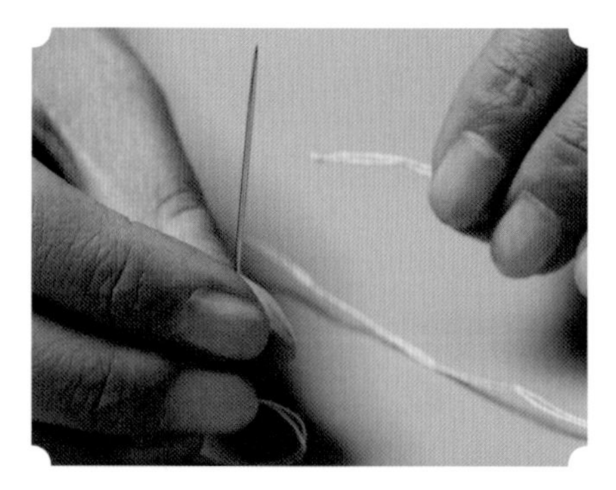

37 将针穿上黄线并打结

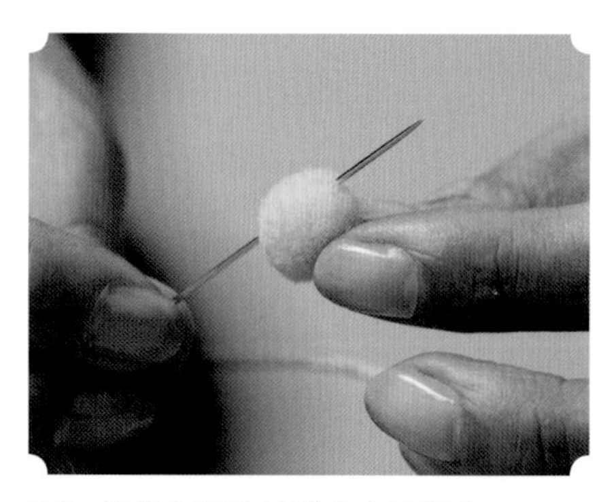

38 将准备好的针线穿出直径为 10mm 的黄色毛球的中心

39 将针从毛球中心穿回毛球背面

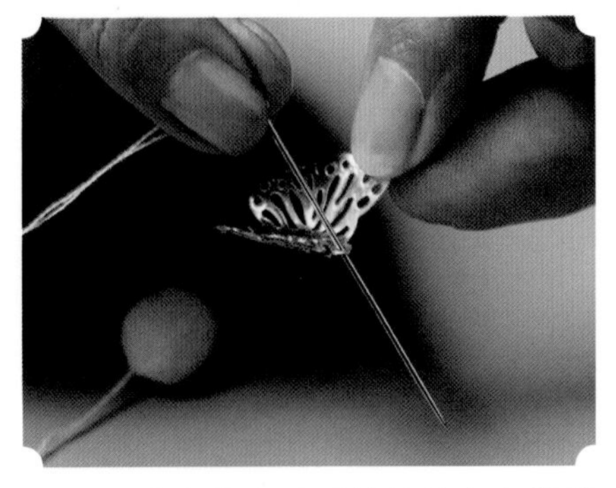

40　将带有黄色毛球的针线穿上蝴蝶金属花片

41　将线在蝴蝶金属花片中间缠绕

42　固定后将针线穿出黄色毛球中心

43　将带有蝴蝶毛球组合配件的针线穿上镂空金属花片

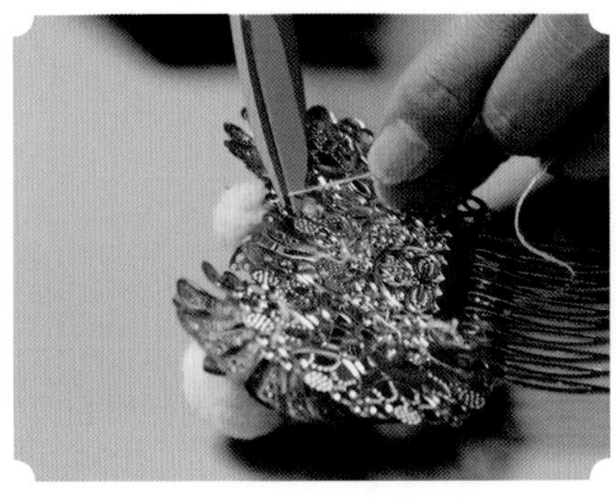

44　反复缠绕，固定好后打结并用剪刀剪去多余的线

45　检查固定是否牢固

46　重复步骤 36 至步骤 45，固定 4 个不同颜色、不同直径的蝴蝶毛球组合配件

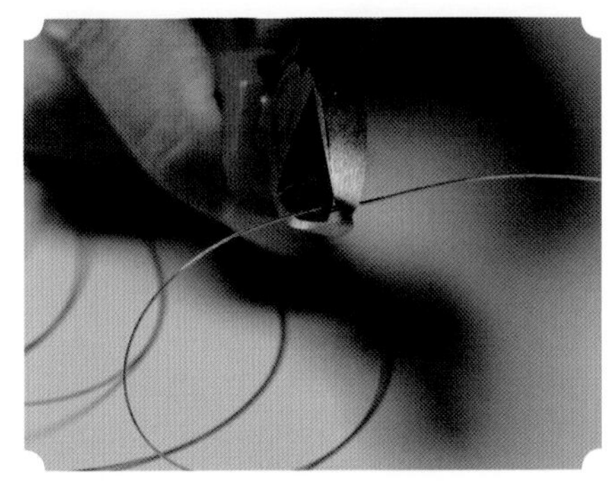

47　使用切线钳切一段长约 16cm、直径为 0.4mm 的铜丝

48　将铜丝穿上一颗直径为 15mm 的毛球，将毛球放置在铜丝中间

49　用手将铜丝按图示弯曲

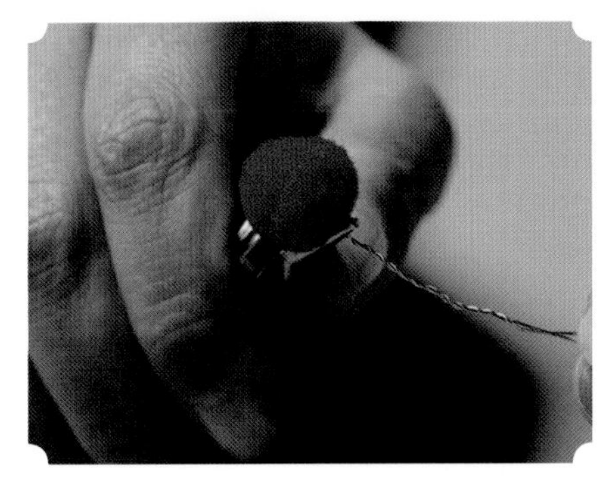

50　将尖嘴钳夹住毛球根部的铜丝，同时将铜丝拧转

51　使用切线钳剪掉拧转铜丝多余的部分

52　重复步骤 47 至步骤 51，制作多个直径分别为 10mm、15mm 和 20mm 的颜色各异的毛球铜丝组合配件

53　将毛球铜丝组合配件插入镂空金属花片，将铜丝反复缠绕

54　使用焊锡工具将毛球铜丝组合配件尾端焊锡固定

55　检查固定是否牢固

56　重复步骤 53 至步骤 55，将制作好的所有毛球铜丝组合配件焊锡固定在镂空金属花片的不同位置

57　用手轻轻调整毛球铜丝组合配件的位置

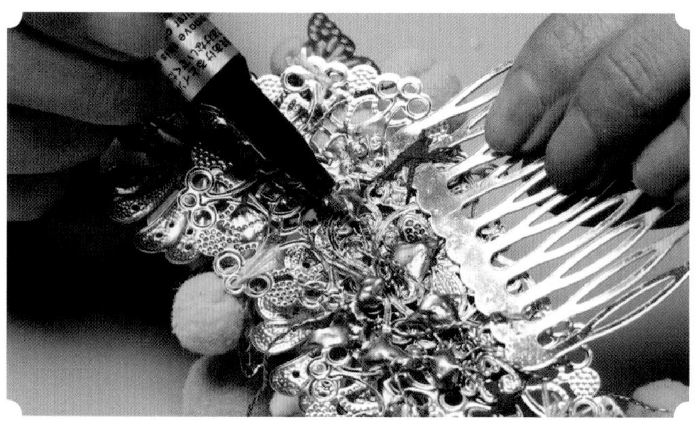

58　使用金色油漆笔将背面焊锡部分涂上颜色，以隐藏衔接点

59　制作完成

第八章
雪梅舞
古风妩媚系饰品制作

本章主要讲授古风妩媚系手工饰品的制作方法，包括耳挂、手镯和发冠的制作。本章案例温婉柔媚，适合搭配富有女人味的服装。

8.1 耳挂

工具

切线钳
尖嘴钳
圆嘴钳

材料

直径为 0.4mm 的铜丝

双花珍珠

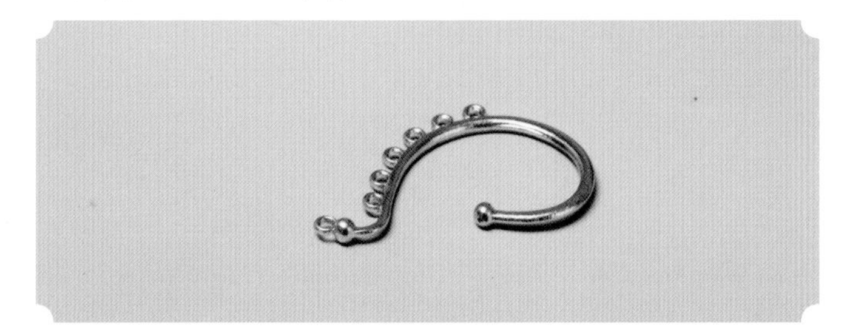

耳钩

直径为 4mm、6mm、8mm 和 10mm 的珍珠

水晶珠

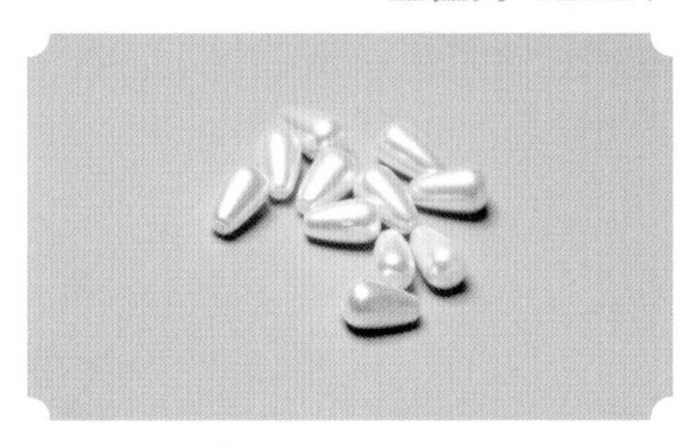

水滴形珍珠

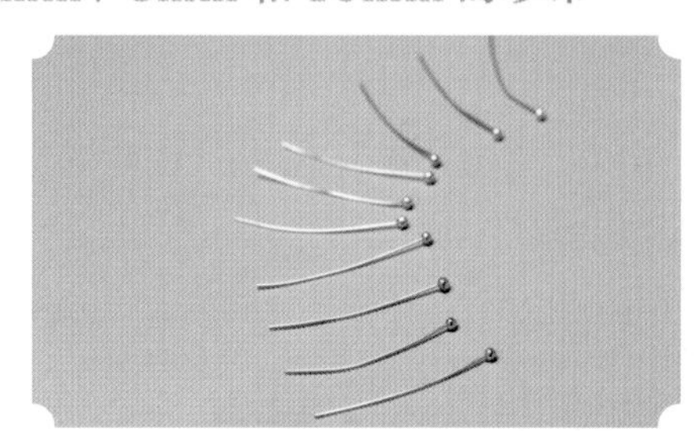

球形针

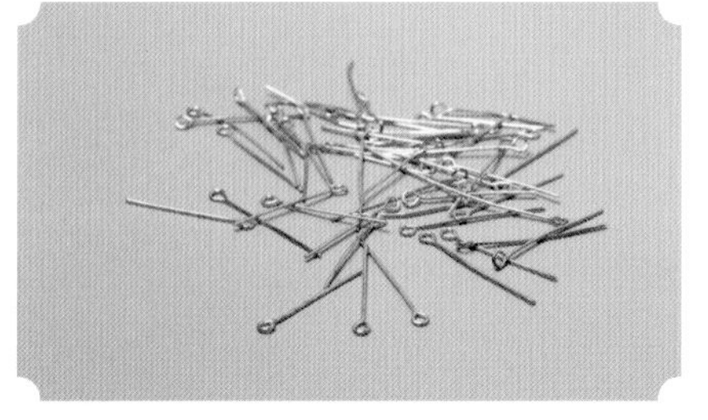

“9”字针

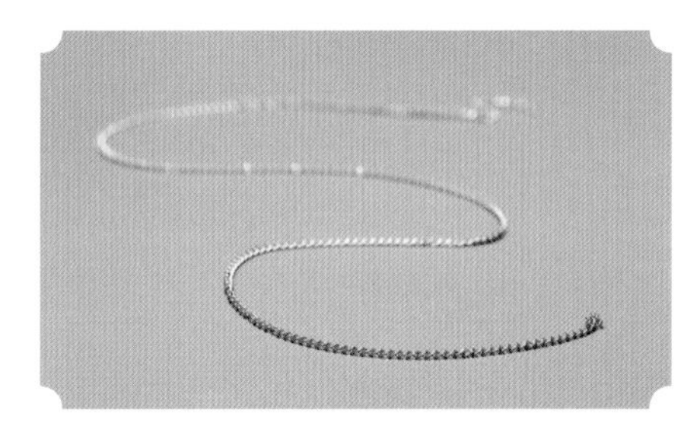

金属链

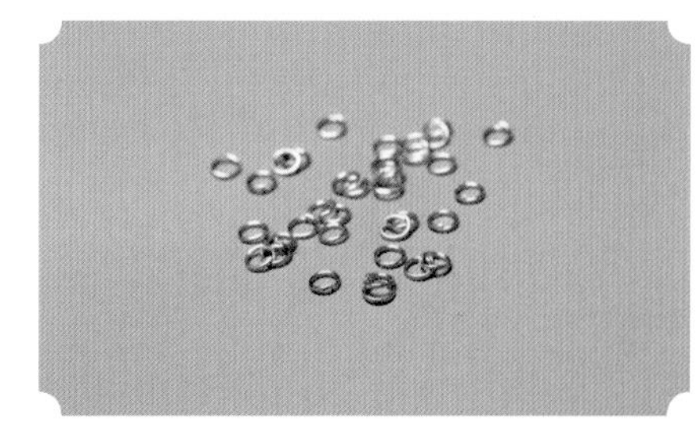

连接圈

制作步骤

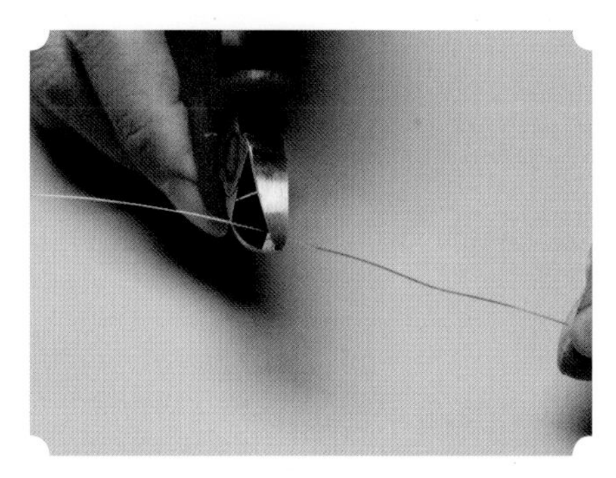

1 使用切线钳截取一段长约 8cm、直径为 0.4mm 的铜丝

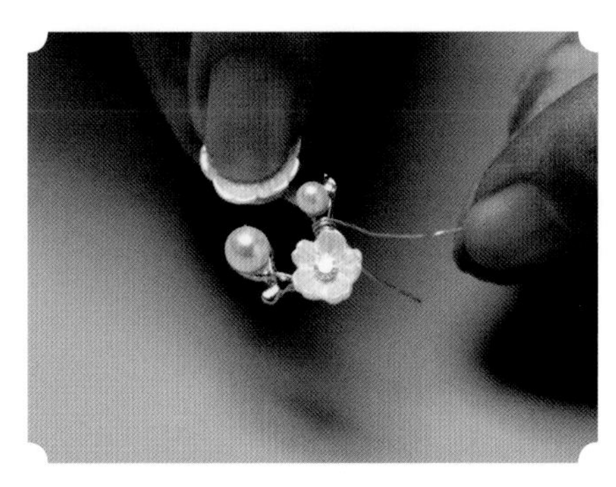

2 将铜丝缠绕在双花珍珠中间

3 为铜丝的两个尾端预留约 2cm 的长度

4 将铜丝两端分别穿上耳钩的圆环衔接环

5 使用尖嘴钳将铜丝尾端反复缠绕在耳钩上

6 将另一铜丝也缠绕在耳钩上至固定双花珍珠

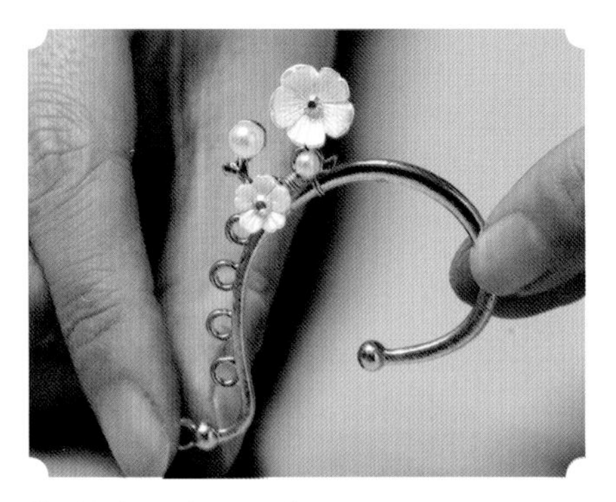

7 检查固定是否牢固

8 使用切线钳截取一段长约 8cm、直径为 0.4mm 的铜丝，并穿上一颗直径为 10mm 的珍珠至铜丝中间

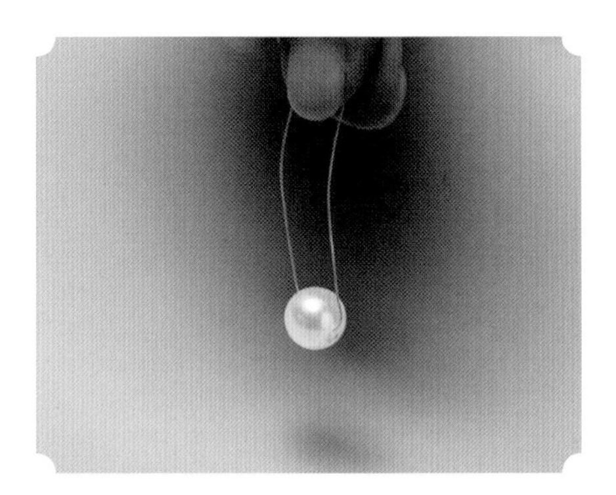

9 用手按图示对折弯曲铜丝

10 将铜丝两端分别插入耳钩的圆环衔接环

11 使用尖嘴钳反复缠绕铜丝至固定珍珠

12 重复步骤 11，缠绕另一铜丝至固定珍珠

13 检查固定是否牢固

14 重复步骤 8 至步骤 12，固定一颗直径为 8mm 的珍珠

15 检查固定是否牢固

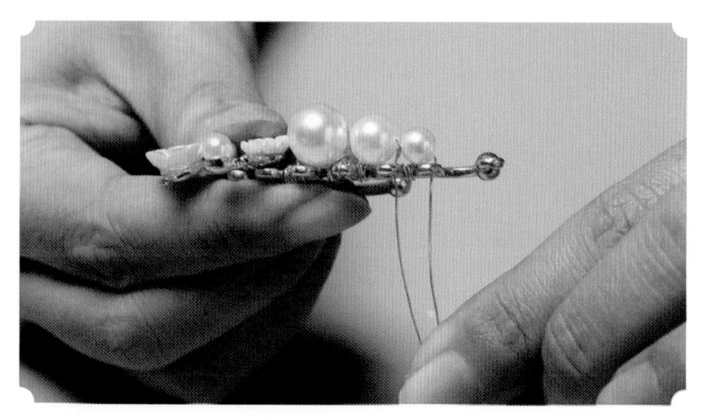

16 重复步骤 8 至步骤 12，固定一颗直径为 6mm 的珍珠

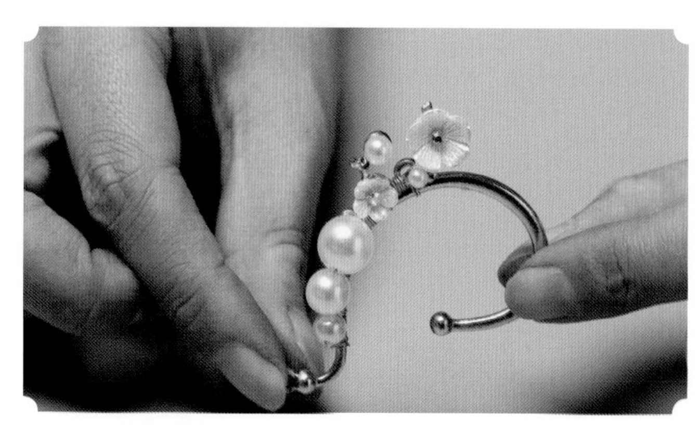

17 检查固定是否牢固

18 重复步骤 8 至步骤 12，固定一颗水晶珠

19 检查固定是否牢固

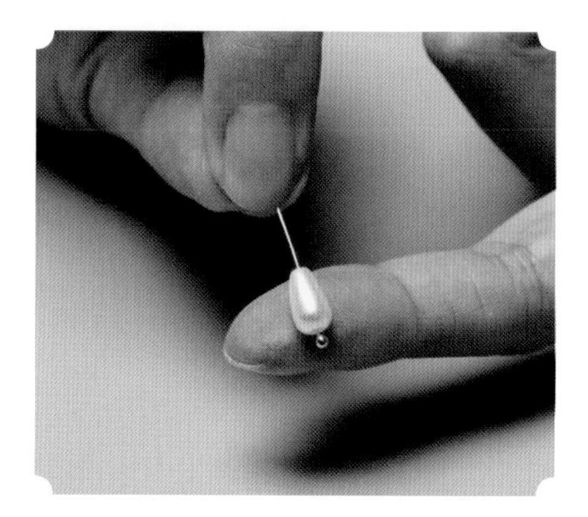

20 将球形针穿上水滴形珍珠

21 穿上一颗水晶珠

22 穿上一颗直径为 4mm 的珍珠

23 使用圆嘴钳将球形针尾端向一侧弯曲

24 使用圆嘴钳将球形针尾端向反方向弯曲，使其形成圆环

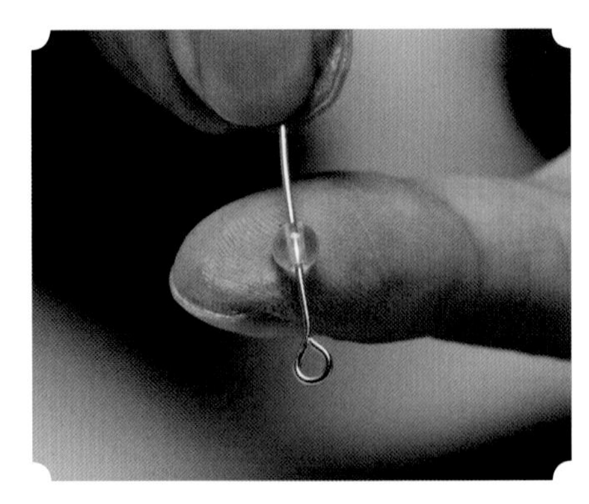

25 将“9”字针穿上水晶珠

26 为“9”字针尾端预留约 1cm 的长度，使用切线钳切掉多余的部分

27 使用圆嘴钳将“9”字针尾端向一侧弯曲

28 使用圆嘴钳将“9”字针尾端向反方向弯曲，使其形成圆环

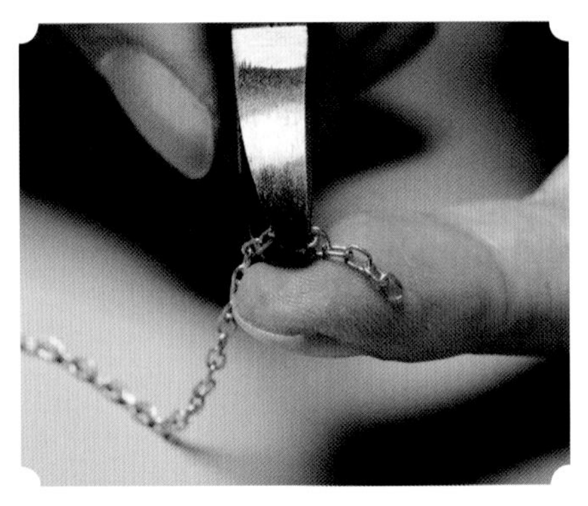

29 使用切线钳截取两段金属链

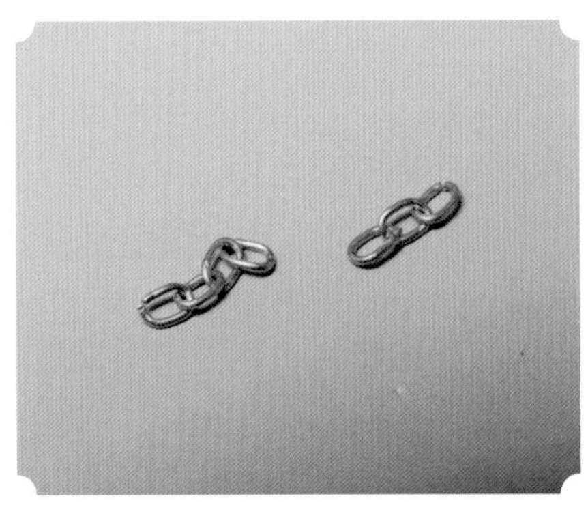

30 两段金属链长度均约为 1cm

31 使用尖嘴钳掰开穿有水晶珠的“9”字针的一端

32 将截取好的金属链一端连接至“9”字针被掰开的一端

33 重复步骤 31 至步骤 32，将截取的另一段金属链衔接在“9”字针另一端

34 使用尖嘴钳掰开连接圈

35 将连接圈穿入金属链另一端

36 将制作好的水滴形珍珠配件穿入连接圈

37 使用尖嘴钳闭合连接圈

38 重复步骤 20 至步骤 37，再制作两条珍珠水晶珠配件

39 使用尖嘴钳掰开连接圈，将制作好的珍珠水晶珠配件穿上连接圈

40 将另两个珍珠水晶珠配件穿上连接圈

41 使用尖嘴钳将连接圈穿上耳钩底端的圆环衔接环

42 使用尖嘴钳闭合连接圈

43 制作完成

8.2 手镯

切线钳

尖嘴钳

焊锡工具

金色油漆笔

材料

直径为 0.8mm 的铜丝

贝母立体花

金属底托

直径为 4mm 和 12mm 的珍珠

制作步骤

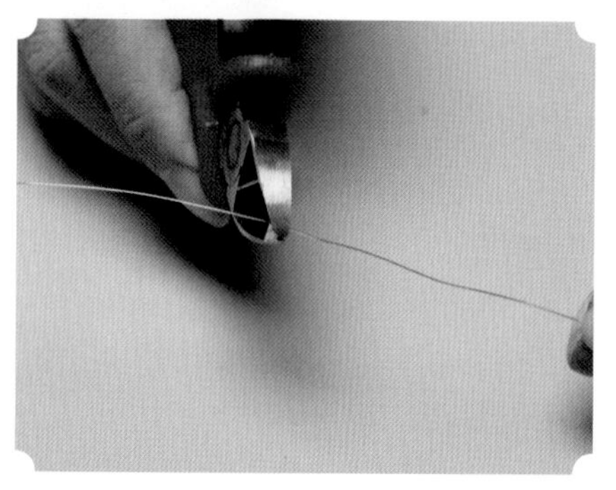

1 使用切线钳截取一端长度约 25cm、直径为 0.8mm 的铜丝

2 为铜丝一端预留约 4cm 的长度，用另一端缠绕贝母立体花

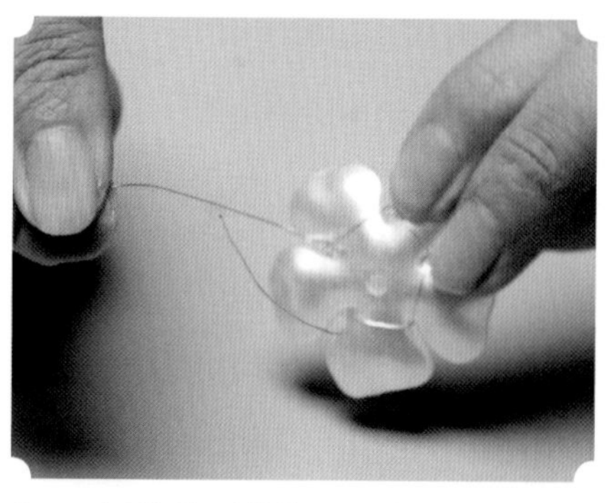

3 用铜丝分别缠绕贝母立体花的每一片花瓣，并将铜丝放置于贝母立体花背面

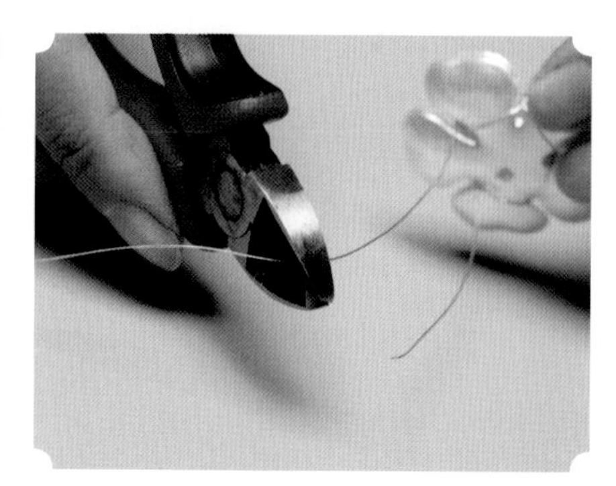

4 为铜丝两端预留约 4cm 的长度，用切线钳切掉多余的部分

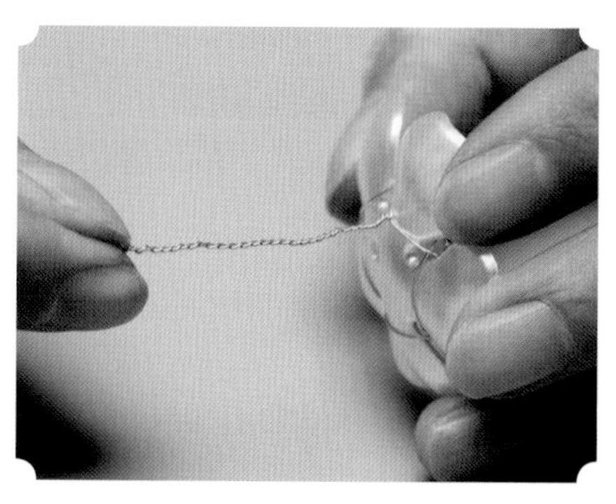

5 将铜丝反复缠绕拧转

6 将铜丝从金属底托正面向后插入

7 使用尖嘴钳将铜丝从金属底托背面拉回正面

8 使用尖嘴钳将铜丝反复缠绕在金属底托上，使贝母立体花固定

9 将铜丝拉回至金属底托背面，结束缠绕

10 使用焊锡工具将铜丝焊锡固定

11 检查固定是否牢固

12 重复步骤 1 至步骤 9，固定另一朵贝母立体花

13 使用焊锡工具将铜丝焊锡固定

14 检查固定是否牢固

15 重复步骤 1 至步骤 11，在另一侧固定另一朵贝母立体花

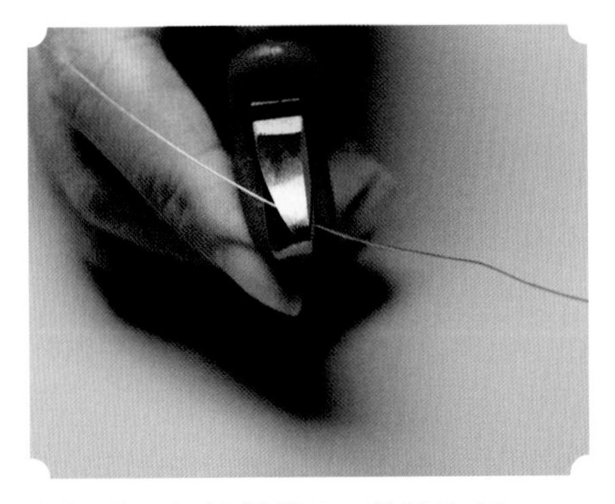

16 使用切线钳截取一段长约 10cm、直径为 0.8mm 的铜丝

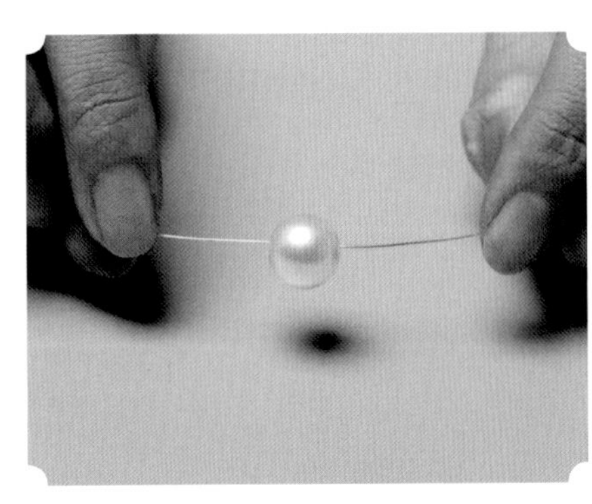

17 将铜丝穿上直径为 12mm 的珍珠，并置于铜丝中间

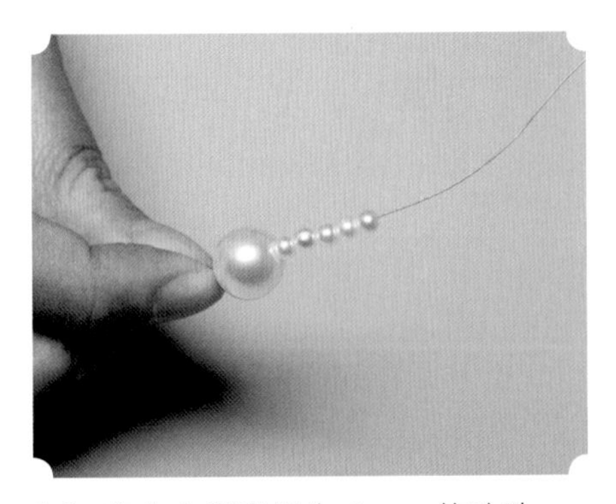

18 穿上 5 颗直径为 4mm 的珍珠

19 将铜丝按图示弯曲

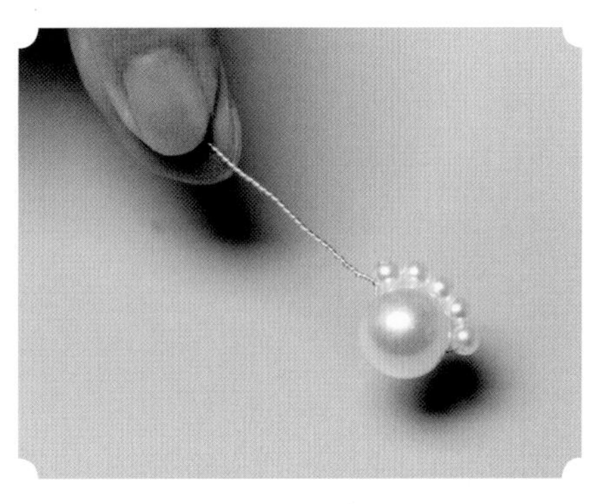

20 拧转铜丝，使珍珠固定

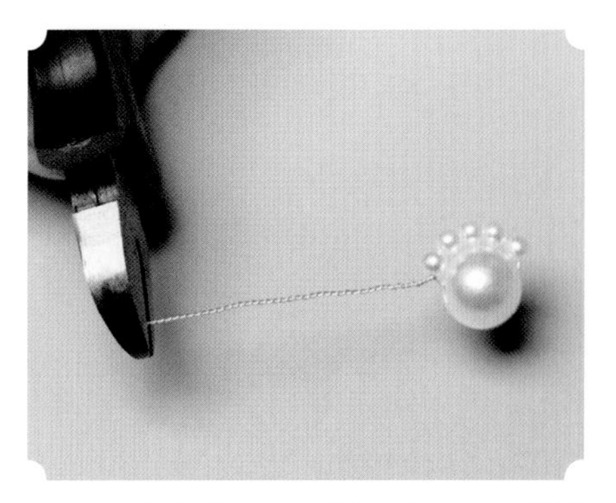

21 预留长约 4cm 的铜丝，用切线钳将多余的铜丝剪掉

22 将铜丝从金属底托正面向后插入

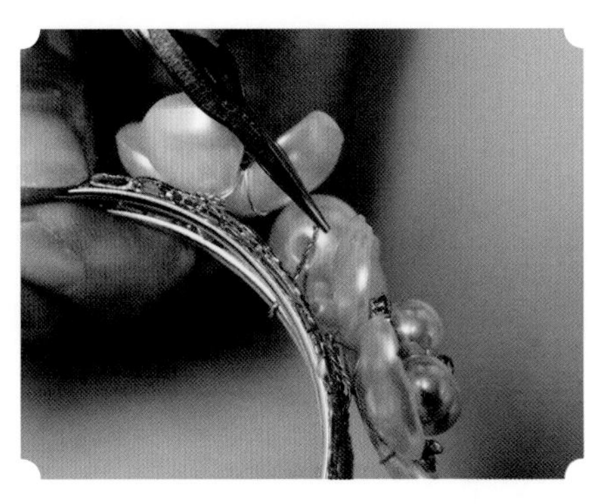

23 使用尖嘴钳将铜丝反复缠绕在金属底托上，使珍珠配件固定

24 将铜丝拉回至金属底托背面，结束缠绕

25 使用焊锡工具将铜丝焊锡固定

26 检查固定是否牢固

27 重复步骤 16 至步骤 26，在下方对称位置固定一个珍珠配件

28 重复步骤 16 至步骤 26，在另一侧固定两个珍珠配件

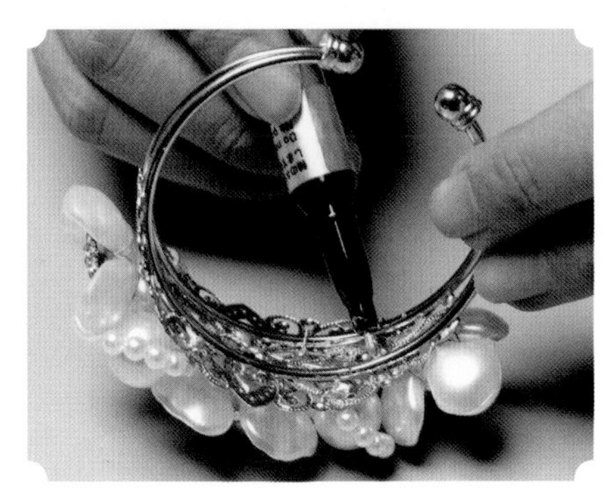

29 使用金色油漆笔将金属底托背面的焊锡点涂上颜色，以隐藏

30 制作完成

8.3 发冠

工具

切线钳
尖嘴钳
焊锡工具
圆嘴钳
金色油漆笔

材料

直径为 0.4mm 的铜丝

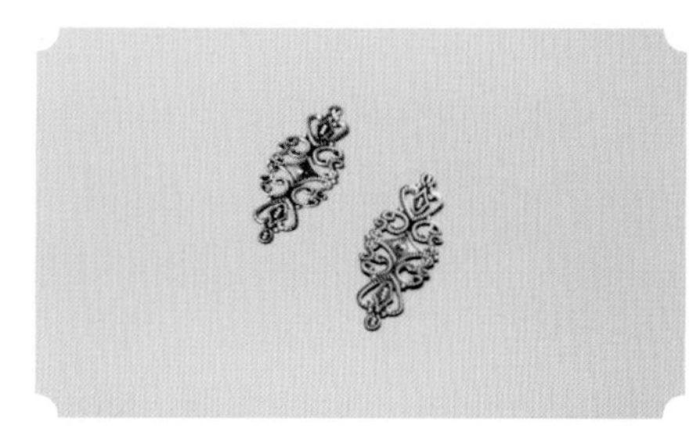
条形金属花片

花卉金属底托

贝母立体花

直径为 4mm、10mm 和 12mm 的珍珠

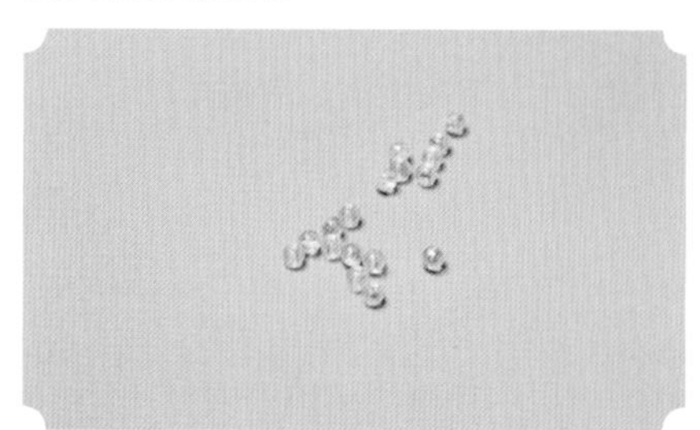
水晶珠

水滴形珍珠

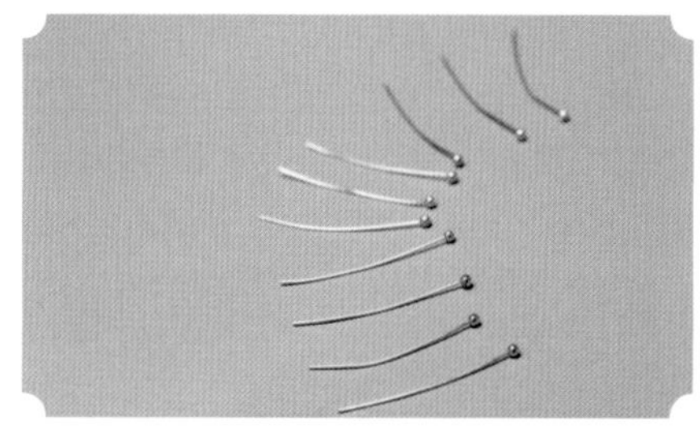
球形针

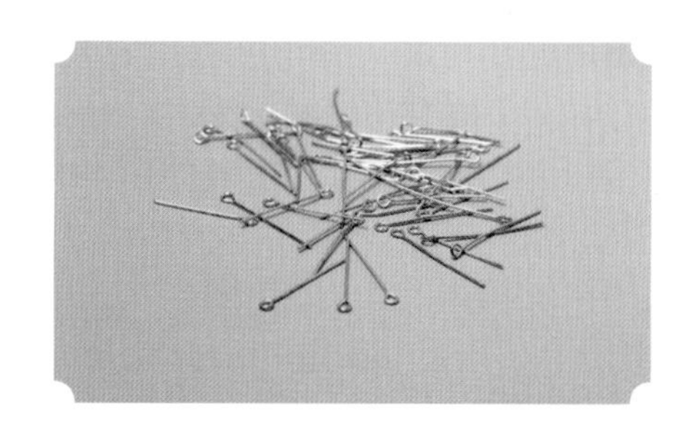
"9"字针

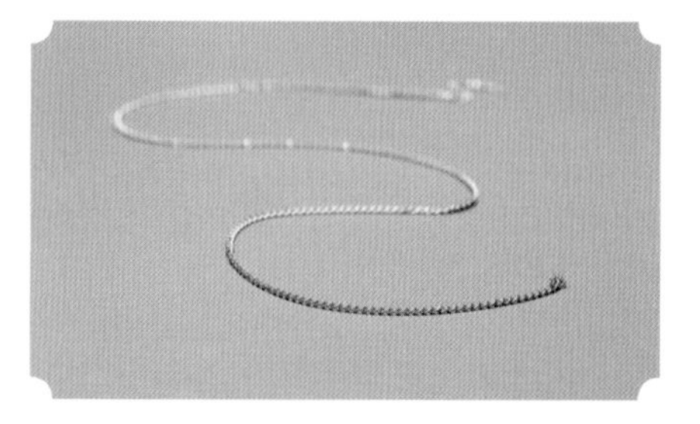
金属链

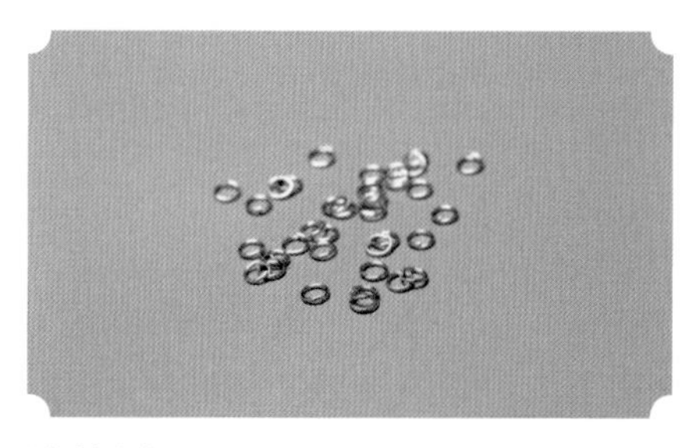
连接圈

制作步骤

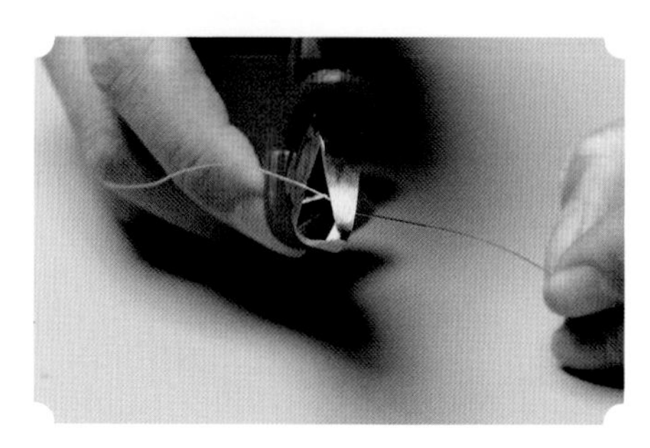
1 使用切线钳截取一段长约 8cm、直径为 0.4mm 的铜丝

2 用手将铜丝弯曲成"U"形

3 用手轻轻将条形金属花片弯曲成弧形

4　将弯曲的条形金属花片与花卉金属底托一侧重叠

5　将弯曲的铜丝从花卉金属底托和条形金属花片正面穿入

6　使用尖嘴钳将铜丝拧转，以固定

7　预留长约 1cm 的铜丝，使用切线钳将多余的铜丝切除

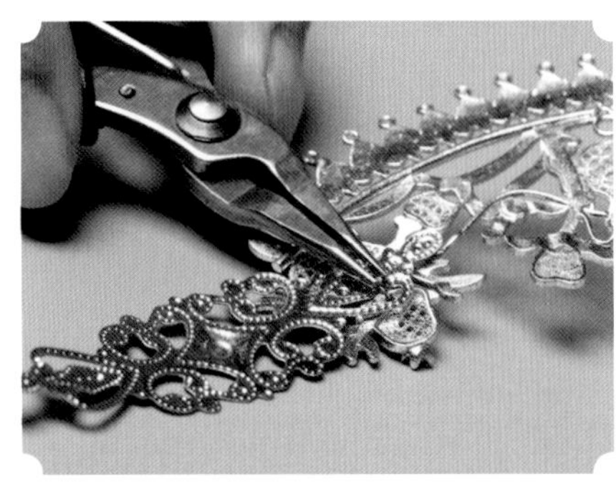

8　使用尖嘴钳将铜丝弯曲，使条形金属花片和花卉金属底托固定更加稳固

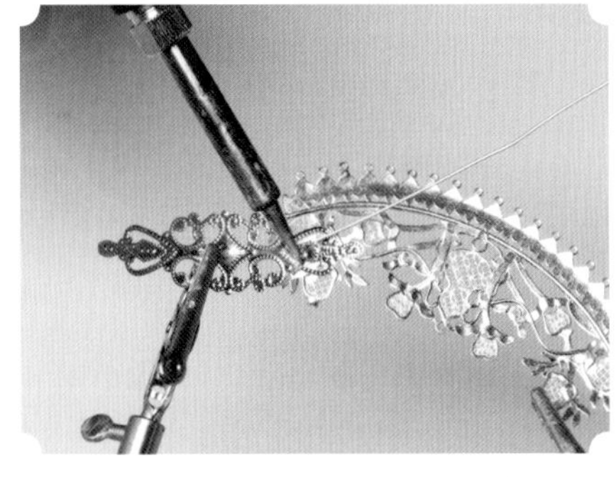

9　使用焊锡工具将铜丝焊锡固定

10　重复步骤 1 至步骤 9，将另一片条形金属花片焊锡固定在花卉金属底托的另一侧

11　使用切线钳截取一段长约 25cm、直径为 0.4mm 的铜丝，为铜丝一端预留约 4cm 的长度，用另一端缠绕贝母立体花

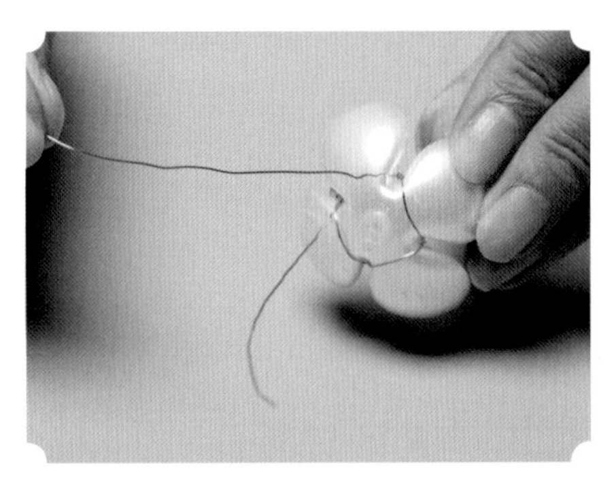

12　分别缠绕贝母立体花的每一片花瓣，并将铜丝尾端放置于贝母立体花背面

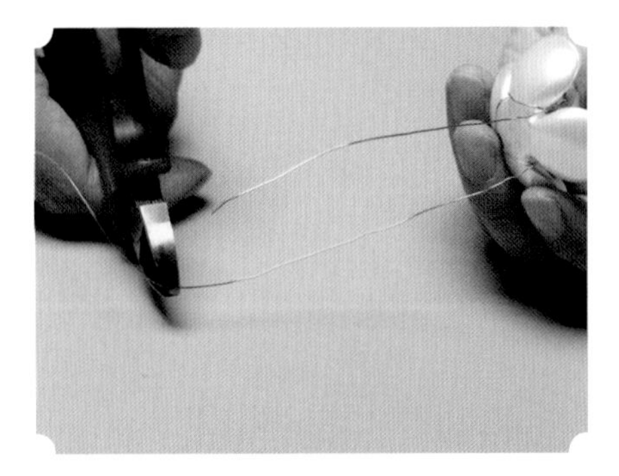

13　为铜丝尾端预留约 4cm 的长度，使用切线钳切掉多余的铜丝

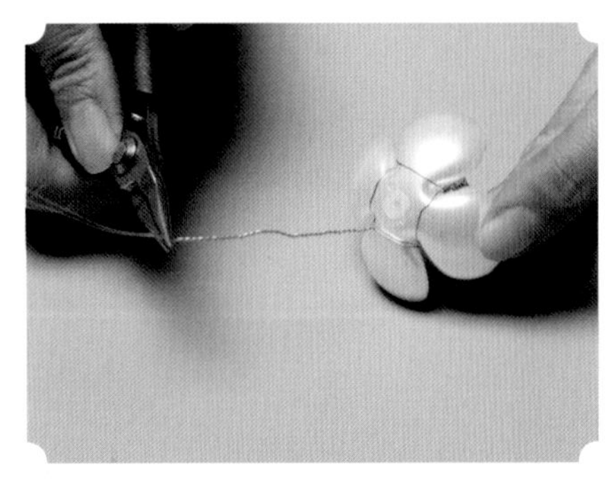

14　使用尖嘴钳将铜丝反复缠绕拧转

15　预留长约 3cm 的铜丝，使用切线钳将多余的铜丝切除

16 将铜丝从制作好的花卉金属底托正面中间向后插入

17 使用尖嘴钳将铜丝从花卉金属底托镂空处拉回正面

18 使用尖嘴钳将铜丝反复缠绕在花卉金属底托上，使贝母立体花固定于花卉金属底托上

19 使用尖嘴钳将铜丝拉回花卉金属底托背面，结束缠绕

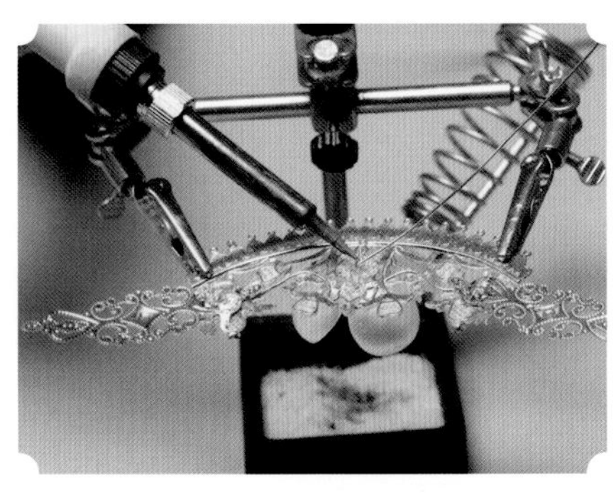

20 使用焊锡工具将铜丝焊锡固定

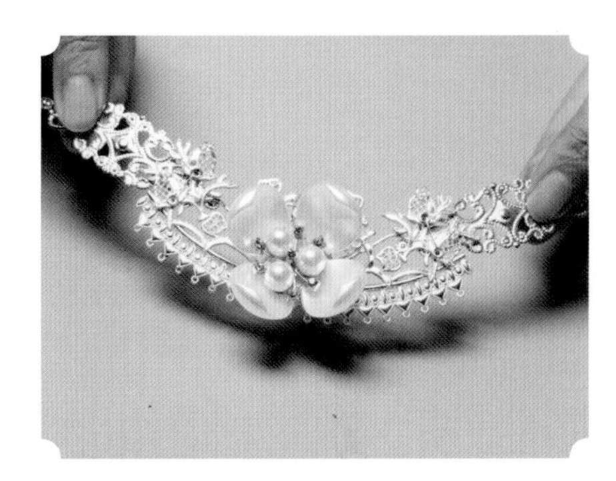

21 检查固定是否牢固

22 重复步骤 11 至步骤 21，在花卉金属底托两端固定两朵相同的贝母立体花

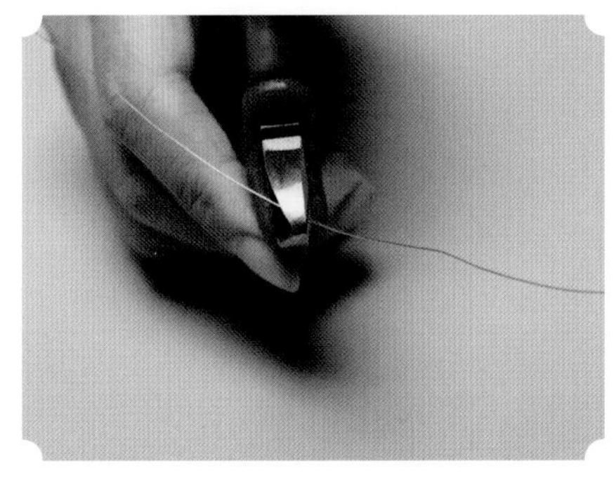

23 使用切线钳截取一段长约 10cm、直径为 0.4mm 的铜丝

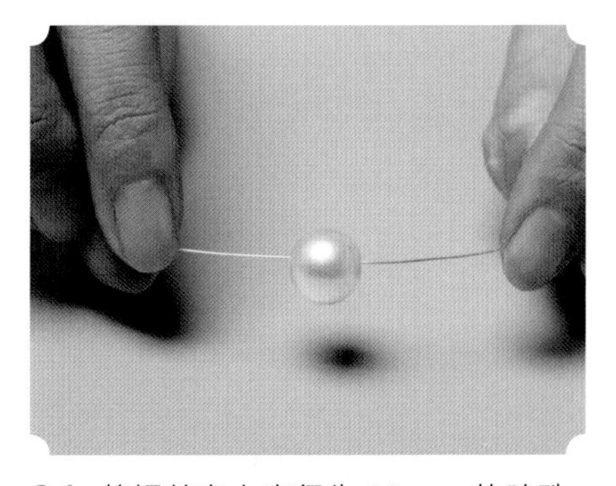

24 将铜丝穿上直径为 12mm 的珍珠，并置于铜丝中间

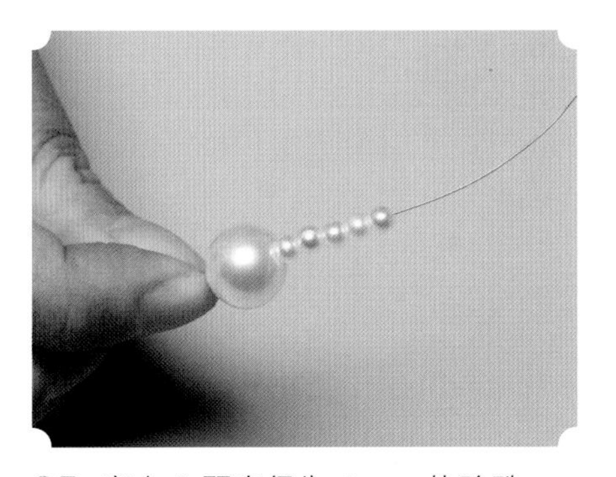

25 穿上 5 颗直径为 4mm 的珍珠

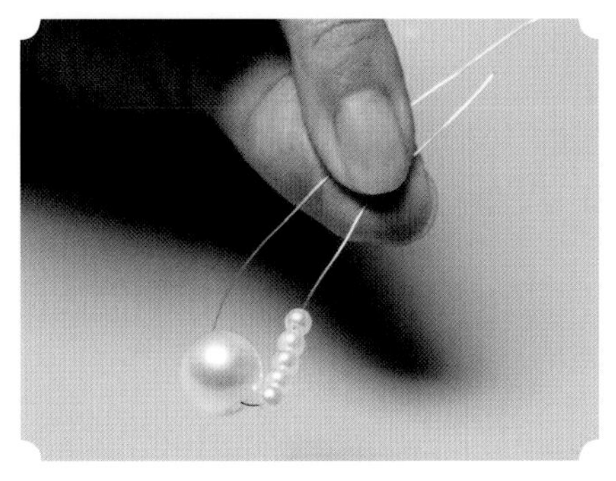

26 将铜丝按图示弯曲

27 拧转铜丝，固定珍珠

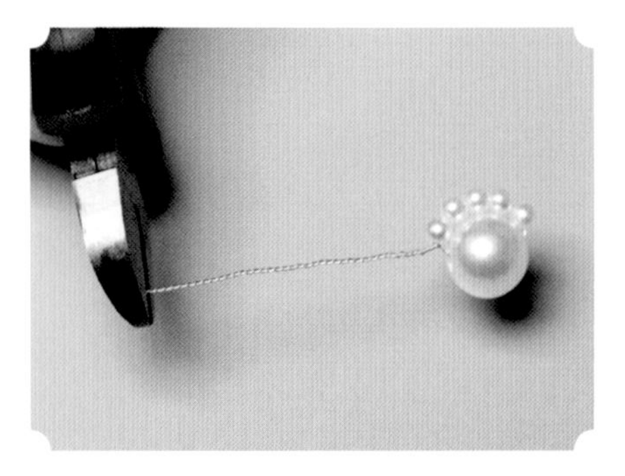

28　预留长约 4cm 的铜丝，用切线钳将多余的铜丝切除

29　将铜丝从制作好的花卉金属底托正面中心处向后插入，注意要在正面预留长约 2cm 的铜丝

30　使用焊锡工具焊锡铜丝与花卉金属底托的衔接处

31　使用切线钳将背面多余的铜丝切除

32　用手轻轻调整珍珠位置

33　重复步骤 23 至步骤 32，制作并按图示固定两个有一颗直径为 12mm 和 5 颗直径为 4mm 的珍珠的配件

34　重复步骤 23 至步骤 32，制作并按图示固定 4 个有一颗直径为 10mm 和 5 颗直径为 4mm 的珍珠的配件

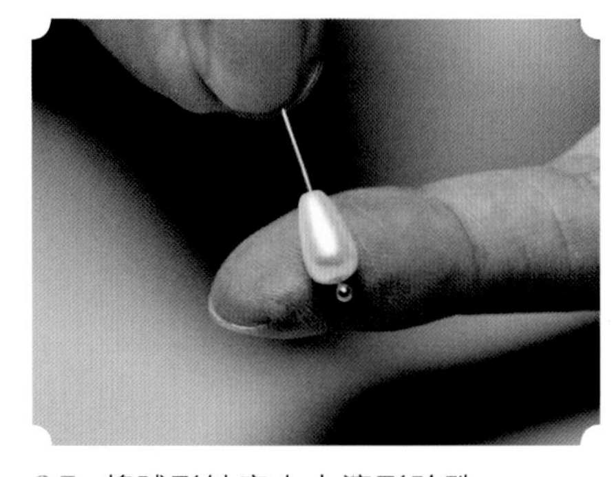

35　将球形针穿上水滴形珍珠

36　穿上一颗水晶珠

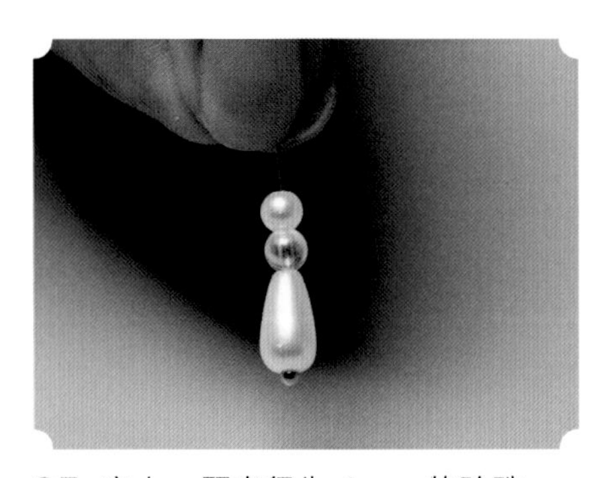

37　穿上一颗直径为 4mm 的珍珠

38　使用圆嘴钳将球形针尾端向一侧弯曲

39　使用圆嘴钳将球形针尾端向反方向弯曲，使其形成圆环

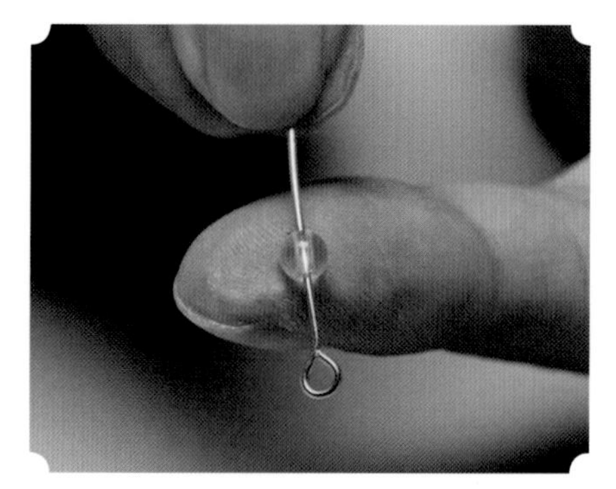

40 将“9”字针穿上水晶珠

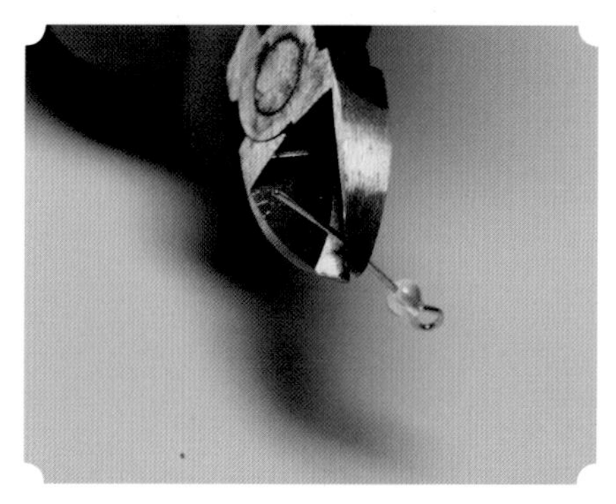

41 为“9”字针尾端预留约 1cm 的长度，使用切线钳裁切掉多余的部分

42 使用圆嘴钳将“9”字针尾端向一侧弯曲

43 使用圆嘴钳将“9”字针尾端向反方向弯曲，使其形成圆环

44 使用切线钳截取两段金属链

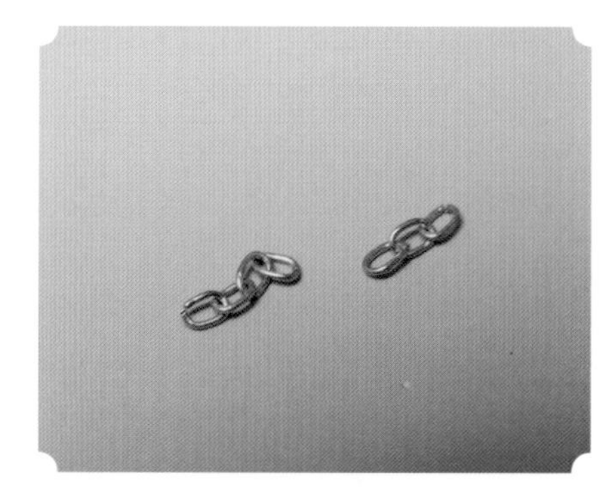

45 两段金属链长均约 1cm

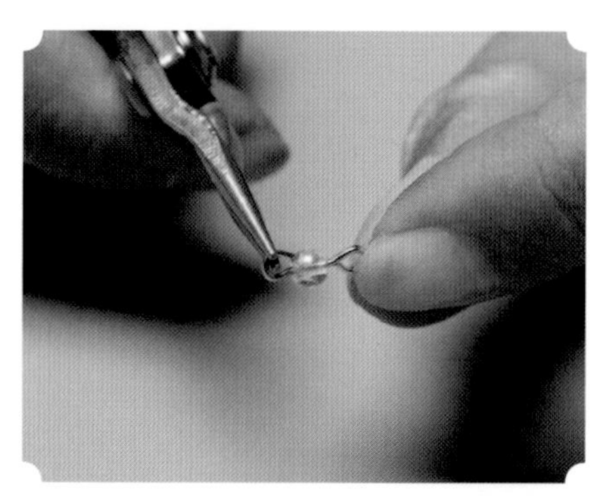

46 使用尖嘴钳掰开穿有水晶珠的“9”字针的一端

47 将截取好的金属链一端与水晶珠配件连接

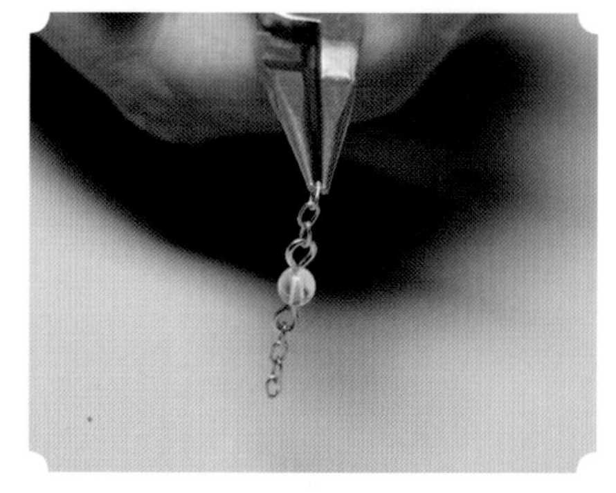

48 重复步骤 46 至步骤 47，将截取的另一段金属链连接在“9”字针另一端

49 使用尖嘴钳掰开连接圈

50 将连接圈穿入金属链另一端

51 将制作好的水滴形珍珠配件穿上连接圈

52 使用尖嘴钳闭合连接圈

53 使用尖嘴钳掰开连接圈，将制作好的珍珠水晶珠配件穿上连接圈

54 使用尖嘴钳将连接圈穿入花卉金属底托底端的圆环衔接环

55 使用尖嘴钳闭合连接圈

56 检查衔接是否牢固

57 重复步骤 35 至步骤 56，再另制作并固定 18 个珍珠水晶珠配件

58 使用金色油漆笔将发冠背面的焊锡点涂上颜色，以隐藏

59 制作完成

第九章

红妆素 古风妩媚系饰品制作

本章主要讲授古风妩媚手工饰品的制作方法，包括耳坠、发钗和发冠的制作。本章案例热情似火，适合搭配富有浓烈色彩的服装。

9.1 耳饰

工具

打孔钳
切线钳
圆嘴钳
尖嘴钳

材料

金属花片

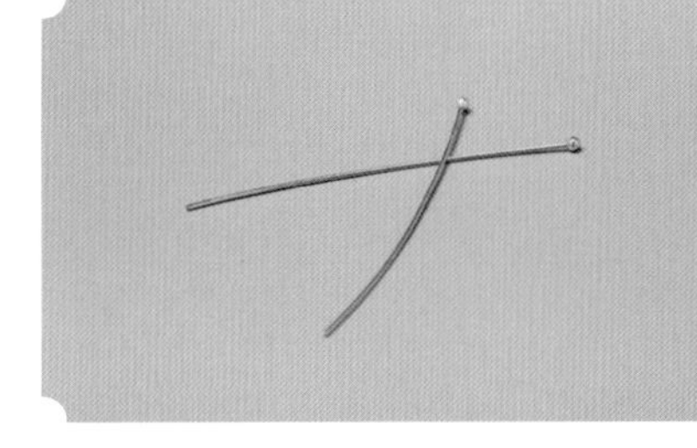

长款球形针

镂空金属珠

红色玉石珠

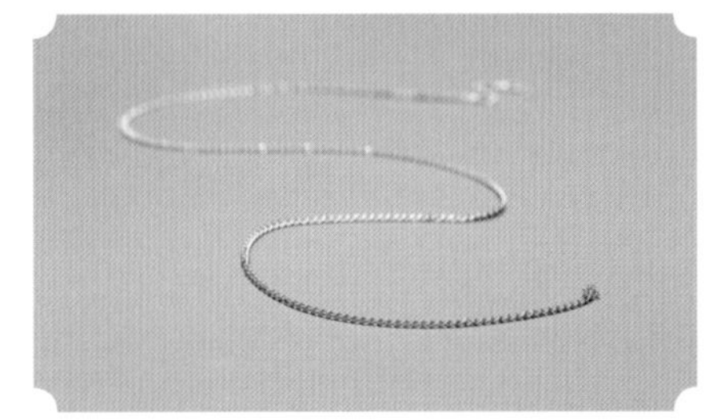

金属链

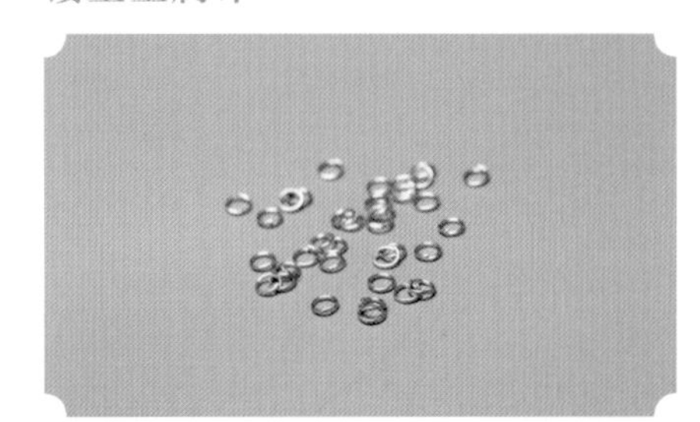

连接圈

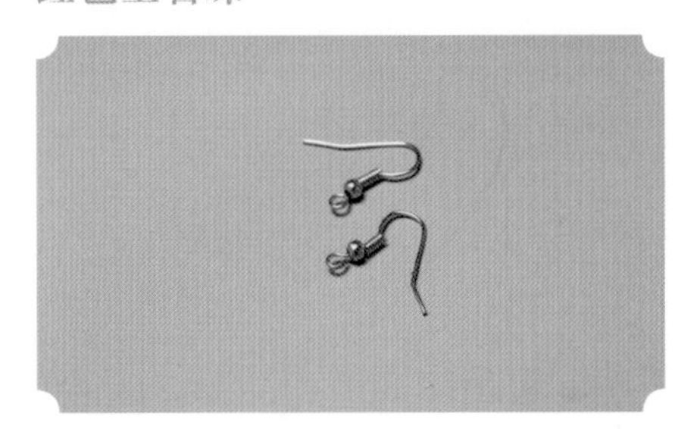

耳钩

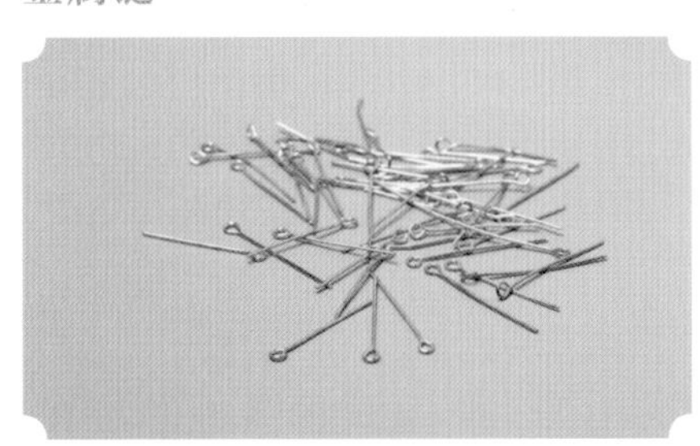

“9”字针

红色水晶珠

金属珠

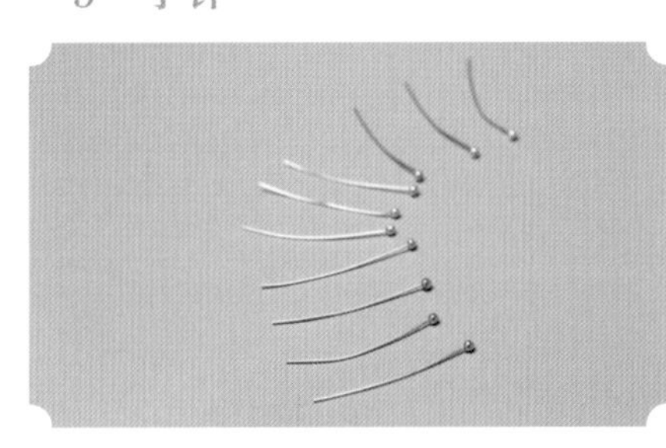

球形针

制作步骤

1 使用打孔钳在金属花片每一个花瓣上打一个孔

2 每一个孔都按图示打在相似位置

3 将长款球形针插入镂空金属珠

4 将长款球形针插入大号红色玉石珠

5 插入一颗镂空金属珠

6 为长款球形针尾端预留约 1cm 的长度，使用切线钳裁切掉多余的部分

7 使用圆嘴钳将长款球形针尾端向一侧弯曲

8 使用圆嘴钳将长款球形针尾端向反方向弯曲，使其形成圆环

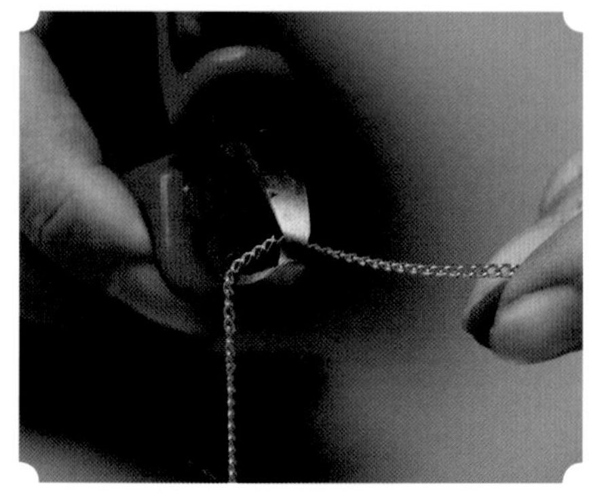

9 使用切线钳截取一段长约 4cm 的金属链

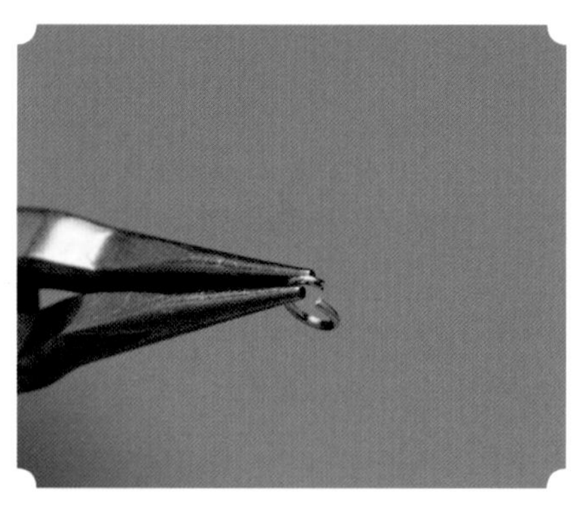

10 使用尖嘴钳将连接圈掰开

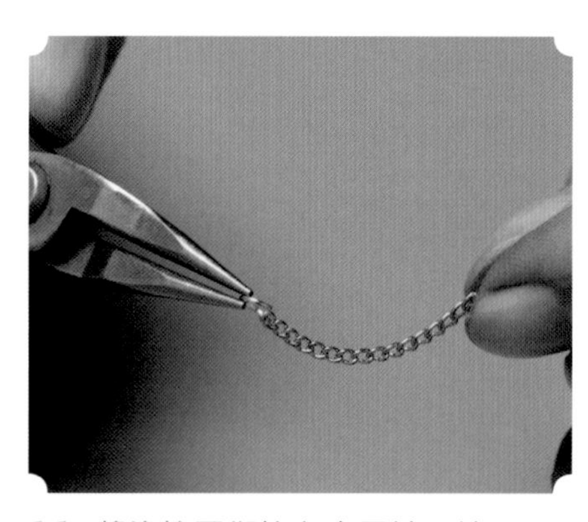

11 将连接圈衔接在金属链一端

12 将金属链插入金属花片中心

13 用尖嘴钳掰开一个连接圈并将其衔接在金属链的另一端

14 用尾端的连接圈衔接之前制作的镂空金属珠玉石珠配件

15 使用尖嘴钳将连接圈闭合

16 将镂空金属珠玉石珠配件的圆环衔接环闭合

17 用金属链另一端的连接圈衔接耳钩

18 使用尖嘴钳将连接圈闭合

19 用尖嘴钳拉起耳钩检查衔接是否牢固

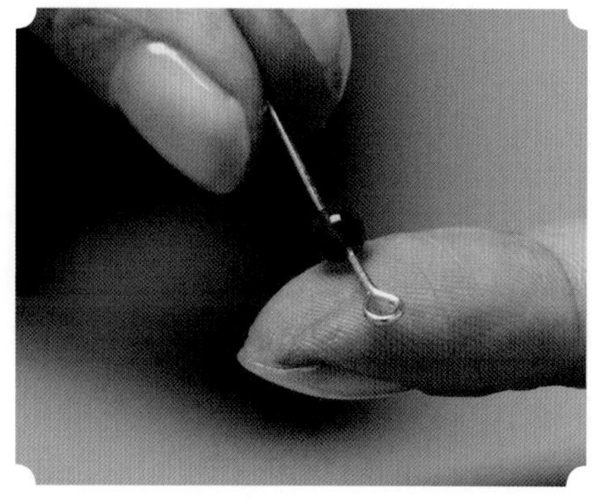

20 将“9”字针穿上红色水晶珠

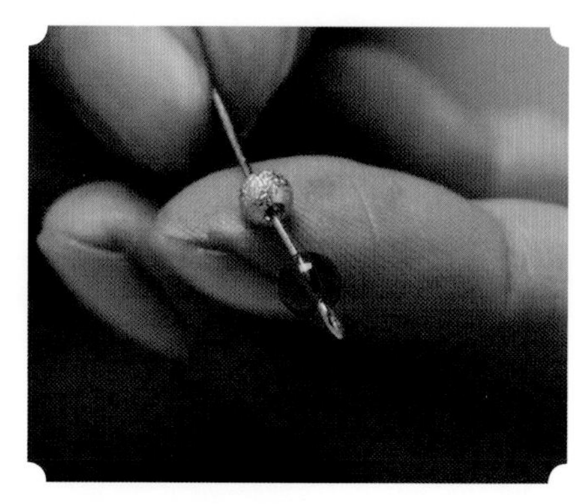

21 穿上一颗金属珠

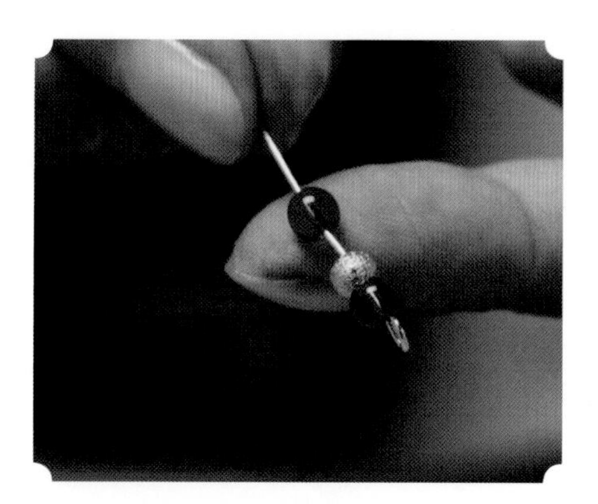

22 穿上一颗红色水晶珠

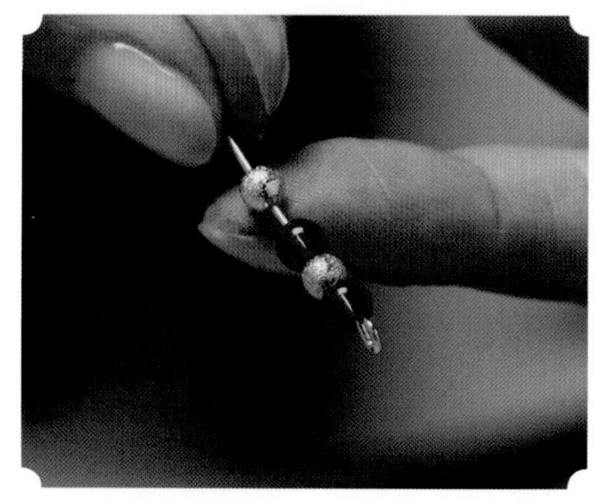

23 穿上一颗金属珠

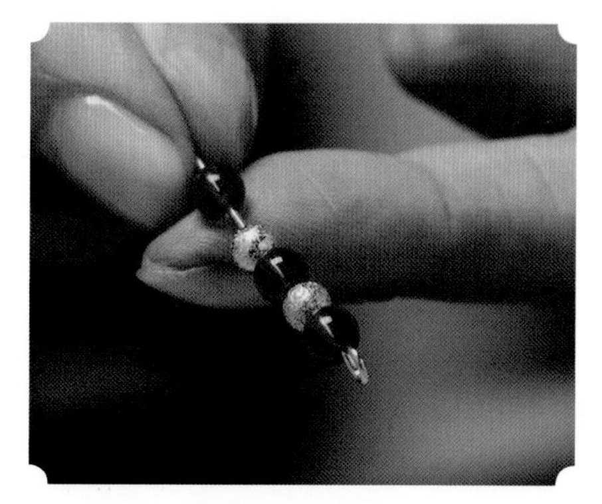

24 穿上一颗红色水晶珠

25 使用圆嘴钳将“9”字针尾端向一侧弯曲

26 使用圆嘴钳将“9”字针尾端向反方向弯曲，使其形成圆环

27 重复步骤 20 至步骤 26，再另制作 7 个“9”字针球形配件

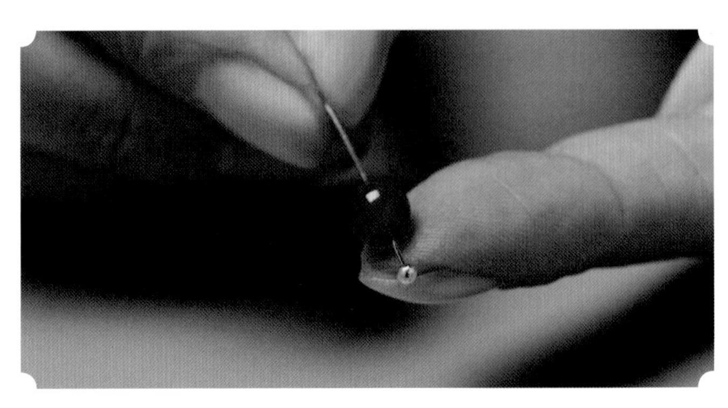

28 将球形针穿上小号红色玉石珠

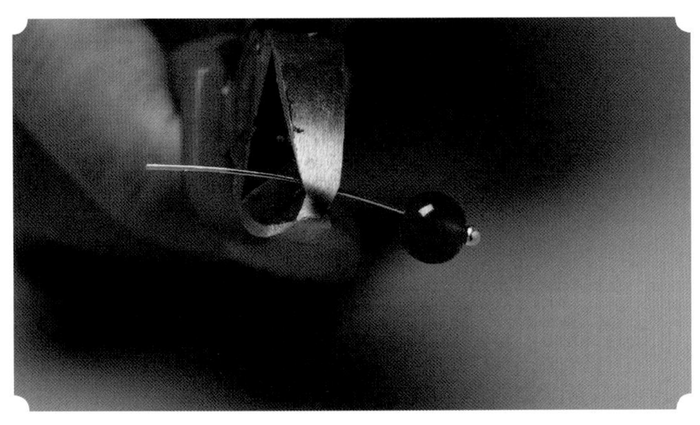

29 为球形针尾端预留约 1cm 的长度，多余的部分用切线钳修剪掉

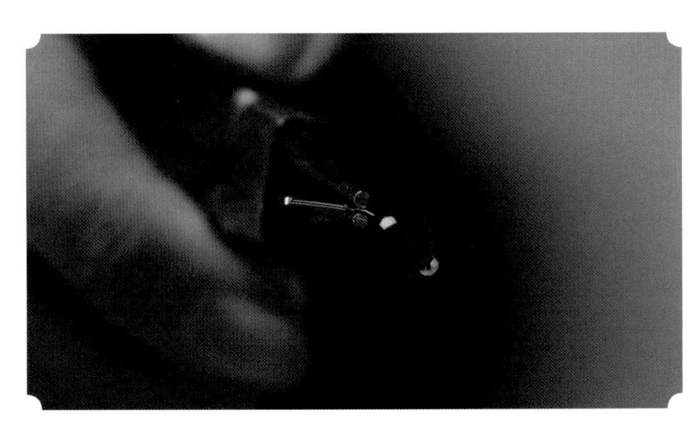

30 使用圆嘴钳将修剪好的球形针尾端向一侧弯曲

31 使用圆嘴钳将球形针尾端向反方向弯曲，使其形成圆环

32 重复步骤 28 至步骤 31，再另制作 7 个球形装饰配件

33 使用尖嘴钳将连接圈掰开

34 将“9”字针球形配件穿上连接圈

35 将球形装饰配件穿上连接圈

36 使用尖嘴钳将连接圈闭合

37 重复步骤 33 至步骤 36，再另制作 7 个组合配件

38 将制作好的组合配件穿上掰开的连接圈

39 将穿有组合配件的连接圈穿上金属花片的花瓣孔

40 使用尖嘴钳闭合连接圈

41 将组合配件与其余花瓣衔接。制作完成

9.2 发钗

工具

切线钳

尖嘴钳

材料

直径为 0.4mm 的铜丝

流线花卉

发梳底托

装饰花卉

扇形水钻

红色水晶珠

金属花蕊

五瓣金属花片

镂空金属珠

制作步骤

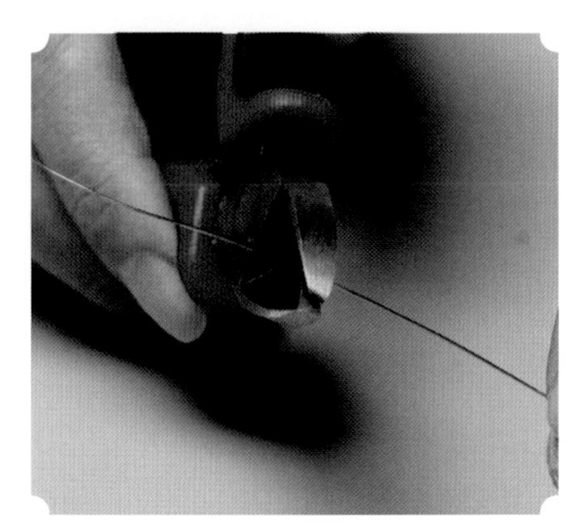

1 使用切线钳截取一段长约 8cm、直径为 0.4mm 的铜丝

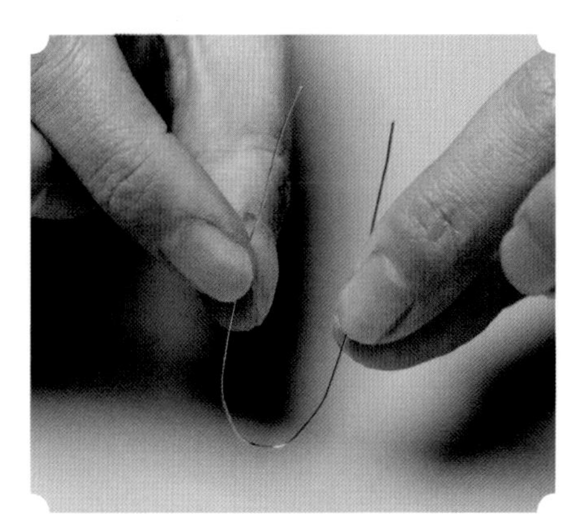

2 用手将铜丝弯曲成“U”形

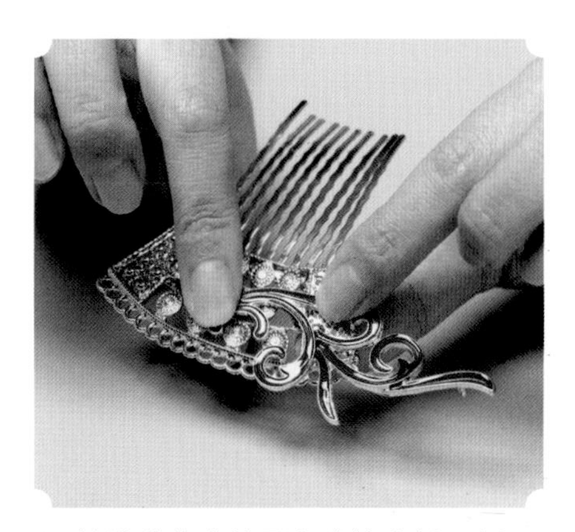

3 将流线花卉放置在发梳底托一侧

4 将弯曲好的铜丝从流线花卉和发梳底托正面同时穿入

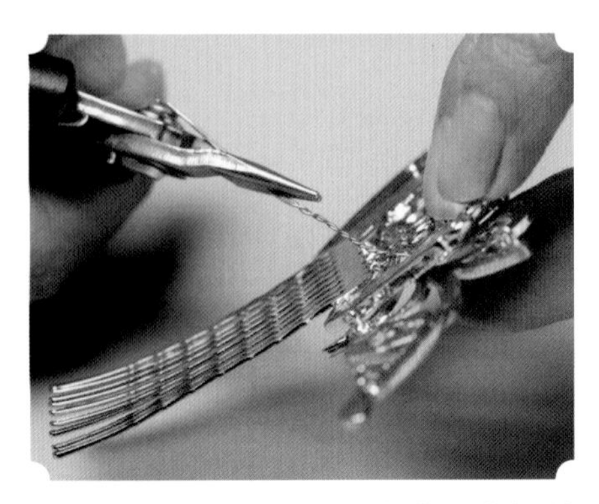

5 使用尖嘴钳将发梳底托背面的铜丝拧转固定

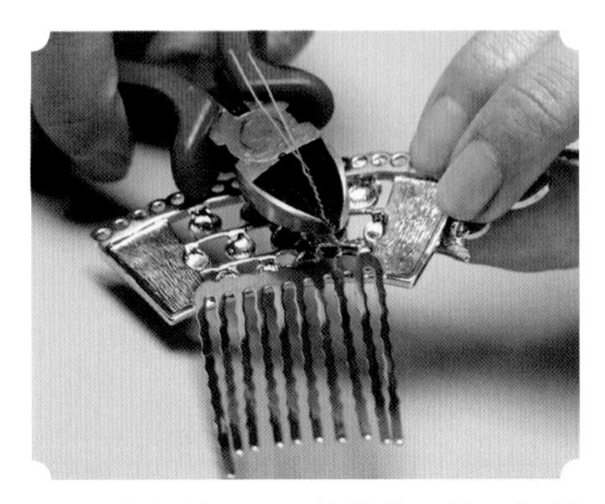

6 预留长约 5mm 的铜丝，使用切线钳将多余的铜丝切除

7 重复步骤 1 至步骤 2，在流线花卉和发梳底托另一个位置穿入铜丝

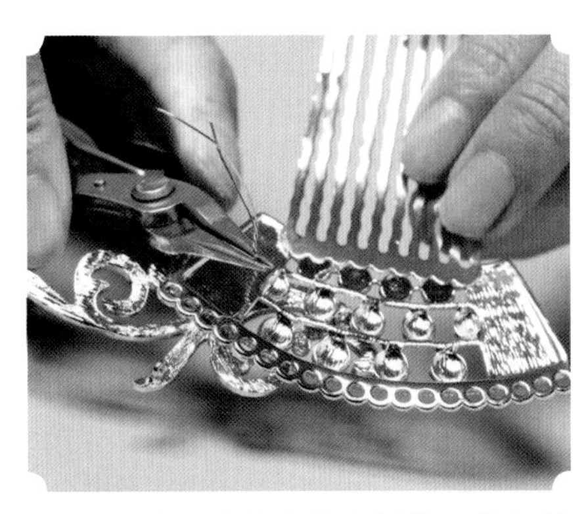

8 使用尖嘴钳将发梳底托背面的铜丝拧转固定

9 预留长约 1cm 的铜丝，使用切线钳将多余的铜丝切除

10 使用尖嘴钳将预留的长约 1cm 的铜丝弯曲，使其固定得更加牢固

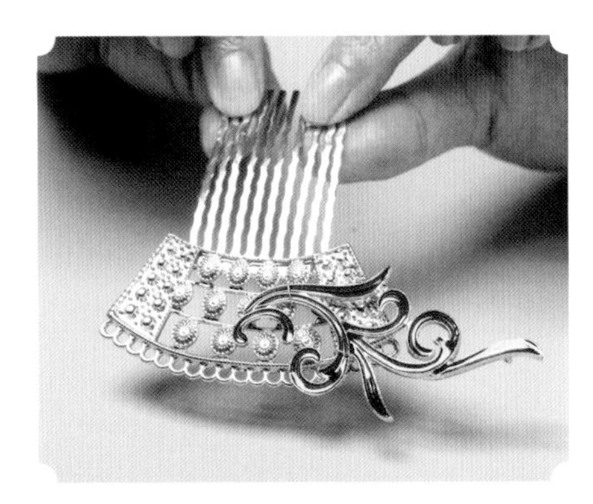

11 检查固定是否牢固

12 重复步骤 1 至步骤 11，在发梳底托另一侧固定一个装饰花卉

13 检查固定是否牢固

14 重复步骤 1 至步骤 2，将铜丝穿上扇形水钻中心

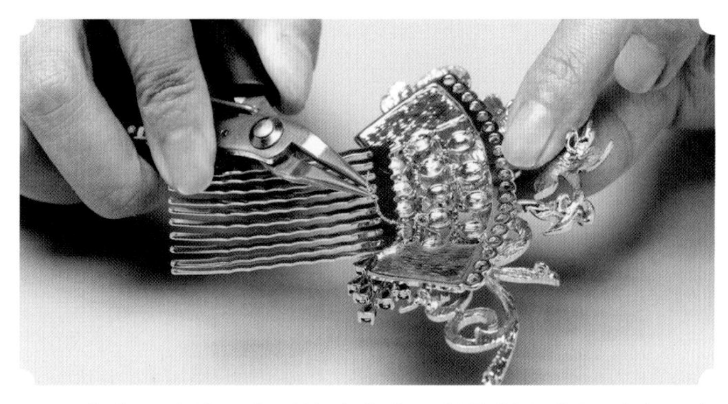

15 将扇形水钻调整到恰当的位置并将其上的铜丝穿入发梳底托，拧转以固定

16 检查固定是否牢固

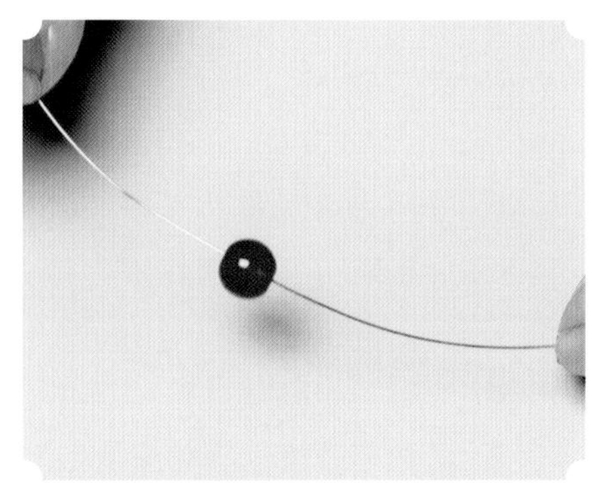

17 使用切线钳截取一端长约 8cm、直径为 0.4mm 的铜丝，并穿上一颗红色水晶珠

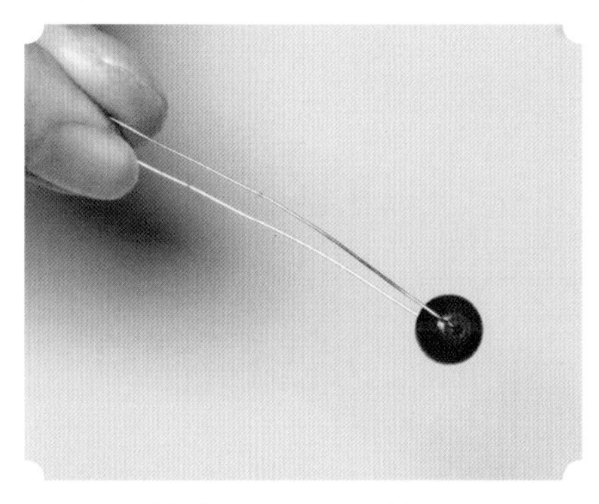

18 用手将铜丝按图示对折

19 拧转铜丝，固定红色水晶珠

20 将拧转好的铜丝穿上金属花蕊

21 将金属花蕊推至顶端，再穿上五瓣金属花片

22 用手将穿好的五瓣金属花片推至顶端

23 将拧转好的铜丝插入装饰花卉

24 预留长约 5cm 的铜丝，使用切线钳将多余的铜丝切除

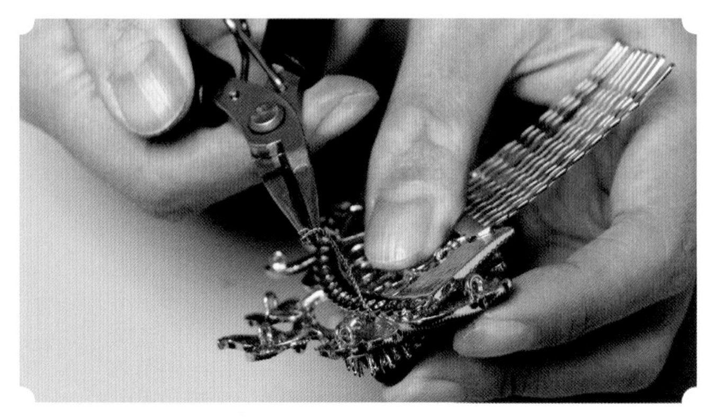

25 使用尖嘴钳将预留的铜丝尾端按图示向内重复弯曲

26 使用尖嘴钳将铜丝弯曲到底端，并牢固地卡住制作好的花朵配件

27 检查固定是否牢固

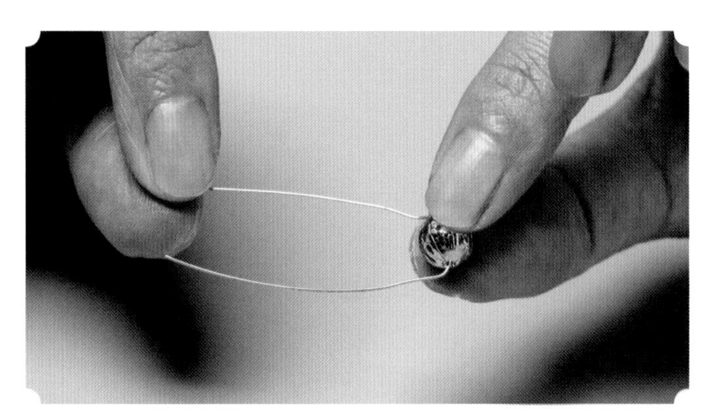

28 重复步骤 17 至步骤 19，再制作有一颗镂空金属珠的配件

29 重复步骤 23 至步骤 26，将镂空金属珠固定在发梳底托上

30 检查固定是否牢固

31 制作完成

9.3 发冠

工具

焊锡工具
打孔钳
针线
剪刀
切线钳
圆嘴钳
尖嘴钳
金色油漆笔

材料

金属花片

红色水晶珠

金属花蕊

红色玉石珠

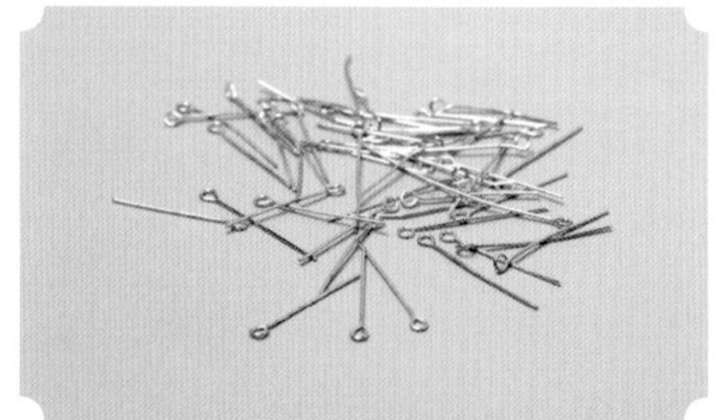

“9”字针

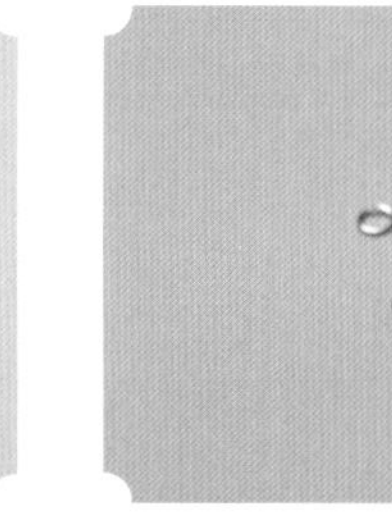

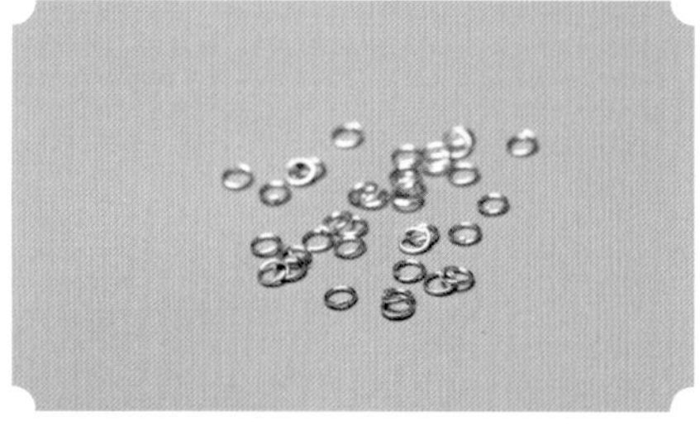

连接圈

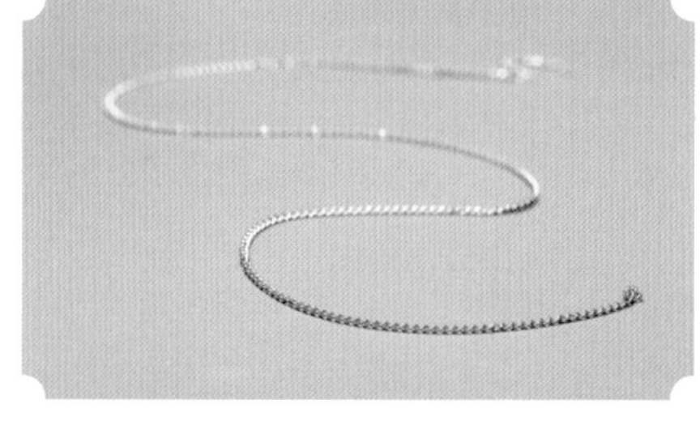

金属链

“T”字针

镂空金属珠

金属珠

制作步骤

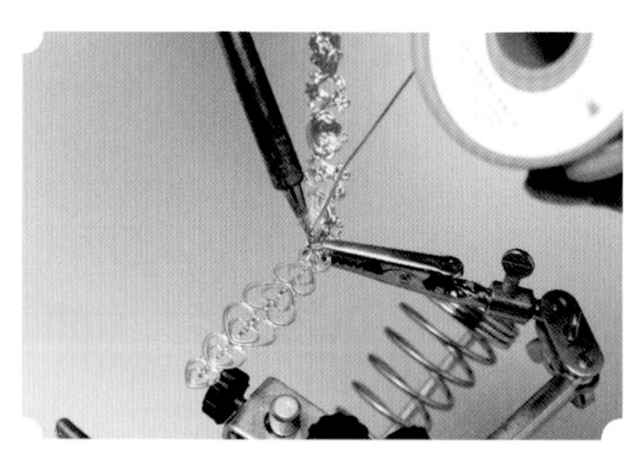

1 使用焊锡工具将两个金属花片按图示衔接，注意两个金属花片之间要形成钝角

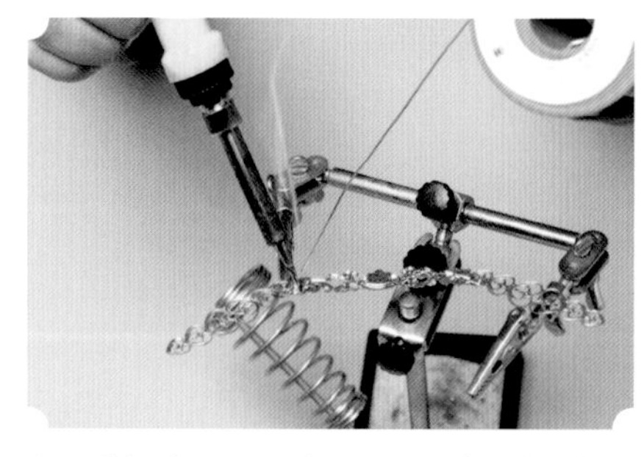

2 重复步骤 1，在另一端也焊接金属花片

3 使用打孔钳在六瓣金属花片中心打一个孔

4 检查打孔位置

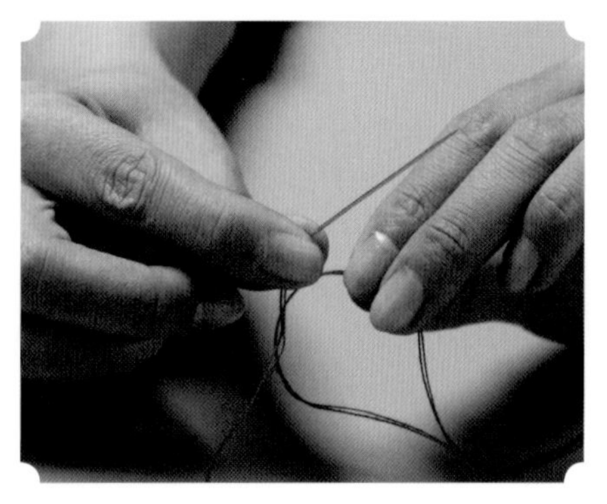

5 将针穿线上并打结

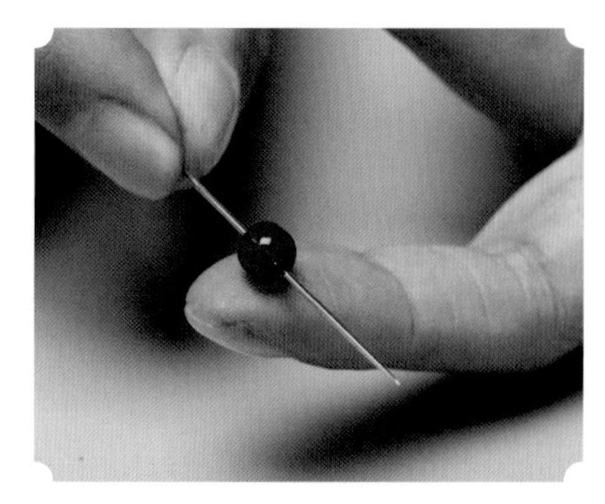

6 将针穿上一颗红色水晶珠

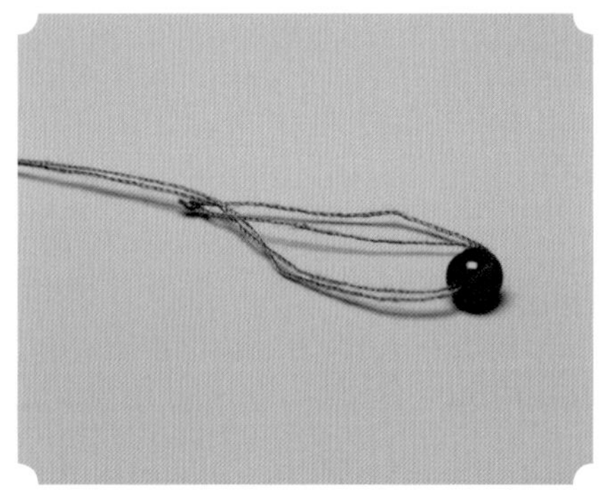

7 将针隔着红色水晶珠按图示在两线之间穿出

8 穿上一个金属花蕊，并推至紧靠红色水晶珠，使红色水晶珠位于金属花蕊中心

9 穿上打好孔的六瓣金属花片

10 用线按图示缠绕六瓣金属花片，使其固定

11 用打孔钳在焊锡好的金属花片组合配件中心打一个孔

12 将带有制作好的六瓣金属花片组合配件的针线穿上金属花片组合配件中心的孔

13 用线捆绑固定，可以反复捆绑几次

14 在线的尾端打结，使固定牢固

15 使用剪刀剪去多余的线

16 检查固定是否牢固

17 重复步骤 5 至步骤 10，制作一个五瓣金属花片组合配件

18 重复步骤 11 至步骤 16，将制作好的五瓣金属花片组合配件按图示固定在金属花片组合配件

19 重复步骤 5 至步骤 16，在金属花片组合配件另一侧固定一个五瓣金属花片组合配件

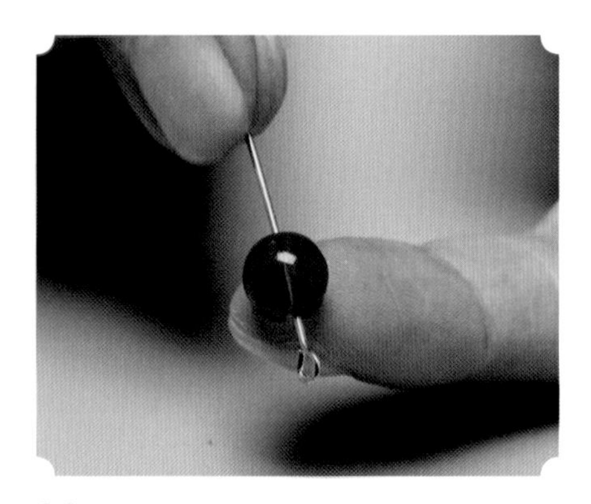

20 将“9”字针穿上大号红色玉石珠

21 为“9”字针尾部预留约 1cm 的长度，使用切线钳剪去多余的部分

22 使用圆嘴钳将“9”字针尾部向一侧弯曲

23 使用圆嘴钳将“9”字针尾部向反方向弯曲，使其形成圆环

24 重复步骤 20 至步骤 23，再另制作 3 个“9”字针珠组合配件

25 使用尖嘴钳掰开连接圈

26 将制作好的“9”字针珠组合配件穿上连接圈

27 将连接圈按图示衔接至金属花片组合配件上

28 检查衔接是否牢固

29 重复步骤 25 至步骤 28，将其余 3 个“9”字针珠组合配件连接固定

30 使用切线钳剪切一段长约 3cm 的金属链

31 使用尖嘴钳掰开连接圈并穿上剪切好的金属链

32 将连接圈穿上固定好的“9”字针珠组合配件

33 使用尖嘴钳将连接圈闭合

34 检查衔接是否牢固

35 重复步骤 30 至步骤 34，再另固定 3 段金属链

36 使用打孔钳将小号六瓣金属花片的每一片花瓣都打一个孔

37 检查各孔位置是否相似

38 重复步骤 36 至步骤 37，另制作 3 个小号六瓣金属花片

39 将打好孔的小号六瓣金属花片穿上金属链

40 将“T”字针穿上镂空金属珠

41 为“T”字针尾端预留约 1cm 的长度，使用切线钳将多余的部分切掉

42 使用圆嘴钳将“T”字针尾端向一侧弯曲

43 使用圆嘴钳将“T”字针尾端向反方向弯曲，使其形成圆环

44 将穿有小号六瓣金属花片的金属链穿上一个掰开的连接圈

45 将制作好的“T”字针镂空金属珠组合配件穿入连接圈

46 检查衔接是否牢固

47 在“9”字针上按图示顺序穿上 3 颗红色水晶珠和两颗金属珠

48 使用圆嘴钳将“9”字针尾端向一侧弯曲

49 使用圆嘴钳将“9”字针尾端向反方向弯曲，使其形成圆环

50 重复步骤 47 至步骤 49，共制作 6 个“9”字针珠形组合配件

51 使用连接圈将制作好的“9”字针珠形组合配件固定在小号六瓣金属花片打孔处

52 使用尖嘴钳闭合连接圈

53 重复步骤 51 至步骤 52，将其余 5 个“9”字针珠形组合配件依次固定在小号六瓣金属花片打孔处

54 重复步骤 39 至步骤 53，将其余 3 个小号六瓣金属花片和“9”字针珠形组合配件以及“T”字针镂空金属珠组合配件全部衔接好

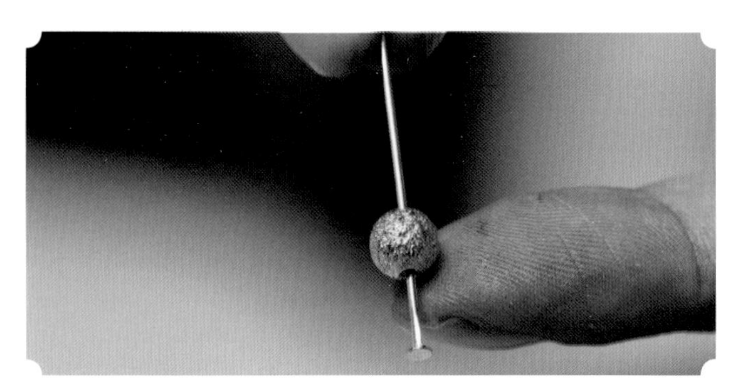

55 将“T”字针穿上金属珠

56 为“T”字针尾端预留约 1cm 的长度，使用切线钳将多余的部分切掉

57 使用圆嘴钳将“T”字针尾端向一侧弯曲

58 使用圆嘴钳将“T”字针尾端向反方向弯曲，使其形成圆环

59 使用尖嘴钳将连接圈掰开

60 将连接圈衔接在制作好的“9”字针珠形组合配件一端

61 将制作好的“T”字针金属珠配件穿上连接圈

62 使用尖嘴钳闭合连接圈

63 检查衔接是否牢固

64 重复步骤 55 至步骤 63，在所有的“9”字针珠形组合配件尾端全部固定好“T”字针金属珠配件

65 用手按图示弯曲金属花片组合配件，使整个配饰成弧形

66 使用金色油漆笔将背面焊锡部分涂上颜色，以隐藏衔接点

67 制作完成